中国美学研究

第十五辑

朱志荣　主编

华 东 师 范 大 学 中 文 系
华东师范大学美学与艺术理论研究中心　编

华东师范大学出版社

上海

图书在版编目（CIP）数据

　　中国美学研究.第十五辑/朱志荣主编.—上海：
华东师范大学出版社，2020
　　ISBN 978 - 7 - 5760 - 0507 - 3

　　Ⅰ.①中… Ⅱ.①朱… Ⅲ.①美学—中国—文集
Ⅳ.① B83 - 53

　　中国版本图书馆 CIP 数据核字(2020)第 110748 号

中国美学研究（第十五辑）

主　　编　朱志荣
责任编辑　唐　铭
特约审读　李　鑫
责任校对　时润民
装帧设计　刘怡霖

出版发行　华东师范大学出版社
社　　址　上海市中山北路 3663 号　邮编 200062
网　　址　www.ecnupress.com.cn
电　　话　021 - 60821666　行政传真 021 - 62572105
客服电话　021 - 62865537　门市(邮购)电话 021 - 62869887
地　　址　上海市中山北路 3663 号华东师范大学校内先锋路口
网　　店　http://hdsdcbs.tmall.com/

印 刷 者　上海昌鑫龙印务有限公司
开　　本　787×1092　16 开
印　　张　20
字　　数　321 千字
版　　次　2020 年 6 月第 1 版
印　　次　2020 年 6 月第 1 次
书　　号　ISBN 978 - 7 - 5760 - 0507 - 3
定　　价　68.00 元

出 版 人　王　焰

（如发现本版图书有印订质量问题，请寄回本社客服中心调换或电话 021 - 62865537 联系）

目　录

CONTENTS

古代美学

从《周易》之数、象、理浅谈中华传统艺术的美学基因

杨　铭[*]

摘　要： 人们在研究文化的传承与发展过程中发现了"文化基因"的存在，发源于上古的《周易》正是这样深刻影响着中华文明的发展。《周易》中数、象、理所蕴含的哲学意蕴与思维方式构成了中华传统艺术的美学基因。在《周易》中，天地间的万事万物皆是经由阴阳发端变幻的数变过程。在这种运数思维影响下，中华传统艺术亦收获了"阴阳相和"的数之美学集合。《周易》中卦象的象形思维与艺术发源中的"模仿"相同。在《周易》"观象取意"的思想影响下，中华传统艺术的发展形成了三种"意象化"的思维。分析发现，《周易》是以"天地"之数理结构来谈美的，同时也发现《贲》作为《周易》中专门表述艺术现象的卦象以其数、象、理中完整的易学逻辑阐述了文质关系，并通过爻辞和爻象的变化对一些具体的美学、艺术现象进行了观念的表达。《周易》所蕴藏的美学基因为中华传统艺术的发展带来了亘古不息的生命力。

关键词： 周易　数象理　中华传统艺术　美学基因　周易美学

"基因"是生物学中首先产生的概念，用来阐释生命的遗传密码中存在一种序列的规律性。与这个概念相似，人们在研究文化的传承与发展过程中亦发现了"文化基因"的存在，即所谓"一个民族长久、稳定、普遍地起作用的思维方式和心理底层结构。它们决定着民族文化的走向和特征"[①]。发源于上古的《周易》正是这样深刻影响着中华文明的发展。这种影响不止缘于其数千年来傲视群学的经学地位，更是源于其建构了中华特有"时空合一"

＊　作者简介：杨铭，东北大学艺术学院博士研究生，主要研究方向：艺术美学、艺术教育。
①　刘长林：《中国系统思维》，中国社会科学出版社 1990 年版，第 577 页。

的超越、立体的哲思方式①，让人们"无意之中"②遵循着其所构建的规律法则与思维方法。

《周易》其文分为《经》和《传》两部分，根据内容可大致分解为数、象、理三层。由于每层都蕴藏了深奥的哲理与文化意涵，千百年来围绕其产生的疏解方法亦形成了诸多学派，如邵康节认为"数先于象"，而"理先于数"。邵氏在《观物外篇》中这样论道："神生数，数生象，象生器。太极不动，性也，发则神，神则数，数则象，象则器。器之变，复归于神也。"③且"数立则象生，象生则言著彰"④。而王船山则认为"象在数先"，他指出"《易》先象而后数"⑤，"既有数，则得以奇之、偶之而像之矣"⑥。

由此可见，对数、象、理的解读构成了人们疏解《周易》时三个重要的哲学要素。而得益于《周易》形成的宏大影响，我们发现其数、象、理所蕴含的哲学意味与思维方式亦构成了中华传统艺术的美学基因。

一、数之阴阳相和

在《周易》中，天地间的万事万物皆是经由阴阳发端变幻的数变过程，即"易有太极，是生两仪，两仪生四象，四象生八卦，八卦定吉凶，吉凶生大业"⑦，"一阴一阳之谓道"⑧。中国传统书画的发展深刻借鉴了这种思想。石涛在《画语录》中就将书画创作归于这种哲学的范畴："太古无法，太朴不散；太朴一散，而法立矣。法于何立？立于一画。一画者，众有之本，万象之根。"⑨石涛指出，书画创作皆是"立于一画"⑩，这一画是"辟混沌者"⑪，可"收尽鸿濛之外，

---

① 宗白华称之为"四时自成岁"之历律哲学。
② "无意之中是真意。"见孙禄堂：《拳意述真》，中国书店 1988 年版，第 9 页。孙禄堂被誉为近代"武圣"、"武神"，其身兼形意、八卦、太极三大内家拳种，并创孙氏太极拳。孙氏提出"道与拳合"、"武学与文学一理"的重要思想。
③ 邵雍：《邵雍集·观物外篇下之中》，中华书局 2010 年版，第 162 页。
④ 邵雍：《邵雍集·观物外篇下之上》，中华书局 2010 年版，第 146 页。
⑤⑥ 王夫之：《船山全集第二册 尚书稗疏·尚书引义》，岳麓书社 1988 年版，第 338 页。
⑦ 阮元校刻：《十三经注疏上·周易正义》，上海古籍出版社 1997 年版，第 82 页。
⑧ 同上书，第 78 页。
⑨ 长北编著：《中国古代艺术论著集注与研究·画语录》，天津人民出版社 2008 年版，第 531 页。
⑩ 石涛认为："字与画者，其具两端，其功一体。一画者，字、画先有之根本也；字、画者，一画后天之经、权也。"见《画语录·兼字章第十七》，故此处笔者亦取书画同论。
⑪ 长北编著：《中国古代艺术论著集注与研究·画语录》，第 528 页。

即亿万万笔墨"①。

经由水墨创作的中国书画正是《周易》所述阴、阳两种能量碰撞状态的最直接显现。在《周易》中，阴、阳是一组对立统一且互相转化的哲学范畴，如虚与实、热与冷、硬与软、天与地、快与慢、吉与凶、昼与夜、寒与暑、动与静、高与低等。这种哲学思维具象化地体现在传统书画用墨与用笔的法度之中，即唐岱所论"以笔之动而为阳，以墨之静而为阴"②的传统书画理念。关于这一理念，石涛亦指出："得乾坤之理者，山川之质也；得笔墨之法者，山川之饰也。"在《周易》中"乾坤之理"代表的是天地运行的规律，石涛正是以此说明掌握用笔用墨之法即是掌握书画之理的关键。《周易》中的阴、阳是《系辞上》所述的"刚柔相推而生变化"③，即这种变化不是孤立存在的，而是此消彼长的动态过程，传统书画中用笔用墨之法度亦是如此。

笔法的运用构成了书画中最基本的要素，如点、横、竖、线等。刘熙载在谈用笔方法时曾指出："古人论用笔，不外疾、涩二字。涩，非迟也；疾，非速也。以迟速为疾涩，而能疾涩者无之。用笔者皆习闻涩笔之说，然每不知如何得涩。惟笔方欲行，如有物以拒之，竭力而与之争，斯不期涩而自涩矣。涩法与战掣同一机窍，第战掣有形，强效转至成病，不若涩之隐以神运耳。"④可见，用笔的疾与涩构成了一组阴阳作用于创作之中。刘熙载把这种力感形象地形容为"有物拒之"，这正是对阴阳共生状态的直接描述，而疾与涩的发生则是在创作时因用力虚实变化而产生无数的变化。

谈到用墨，张式在《画谭》中指出"墨法在用水，以墨为形，以水为气，气行形乃活矣"，"吐墨惜如金，施墨弃如泼，轻重浅深隐显之，则五采毕现矣。曰五采阴阳起伏是也"。⑤ 需要注意的是，这里的"五采"指的是墨色的轻重浅深，非是论色彩。墨以水作为媒介，从而形成了阴阳的变化，即所谓"墨有五色，黑、浓、湿、干、淡，五者缺一不可。五者备则纸上光怪陆离，斑斓夺目"⑥。

在《周易》中，阴阳运动形成的变化还可以用五行象数进行阐释。《系辞

① 长北编著：《中国古代艺术论著集注与研究·画语录》，第531页。
② 俞剑华编著：《中国古代画论类编下·绘事发微》，人民美术出版社1957年版，第847页。
③ 阮元校刻：《十三经注疏上·周易正义》，第76页。
④ 刘熙载著，袁津琥校注：《艺概注稿·书概》，中华书局2009年版，第778页。
⑤ 俞剑华编著：《中国古代画论类编上·画谭》，第847页。
⑥ 俞剑华编著：《中国古代画论类编上·南宗抉秘》，第294页。

上》曰："河出图,洛出书,圣人则之。"①《汉书·五行志》载:"刘歆以为虑羲氏继天而王,受《河图》,则而画之,八卦是也;禹治洪水,赐《雒书》,法而陈之,《洪范》是也。"②可见《尚书·洪范》即是《洛书》③。《洪范》曰,"五行,一曰水,二曰火,三曰木,四曰金,五曰土",且其具有"水曰润下,火曰炎上,木曰曲直,金曰从革,土爱稼穑"④的表现。

除了上述文字所述,我们在《周易》"两仪生四象,四象生八卦"⑤的阴阳象数动态中亦可发现五行的形成过程。《周易》中表示阳和阴两种能量状态的基本符号是"—"与"‑ ‑",在卦中称为"爻"。一个完整的卦象由六个爻搭配构成,《说卦》对此解释道:"昔者圣人之作易也,幽赞于神明而生著,参天两地而倚数,观变于阴阳而立卦,发挥于刚柔而生爻。"⑥"两仪生四象"是两个爻象发生的四组变化,可用下图来表现其过程:

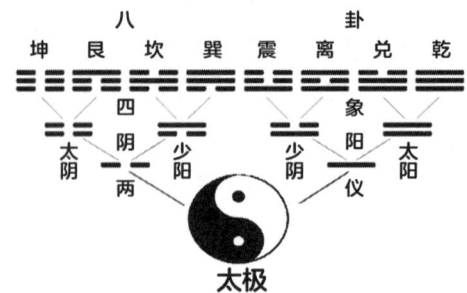

由图可见太阴、少阳、少阴、太阳的象数形态,太阴为"上阴下阴",少阳为"阳在上、阴在下",少阴为"阴在上、阳在下",太阳为"上阳下阳"。我们可以发现,仔细分析《洪范》所述"木曰曲直",其正是在表现木向阳生长的能屈能伸之性,恰与少阳之形态相合。"金曰从革",则是在描摹金属的顺从变化之性。我们知道,冶炼锻造金属必要先经过加热,而当金属从液态再凝结为固态时正是少阴所表现的上阴下阳之形态。而四象中太阴与太阳之象数形态则清晰地呈现了水"润下"与火"炎上"之意。因此我们可以说,四象所呈现的阴阳变化正

① 阮元校刻:《十三经注疏上·尚书正义》,第 82 页。
② 班固著,颜师古注:《汉书·五行志》,中华书局 1999 年版,第 1081 页。
③ 高亨:《周易大传今注》,齐鲁书社 1979 年版,第 540 页。
④ 阮元校刻:《十三经注疏上·尚书正义》,第 188 页。
⑤ 阮元校刻:《十三经注疏上·周易正义》,第 82 页。
⑥ 同上书,第 94 页。

是在说明金木水火的象数形态。至于《洪范》所载"土爰稼穑",则是在说明于阴阳变化之处,土所具有的承载、藏化与生灭万物的意义,即《周易参同契》中所论:"日月为易,刚柔相合。土旺四季,罗络始终。青赤白黑,各居一方。皆中宫所秉,戊己之功。"①

从文献记载来看,五行象数所蕴涵的五行思想很早就被纳入艺术创作的色彩应用范畴之中。《周礼·东官考公记·画缋》载:"画缋之事,杂五色。东方谓之青,南方谓之赤,西方谓之白,北方谓之黑,天谓之玄,地谓之黄。青与白相次也,赤与黑相次也,玄与黄相次也。青与赤谓之文,赤与白谓之章,白与黑谓之黼,黑与青谓之黻,五采备谓之绣。土以黄,其象方,天时变。火以圜,山以章,水以龙,鸟兽蛇。杂四时五色之位以章之,谓之巧。凡画缋之事后素功。"②画缋是古代服饰工艺的工序,这段文字所载正说明了古代匠人对色彩相杂的应用是与五行思想所蕴涵的五色、天时、方位等要素相结合的。众所周知,古王朝的更相迭替往往还夹杂着"五德之说",这让色彩因其蕴含的五行思想与政治和社会环境等因素产生了关联。因此可以说,五行思想为传统艺术创作中对色彩的运用带来了多重维度的影响。

与五行诞生的数理过程相同,古人认为阴阳的碰撞还产生了五音。《吕氏春秋·大乐》载:"音乐之所由来者远矣,生于度量,本于太一。太一出两仪,两仪出阴阳。阴阳变化,一上一下,合而成章。"③《左传·昭公二十五年》载:"则天之明,因地之性,生其六气,用其五行,气为五味,发为五色,章为五声。淫则昏乱,民失其性。"④在中国传统音律中,五音被称为:宫、商、角、徵、羽。五音兼具五行之数理性质。《礼记正义·乐记》引郑玄《月令》注曰:"宫属土,土居中央,总四方,君之象也。又'土爰稼穑',犹君能滋生万民也。又五音,以丝多声重者为尊,宫弦最大,用八十一丝,故'宫为君'。商属金,以其浊,次宫,臣之象也。角属木,属春,以其清浊中,民之象也。徵属火,属夏,以其微清,事之象也。羽属水者,属冬,以其最清,物之象也。"⑤可见五音之中,宫音属土,为君,是五行之中最稳定的能量,而其他四音被分属金木水火与四时相配。

五音是古人音律中的音阶,古人还根据一年四时风向的变化创制十二律

① 魏伯阳著,朱熹注:《周易参同契集释》,中央编译出版社 2015 年版,第 9 页。
② 阮元校刻:《十三经注疏上·周礼注疏·东官考工》,第 918—919 页。
③ 吕不韦编著:《吕氏春秋》,时代文艺出版社 2011 年版,第 38 页。
④ 阮元校刻:《十三经注疏下·春秋左传正义》,第 2107 页。
⑤ 阮元校刻:《十三经注疏下·礼记正义》,第 1528 页。

作为音高与五音相组和。《吕氏春秋·音律》载:"大圣至理之世,天地之气,合而生风。日至则月钟其风,以生十二律。仲冬日短至,则生黄钟。季冬生大吕。孟春生太蔟。仲春生夹钟。季春生姑洗。孟夏生仲吕。仲夏日长至,则生蕤宾。季夏生林钟。孟秋生夷则。仲秋生南吕。季秋生无射。孟冬生应钟。天地之风气正,则十二律定矣。"①在古人看来,十二律亦来源于天地阴阳之气的运动(生风),并且十二律还存在着阴阳相生关系,"黄钟生林钟,林钟生太蔟,太蔟生南吕,南吕生姑洗,姑洗生应钟,应钟生蕤宾,蕤宾生大吕,大吕生夷则,夷则生夹钟,夹钟生无射,无射生仲吕。三分所生,益之一分以上生。三分所生,去其一分以下生。黄钟、大吕、太蔟、夹钟、姑洗、仲吕、蕤宾为上,林钟、夷则、南吕、无射、应钟为下"②。十二律中的上下即为阴阳的概念,由十二律排列的奇偶属性来确定。经考证,十二律的部分名称在西周时就已经出现,十二律之名产生于春秋时期。③ 至汉朝时,易学家京房根据八卦生成六十四卦的时空经纬思想,以五音十二律相错发展制成了"京房六十律",《后汉书·律历志》载:"夫十二律之变至六十,犹八卦变至于六十四也。"④在这种数理思维下,南北朝时钱乐之又以"京房六十律"上下相错进行运算,形成了对三百六十律的演化。由此我们可以说,《周易》的数理思维贯穿了传统乐律的发展过程,构成了一种基因性质的深刻影响。

《周易浅述》指出:"六《经》皆言理,独《易》兼言数。"⑤《系辞上》曰:"参伍以变,错综其数,通其变,遂成天地之文;极其数,遂定天下之象。"⑥我们可以看出,在《周易》以"阴阳动态之变模拟万物"⑦的运数思维影响下,中华传统艺术亦收获了"阴阳相和"的数之美学集合。

二、象之以意抒怀

在《周易》中,卦象是由阴阳两种能量组合、碰撞形成的对某种阴阳关系的

---

① ② 吕不韦编著:《吕氏春秋》,第 48 页。

③ 陈其射:《中国古代乐律学概论》,浙江大学出版社 2011 年版,第 52 页。

④ 丘琼荪校释:《历代乐志律志校释(第一分册)》,人民音乐出版社 1999 年版,第 226 页。

⑤ 陈梦雷:《周易浅述》,中央编译出版社 2012 年版,第 3 页。

⑥ 阮元校刻:《十三经注疏本·周易正义》,第 81 页。

⑦ 高亨:《周易大传今注》,第 533 页,注"参伍以变,错综其数,通其变,遂成天地之文;极其数,遂定天下之象"指出:"数指爻之位次……各卦六爻之数交错综合形成爻位与爻位的关系,易经以卦爻之变反映事物之变,故通卦爻之变,则能定天下事物之文……故尽易经卦爻之数,则能定天下事物之象。"

表述。通常人们对卦象的解读主要有两种方式，我们注意到这两种方式亦贯穿了中华传统艺术的发生、发展与审美思维的形成过程。

第一种解读方式是象形。《系辞下》曰："古者包犧氏之王天下也，仰则观象于天，俯则观法于地，观鸟兽之文，与地之宜，近取诸身，远取诸物，于是始作八卦，以通神明之德，以类万物之情。"①这段话是说八卦相传为伏羲氏"观天法地"所作，是通过描摹形象来表现事物的规律，即所谓"象也者，像也"②。所以在这种思维中，我们对卦象的解读侧重"似"。例如在《说卦》中，古人将八经卦的形象比作自然界中的八种现象，即"乾卦☰为天、坤卦☷为地、震卦☳为雷、巽卦☴为风、坎卦☵为水、离卦☲为火、艮卦☶为山、兑卦☱为泽"③，着重突出了卦象外在之形的意味。这其中可见震卦☳中上两爻似为云之形，最后一爻恰似雷电；坎卦☵在模拟水流的形象；离卦☲描摹火焰燃烧的样子，火焰中的内焰温度最低故用阴爻表述；艮卦☶是高山耸立的拱形……

我们发现，这种象形思维可解读为与艺术发源中的"模仿"相同。例如绘画艺术就源于人们对事物的描摹，即对"是"的追求。这种观念反映在传统画论中，即有诸如"观画之术为逼真而已"④、"画写物外形，要物形不改"⑤等思想。古人认为在文明的兴起中"书画同源"，即所论"象形、象事、象意、象声、转注、假借，造字之本也"⑥。因此，关于文字的起源自古就有"皇颉作文，因物构思，观彼鸟迹，遂成文字"⑦之说。关于乐音的形成，古人亦认为是先贤对事物的模仿，如《管子·地员》载："凡听徵，如负猪豕觉而骇。凡听羽如鸣马在野。凡听宫如牛鸣窌中。凡听商如离群羊。凡听角如雉登木以鸣，音疾以清。"⑧由此我们可以说，《周易》中卦象的形成与传统艺术的发生有着本质的关联，它们都源于人们对自然的观照、模仿。

第二种解读方式源于古人对象与意的理解。《系辞上》曰："子曰，书不尽言，言不尽意。然则圣人之意，其不可见乎？子曰，圣人立象以尽意，设卦以尽

---

① 阮元校刻：《十三经注疏上·周易正义》，第86页。
② 同上书，第87页。
③ 同上书，第94—95页。
④ 俞剑华编著：《中国古代画论类编上·稚圭论画》，第41页。
⑤ 俞剑华编著：《中国古代画论类编上·景迁论形意》，第66页。
⑥ 班固著，颜师古注：《汉书·艺文志》，第1363页。
⑦ 毛万宝、黄君主编：《中国古代书论类编·隶书体》，安徽教育出版社2009年版，第31页。
⑧ 戴望：《诸子集成（五）·管子校正》，中华书局1954年版，第311页。

情伪，系辞焉以尽其言。"①《系辞上》指出先贤作象的原因是"言不尽意"，故"立象以尽意"。类似的表述还有《系辞下》中的"八卦以象告，爻象以情言，刚柔杂居，而吉凶可见矣"②。概而言之，即古人认为文字的表述能力是有限的，而《周易》之中"象"的表述能力是具有超越性的。③

需要注意的是，在这里我们所讨论的"象"不同于一般意义上的"想象"，而是在《周易》中深刻体现的"万物类象"。《系辞下》曰："古者包牺氏之王天下也，仰则观象于天，俯则观法于地，观鸟兽之文，与地之宜，近取诸身，远取诸物，于是始作八卦，以通神明之德，以类万物之情。"④此处的"类"我们需要理解为归类，即王弼所述"触类可为其象，含义可为其征"⑤。《系辞上》开篇亦指出："方以类聚，物以群分，吉凶生矣"，且"在天成象，在地成形，变化见矣"。⑥"在天成象，在地成形"是《周易》中非常重要的数理思维，由此我们可以理解《周易》中对万物的描摹是具有对照性并且虚实相生的。继而我们可以发现这种思想脉络体现在《说卦》中，先贤为八经卦中的每个卦都赋予了多层次的含义：

> 乾为天，为圜，为君，为父，为玉，为金，为寒，为冰，为大赤，为良马，为老马，为瘠马，为驳马，为木果。
>
> 坤为地，为母，为布，为釜，为吝啬，为均，为子母牛，为大舆，为文，为众，为柄，其于地也为黑。
>
> 震为雷，为龙，为玄黄，为敷，为大涂，为长子，为决躁，为苍筤竹，为萑苇。其于马也，为善鸣，为馵足，为作足，为的颡。其于稼也，为反生。其究为健，为蕃鲜。
>
> 巽为木，为风，为长女，为绳直，为工，为白，为长，为高，为进退，为不果，为臭。其于人也，为寡发，为广颡，为多白眼，为近利市三倍。其究为躁卦。

---

① 阮元校刻：《十三经注疏上·周易正义》，第 82 页。
② 同上书，第 91 页。
③ 尚秉和：《周易尚氏学》，中华书局 1980 年版，第 304 页。其注曰："意之不能尽之者，卦能尽之。言之不能尽者，象能显之。故立象以尽意，设卦以尽情伪。"
④ 阮元校刻：《十三经注疏上·周易正义》，第 86 页。
⑤ 王弼：《王弼集校释·周易略例》，中华书局 1980 年版，第 609 页。
⑥ 阮元校刻：《十三经注疏上·周易正义》，第 76 页。

坎为水,为沟渎,为隐伏,为矫𫐓,为弓轮。其于人也,为加忧,为心病,为耳痛,为血卦,为赤。其于马也,为美脊,为亟心,为下首,为薄蹄,为曳。其于舆也,为多眚。为通,为月,为盗。其于木也,为坚多心。

离为火,为日,为电,为中女,为甲胄,为戈兵。其于人也,为大腹,为乾卦。为鳖,为蟹,为蠃,为蚌,为龟。其于木也,为科上槁。

艮为山,为径路,为小石,为门阙,为果蓏,为阍寺,为指,为狗,为鼠,为黔喙之属。其于木也,为坚多节。

兑为泽,为少女,为巫,为口舌,为毁折,为附决。其于地也,为刚卤。为妾,为羊。①

于《说卦》的论述可以发现,在《周易》阴阳对立统一的哲学思维下,古人认为所有"在地成形"的物质或可理解为"所有可见的物质",都有其不可见或不可直接把握的一面。"在地成形"的物质虽有外形上的不同,却因为"在天成象"的相同而被归为了同一类,这正是《周易》所表达的一种"弥纶天地之道"。"同声相应,同气相求"②,我们发现源于未具象化的"意"的相同,《周易》中的卦象承载了具有同一意念的物之集合。由此,古人发展形成了"观象取意"的意象思维,这种思维可以说是先贤对事物形成与发展的规律所进行的"具体的全景"③之探索。基于此,我们发现正是这种对"意象"的追求构成了中华传统艺术、美学的一种文化基因。

在《周易》的影响下,中华传统艺术的发展形成了三种"意象化"的美学思维。首先是发展形成了意象化的审美,即强调在艺术作品有限、有形的表达形式中获得作品无法直接传达的"无限、无形之意",探索超脱形象之外的力量。《乐记·乐言》载:"是故志微、噍杀之音作,而民思忧;啴谐、慢易、繁文、简节之音作,而民康乐;粗厉、猛起、奋末、广贲之音作,而民刚毅;廉直、劲正、庄诚之音作,而民肃敬;宽裕、肉好、顺成、和动之音作,而民慈爱;流辟、邪散、狄成、涤滥之音作,而民淫乱。"④这段话是对古人欣赏不同风格的乐舞时获得多种情感体悟的描写。这些体悟与感受正是观众借由艺术的外在表现而引发的对作

---

① 阮元校刻:《十三经注疏上·周易正义》,第94—95页。
② 同上书,第16页。
③ 宗白华:《宗白华全集(一)·中国八卦:"四时自成岁"之历律哲学》,安徽教育出版社1994年版,第609页。
④ 长北编著:《中国古代艺术论著集注与研究·乐记全注》,第56页。

品深层次的理解与共鸣。关于意象化的审美,传统书画论中亦有诸多论述。如蔡邕在《笔论》中提出书法艺术要有"若飞若动"的鲜活,强调"为书之体,须入其形。若坐若行,若飞若动,若往若来,若卧若起,若愁若喜,若虫食木叶,若利剑长戈,若强弓硬矢,若水火,若云雾,若日月,纵横有可象者,方得谓之书矣"①。张彦远在《历代名画记》中引用王微的《叙画》指出:"以图画非止艺行,成当与《易》象同体。而工篆隶者,自以书巧为高,欲其并辩藻绘,核其攸同。夫言绘画者,竟求容势而已。且古人之作画也,非以案城域,辩方州,标镇阜,划浸流。本乎形者融,灵而动者变,心止灵无见,故所托不动,目有所极,故所见不周。于是乎以一管之笔,拟太虚之体,以判躯之状,画寸眸之明。曲以为嵩高,趣以为方丈,以叐之画,齐乎太华,枉之点表夫隆准。眉额颊辅,若晏笑兮;孤岩郁秀,若吐云兮。横变纵化,故动生焉,前矩后方出焉。然后宫观舟车,器以类聚;犬马禽鱼,物以状分。此画之致也。"②可以发现,这段话从意象的角度阐述书、画之艺皆合易理。对于绘画来说,他强调不能是完全且直接的写实,因人之"目有所极",故只能通过丰富的艺术表现形式"横变纵化",从而达成鲜活生动的无限之意象。

其次是在《周易》影响下,中华传统艺术形成了"意在笔先"的创作思维。关于"意在笔先"的理念,有很多艺术家提出过相关论述。如王羲之在《题卫夫人〈笔阵图〉后》论道:"夫欲书者,先于研墨,凝神静思,预想字形大小、偃仰、平直、振动,令筋脉相连,意在笔前,然后作字。"③刘熙载于《艺概》中指出:"圣人作《易》,立象以尽意。意,先天,书之本也;象,后天,书之用也。"④张彦远亦在论画时多次提到"意在笔先"的重要性,如"顾恺之之迹,紧劲联绵,循环趋忽,调格逸易,风趋电疾,意存笔先,画尽意在,所以全神气也"⑤,"向所谓意存笔先,画尽意在也。凡事之臻妙者,皆如是乎"⑥。由"意在笔先"的理念形成的创作思维对艺术家规范创作过程做出了指导,郑板桥将这个理念形象地以"眼中之竹到手中之竹"的艺术创作过程进行论述,为人们广泛借鉴。

---

① 毛万宝、黄君主编:《中国古代书论类编·笔论》,第25页。
② 张彦远:《历代名画记》,中州古籍出版社2016年版,第183页。
③ 潘运告编著:《汉魏六朝书画论》,湖南美术出版社1997年版,第107页。
④ 刘熙载著,袁津琥校注:《艺概注稿·书概》,第615页。
⑤ 张彦远:《历代名画记》,第53页。
⑥ 同上书,第54页。

　　最后是在《周易》影响下,中华传统艺术形成了"形似不如神似"的艺术追求。此处的"神似"是指艺术创作要对审美意象中的"意"进行高度的凝练,即艺术表达不是完全执着于事物的"外形"。苏轼在《论画诗》中指出:"论画以形似,见与儿童邻。"①王僧虔亦在《笔意赞》中说道:"书之妙道,神采为上,形质次之,兼之者方可绍于古人。"②那么如何达成对"神似"的追求呢?苏轼在《传神记》中又这样写道:"传神之难在目。顾虎头云:'传形写影,都在阿堵中。'其次在颧颊。吾尝于灯下顾自见颊影,使人就壁模之,不作眉目,见者皆失笑,知其为吾也。目与颧颊似,余无不似者。眉与鼻口可以增减取似也。传神与相一道,欲得其人之天,法当于众中阴察之。今乃使人具衣冠坐,注视一物,彼方敛容自持,岂复见其天乎?凡人意思,各有所在,或在眉目,或在鼻口。虎头云:'颊上加三毛,觉精采殊胜。'则此人意思,盖在须颊间也。优孟学孙叔敖抵掌谈笑,至使人谓死者复生,此岂举体皆似,亦得其意思所在而已。使画者悟此理,则人人可以为顾、陆。吾尝见僧惟真画曾鲁公,初不甚似。一日,往见公,归而喜甚,曰:'吾得之矣'乃于眉后加三纹,隐约可见,作俯首仰视眉扬而颊蹙者,遂大似。"③苏轼此文以顾恺之(顾虎头)"传神写照,正在阿堵中"④之典故论述了艺术创作如何把握"神似"的诀要。在这里苏轼提出了艺术作品达成"神似"的两层内在要求:首先是艺术创作要关注事物的细节,如阿堵(眼睛)、颧颊、眉与鼻口等位置。这就要求艺术家要"法当于众中阴察之",于生活中仔细观察创作素材。其次是艺术家要学会将人物的气质特点具象化,适度地在创作中发挥想象。这就要求艺术家能够掌握提炼事物特质的方法,即可似"顾恺之画裴叔则时,为其颊上增加三根毛发"、"眉后加三纹"的创造一样把握事物特质的关键并加以想象,进一步发挥创作时的主观能动性。这一点亦是张彦远所论的"详古人之意,专在显其所长,而不守于俗变也"⑤。

　　① 俞剑华编著:《中国古代画论类编上·论画诗》,第51页。
　　② 毛万宝、黄君主编:《中国古代书论类编·笔意赞》,第421页。
　　③ 周宪、童强主编:《艺术理论基本文献(中国古代卷)》,生活·读书·新知三联书店2014年版,第161页。
　　④ 《世说新语·巧艺》载:"顾长康画人,或数年不点目睛。人问其故,顾曰:四体妍蚩,本无关于妙处,传神写照,正在阿堵中。"又载:"顾长康画裴叔则,颊上益三毛。人问其故,顾曰:裴楷俊朗有识具,此正是其识具。看画者寻之,定觉益三毛如有神明,殊胜未安时。"
　　⑤ 张彦远:《历代名画记》,第37页。

三、理之道宣教化

在《周易》中，直接提到"美"的文字共有五处。笔者在此摘出：

（一）乾元者，始而亨者也。利贞者，性情也。乾始能以<u>美</u>利利天下，不言所利大矣哉。大哉乾乎。刚健中正，纯粹精也。①

（二）阴虽有<u>美</u>，含之以从王事，弗敢成也，地道也，妻道也，臣道也。地道无成，而代有终也。②

（三）君子黄中通理，正位居体，<u>美</u>在其中，而畅于四支，发于事业，<u>美</u>之至也。③

（四）坎为水，为沟渎，为隐伏，为矫鞣，为弓轮。其于人也，为加忧，为心病，为耳痛，为血卦，为赤。其于马也，为<u>美</u>脊，为亟心，为下首，为薄蹄，为曳。其于舆也，为多眚。为通，为月，为盗。其于木也，为坚多心。④

在这里，我们将结合句义对《周易》中"美"字所处的位置进行易理分析，并尝试对《周易》所论"美"之意涵进行提炼、概括。

《周易》中第一处的"美"字与"利"并列相连。原文"乾始能以美利利天下"可理解为"由乾卦开始美利于天下"，可见此处的"美利"侧重于表述的是利益，即得益。结合前文"乾元者，始而亨者也"即可串联理解本句的"乾始"连接的是乾卦所具有的"天地生生之气"⑤，即《乾》之《象》曰："大哉乾元，万物资始，乃统天。"⑥程颐亦对此注曰："乾始之道，能使庶类生成，天下蒙其美利，而不言所利者，盖无所不利，非可指名也。故赞其利之大曰，大矣哉。"⑦因此我们可以说，《周易》之美与生命不可分⑧，即美是对生命力的形容。

①⑥　阮元校刻：《十三经注疏上·周易正义》，第17页。

②　同上书，第19页。

③　同上书，第19页。

④　同上书，第95页。

⑤　陈梦雷：《周易浅述》，中央编译出版社2012年版，第12页。

⑦　程颢、程颐：《二程集》，中华书局1981年版，第704页。

⑧　刘纲纪：《周易美学》，武汉大学出版社2006年版，第17页。

需要注意的是,第二处、第三处和第四处"美"字同见于《坤》,与《乾》之"美"相呼应。因此在这里进行阐释时,我们就需要运用贯穿《周易》的阴阳对立统一思维。此处其文曰"阴虽有美"含有肯定并转折之意。《说卦》载"乾为天、为君、为父",阴所属的"坤为地、为母",因《坤》对应于《乾》,故阴之"美"要"含之以从王室"。对应于此,我们可将这个"美"理解为文中"地道也,妻道也,臣道也"之表述,即表达阴要顺和于阳。程颐对此亦注曰:"为下之道,不居其功,含晦其章美,以从王事,代上以终其事而不敢有其成功也……妻道亦然。"①而下文的"君子黄中通理,正位居体,美在其中"亦是顺应了这个理念,提出君子要"正位居体",方可达成"美在其中"。此处《周易》强调了"位"的观念,即"正位,以正道居其位,如居君位尽君道,居臣位尽臣道,居父位尽父道,居子位尽子道等是"②的思想。同时,我们可以将此处前句的"黄中通理"亦理解为是对"位"的要求。因为在周易的数理概念中,中心位置对应"黄"亦称为"五黄"③,取五行之中土性为黄色之意。④ 在易理中《坤》为地、为土,为黄,为中。我们发现此处《周易》正是以重重对应之法阐明了君子行事要中庸并符合其身份的理念,即要居位得体,"美"在其"中"。如此,君子方可以"畅于四支"、"发于事业",达成"美"的极致。关于"畅于四支"笔者认为有两种层面的理解可供参详:其一为四肢、身体之意。如程颐对此注为"通畅于四体"⑤;陈梦雷注为"和顺在一身"⑥,即"支"通"肢";高亨注为"畅于四肢,表现于行动"。其二,是数理中地支的概念,意为四方。在此处这两种不同理解并不影响文中对"美在其中"的喻饰。我们发现,下文"发于事业,美之至也"又将"美"与《乾》中的"美利"之理念对应,此文尚氏亦注曰:"言有黄中之德者。身必润。事业必成也。"⑦故此处之"美"我们可以理解为对君子发展的功业的赞颂。

综上,我们发现《坤》中的"美"呈现了以下特质:首先,"美"是对当时社会形态中男尊女卑、君上臣下等社会秩序的赞同,即符合古代社会阶层体系"不

---

① 程颢、程颐:《二程集》,第 712 页。
② 高亨:《周易大传今注》,第 86 页。
③ "五黄"对应洛书的中心位置,亦是先贤将洛书与八卦重叠后形成的数理体系"紫白飞星(九宫飞泊)"中对中宫位置的称谓。五黄对应坤卦,具有《周易》中坤卦所属的概念及性质。
④ 关于中心为何属五行土,可参见前文所述四象化为五行的过程。
⑤ 程颢、程颐:《二程集》,第 713 页。
⑥ 陈梦雷:《周易浅述》,第 22 页。
⑦ 尚秉和:《周易尚氏学》,第 41 页。

逾矩"的道德感。其次，"美"是为君子行事设立的标准，要取"中"、"得位"。最后，"美"是积极的人生态度，即"发于事业"，强调君子要取得功业。概括来看，我们可以发现这些理念恰是《礼记·大学》中所强调的"修身、齐家、治国、平天下"道德范畴，因此我们可以说，《坤》之"美"正是对君子道德感之形容。

《周易》中以《乾》与《坤》同论"美"，我们可以将之理解为这是《周易》想表达与"天地准"的道理，这种数理形态构成了"在天成象，在地成形"的天地之"美"象。

最后一处"美"字见于《说卦》中的《坎》，是对马的脊部的直接修饰——美脊，即"马之美脊，象坎一阳之象"①。我们发现从卦象来看，坎卦之形刚好符合俯视马背的自然形象——中间阳爻为马的脊柱，四点为四蹄。因此《坎》亦有蹄之意。我们可以将这种理念理解为一种自然美、生命感的表现，正如自然中马在奔跑时脊部会进行来回的收缩既而构成一种鲜活、阳刚的力感和美感。《周易》既用美来修饰形容马的脊部，我们由此可以推断此"美"应有自然（生命）、阳刚之意味。

值得注意的是，我们用象数思维进行分析会发现《坎》与《坤》恰好构成了一组先后天八卦，即符合易理中《先天八卦图》"上乾下坤"与《后天八卦图》"上离下坎"的层次对应。在"先天为体，后天为用"②的理念中，"坎坤通气"，因此《坎》之理亦属于《坤》之理，即坎卦中"美"之意亦是属于天地之"美"象。由此我们可以发觉，《周易》具有以"天地"论美的完整数理逻辑，而这正是其所谓"乾坤其易之缊邪"③的悠远蕴涵。

据此，我们尝试将《周易》中直接表述的美之观念概括如下：美是先贤对自然美、君子之道德感的赞扬与形容。这些观念亦作为一种美学基因体现在中华传统艺术的传承与发展之中。

在中华传统艺术中，人们一直强调对自然的观察与描摹。例如东汉书法家蔡邕在《九势》开篇写道："夫书肇于自然，自然既立，阴阳生焉；阴阳既生，形势出矣。"④韩愈在《送高闲上人序》中描绘张旭创作的过程时写道："往时张旭善草书，不治他技。喜怒窘穷、忧悲愉佚、怨恨思慕、酣醉无聊、不平有动于心，

---

① 霍斐然、徐韶山编著：《霍氏周易正解》，华中科技大学出版社 2009 年版，第 230 页。
② "先天为体，后天为用"是《周易》重要的数理思想。关于此思想历代易学名家皆有论述，如邵雍《观物篇》等。
③ 阮元校刻：《十三经注疏上·周易正义》，第 82 页。
④ 毛万宝、黄君主编：《中国古代书论类编·九势》，第 5 页。

必于草书焉发之。观于物，见山水崖谷、鸟兽虫鱼、草木之花实、日月列星、风雨水火、雷霆霹雳、歌舞战斗、天地事物之变，可喜可愕，一寓于书。"①可见传统书法尤其看重对自然的描摹，并将这种生命之力量进行艺术化的传达。在传统画论中，由张彦远提出的"妙悟自然"之观点影响深远，其在论顾恺之画时指出："遍观众画，唯顾生画古贤，得其妙理。对之令人终日不倦，凝神遐想，妙悟自然，物我两忘，离形去智。身固可使如槁木，心固可使如死灰，不亦臻于妙理哉！所谓画之道也。"②可见古人认为对自然、生命的描摹和观察正是"妙悟"的过程，而这个过程则具有"画之道"的高度与地位。

　　君子之道德感是传统艺术表达的永恒主题。这一方面源于道德感是古代社会生活中约束人之行为的行事法则，而艺术作品必然是社会生活的真实反映。更重要的是，在传统艺术的观念中，艺术作品所蕴涵的道德表达与作品本身具有同样的审美价值。《乐记·乐情篇》载："乐也者，情之不可变者也；礼也者，理之不可易者也。乐统同，礼辨异，礼乐之说，管乎人情矣！穷本知变，乐之情也；著诚去伪，礼之经也。礼乐偩天地之情，达神明之德，降兴上下之神，而凝是精粗之体，领父子、君臣之节。"③《乐记》是中国古代音乐理论的经典之作，这段文字阐明了中国古代音乐作品与礼法（传统道德）的同一性，故宗白华有"乐者所以象德也"④之经典点评。在传统书画论中我们亦可发现类似表达，如张彦远《历代名画记》开篇指出："夫画者，成教化、助人伦、穷神变、测幽微，与六籍同功，四时并运，发于天然，非由述作。"⑤在这种理念的影响下，古代艺术家其个人的道德亦被纳入艺术作品的审美范畴之中。朱熹曾在《晦庵论书》中写道："余少时喜学曹孟德书，时刘共父方学颜真卿书，余以字书古今诮之，共父正色谓余曰：'我所学者唐之忠臣，公所学者汉之篡贼耳。'余嘿然无以应，是则取法不可不端也。"⑥可见对艺术家的道德的考评亦成为评价其艺术价值之标准。在徐上瀛的《溪山琴况》中亦有欣赏音乐时"第其人必具超逸之品，故自发超逸之音"⑦之论，可见

---

① 毛万宝、黄君主编：《中国古代书论类编·送高闲上人序》，第4页。
② 张彦远：《历代名画记》，第54页。
③ 长北编著：《中国古代艺术论著集注与研究·乐记全注》，第59页。
④ 宗白华：《宗白华全集（一）·形上学》，第604页。
⑤ 张彦远：《历代名画记》，第2页。
⑥ 毛万宝、黄君主编：《中国古代书论类编·晦庵论书》，第713页。
⑦ 长北编著：《中国古代艺术论著集注与研究·溪山琴况全注》，第453页。

中华传统审美"观作如观人"理念之悠远。不仅如此,传统艺术还发展形成了"欲习艺先学做人"的教化理念,如黄庭坚在《论书》中指出:"学书要须胸中有道义,又广之以圣哲之学,书乃可贵。"①

余论:也 谈 贲 卦

《周易》中的《贲》因其卦名有装饰之意,故很多学者认为此卦可与美学、艺术相联系。《序卦》曰:"贲者,饰也。"②《说文解字》中亦将"贲"字释为"饰也",而"饰"字又释为"馭(刷)也"。可见"贲"确有"装饰"之意,《贲》即可作为解读《周易》内涵美学、艺术观念之卦象。

我们从《贲》的卦形来看,其为"离下艮上"。郑玄指出:"离为日,天文也;艮为石,地文也。天文在下,地文在上,天地二文,相饰成贲者也。"③以这个思路分析,我们可以将《离》所代表的太阳视为天之文饰,将《艮》所代表的山石视为地之文饰。天之文饰和地之文饰都讲到了,人之文饰在哪里呢?《贲》之《彖传》曰:"文明以止。人文也。观乎天文,以察时变,观乎人文,以化成天下。"④我们仔细分析可以发现,"文明"正是《离》之意象,"止"则是《艮》之意象。⑤ 因此我们即可理解《彖传》此句是说"离下艮上"之形就是人之文饰。紧接着后面的词句即可理解为:观察天象可以察知时空的变化,观察人之文饰可以教化天下。程颐在此注曰:"观人文以教化天下,天下成其礼俗,乃圣人用贲之道也。"⑥可见《周易》已经蕴涵早期中国的美育思想,将文饰之道(用贲之道)视为礼教的重要组成部分。

如前文所述,《周易》是以阴、阳的变化来模拟万事万物的发生发展规律,而体现在具体卦象中就是以六爻自下而上的变化来说明事物的发生发展过程。因此,对爻辞的解读是我们疏解《周易》时不可或缺的部分。

《贲》中的爻辞为:

---

① 毛万宝、黄君主编:《中国古代书论类编·论书》,第707页。
② 阮元校刻:《十三经注疏上·周易正义》,第96页。
③ 李鼎祚:《周易集解》,中央编译出版社2001年版,第89页。
④ 阮元校刻:《十三经注疏上·周易正义》,第37—38页。
⑤ 李鼎祚:《周易集解》,第89页。
⑥ 程颢、程颐:《二程集》,第808页。

初九。贲其趾。舍车而徒。

六二。贲其须。

九三。贲如濡如。永贞吉。

六四。贲如皤如。白马翰如。匪寇婚媾。

六五。贲于丘园。束帛戋戋。吝。终吉。

上九。白贲。无咎。①

对于初爻,《象传》指出:"舍车而徒。义弗乘也。"②我们从句义上可以将爻辞理解为:足穿美丽的鞋子(或装饰、修饰了足部),不再乘车而徒步行走。从数理层面看,此爻的变化会使《贲》变为《艮》。由于《艮》与《震》具有先后天的一致性,因此这个变化就与《震》意涵的"足部"发生了联系。继而我们可以将《象传》对此爻的解释理解为,"其人意在显示花鞋之美,宜其不乘车也"③。由此,我们发觉此爻有因饰足而弃车不乘的意涵,喻示"不宜饰足而饰足,不宜舍车而舍车,不宜徒行而徒行,此务文失实之象也"④之状态。按照这个方式分析,此爻是在提醒生活中忽略艺术实用性的后果,即为"饰足"所累而舍车徒行。我们还可以发现,此爻亦可用来说明艺术中局部与整体不协调的现象,如同《淮南子论画》中"画者谨毛而失貌"⑤的美学、艺术观念。

《贲》二爻之《象传》曰:"贲其须。须与上兴也。"⑥《说文》释"须"字为"面毛也"。我们从此爻的数理变化中可以发现,二爻之变会使《贲》卦变为《大畜》,即《贲》下之《离》变为《乾》,呈现"乾下艮上"之象。《杂卦》曰:"大畜。时也。"⑦尚氏注此曰"畜以待机"⑧。可见,此时卦意恰与"须"的胡须(发须)之意相吻合。我们即可将此爻理解为:《象传》说,修饰胡须(发须)是"与上兴也"。程颐对此注曰:"以须为象者,谓其与上同兴也。随上而动,动止惟系所附也。尤加饰于物,因其质而贲之,善恶在其质也。"⑨可见,此爻正是对美学、艺术中内容与形式关系(文质)的进一步表述,即艺术形式要根据内容达成"与上兴"

①② 阮元校刻:《十三经注疏上·周易正义》,第38页。

③ 高亨:《周易大传今注》,第228页。

④ 高亨:《周易古经今注》,中华书局1984年版,第224页。

⑤ 俞剑华编著:《中国古代画论类编上·淮南子论画》,第6页。

⑥ 阮元校刻:《十三经注疏上·周易正义》,第38页。

⑦ 同上书,第96页。

⑧ 尚秉和:《周易尚氏学》,第335页。

⑨ 程颢、程颐:《二程集》,第810页。

的良好状态。此外，对爻辞"与上兴"中的"上"，我们亦可解读为君、父、老人等意象。因原处于《贲》下方的《离》变为《乾》，故我们此时可与爻辞中"上"字之意象进行关联。高亨在此注曰："与，助也；上，君上。"①鉴此，我们发现此句亦可解读出"尊上"之意涵。我们结合初爻的爻辞进行分析还可以发现，"贲其趾，舍车而徒"与"贲其须，与上兴"构成了因修饰不同位置（首、尾，或头、脚）而得到不同结果的鲜明对照，这恰好对应美学、艺术创作中对主次关系混乱之象的论述，如同《绘宗十二忌》所论"远近不分"、"山无气脉"②（无主次）皆为作画大忌的思想。

《贲》三爻的《象传》曰："永贞之吉，终莫之陵也。"③我们从数理思维上可以发现，三爻之变会使《贲》卦变为《颐》，呈"震下艮上"之象。《杂卦》曰："颐，养正也。"④《说文》释"濡"字："水。出涿郡故安，东入涞。"《周易本义》亦注曰："一阳居二阴之间，得其贲而润泽者也。"⑤因此，我们即可将此部分爻辞理解为：装饰若似水之浸润一样，永远贞吉；《象传》指出此永远贞正，始终无可欺凌（陵作凌⑥）。这种理解思路亦体现在孔颖达对此爻所作的注中："既得其饰，又得其润，故曰贲如濡如也。"⑦可见此爻所表述的正是美学、艺术观念中内容与形式关系（文质）的最良好之状态，即是一种"华丽繁富的美"⑧。

四爻之《象传》曰："六四当位。疑也。匪寇婚媾，终无尤也。"⑨我们从数理上进行分析，四爻之变会使《贲》变为《离》，呈"下离上离"之象。《说文》释"皤"字为"老人白也"；"翰"字为"天鸡赤羽也"。《周易本义》注曰："皤，白也。马，人所乘。人白则马亦白矣。"⑩因此我们可将此爻理解为：人装饰为白色，马长毛白色，非为寇者⑪，而是婚庆之事。需要注意的是，《象传》指出此爻之变化具有"所当之位可疑"⑫之意，即是在表达如下混乱疑惑之象：见人白马白不知其来意，辨识出非是寇贼而是婚庆之事方才感到无忧。我们从《贲》变为《离》的卦形分析看，其为上下双日之象，正是爻辞所述人白马白的"重叠"之情形。因此我们可以这样理解，此爻是在说明装饰活动（艺术创作）中因为主次

①⑥⑦　高亨：《周易大传今注》，第229页。
②　俞剑华编著：《中国古代画论类编下·绘宗十二忌》，第695页。
③⑨　阮元校刻：《十三经注疏上·周易正义》，第38页。
④　同上书，第96页。
⑤　朱熹：《周易本义》，中央编译出版社2010年版，第82页。
⑧　宗白华：《宗白华全集（三）·中国美学史中重要问题的初步探索》，第458页。
⑩⑪⑫　朱熹：《周易本义》，第82页。

关系的不明确而带来的混乱与不恰当。

《贲》五爻的《象传》指出:"六五之吉。有喜也。"①程颐对此爻注曰:"自古设险守国,故城垒多依丘坂"②,故我们可以将爻辞中的"丘园"之词理解为家园之意。爻辞中"束帛戋戋"则是对装饰家园时将彩色绸帛剪裁扎束后③随微风飘扬情景之形容。我们从数理层面分析可以发现,此爻未变之前所属《贲》中的《艮》,正是"丘园"之象。而后爻变为《巽》,其象为风、为绳,正是"束帛戋戋"之意象。故对此爻辞我们可理解为:用裁剪后扎束起来的彩色绸帛装饰家园,简约,终为吉祥。《象传》亦认为此象"吉祥,有好事"。综上可见,此爻是在阐述并推崇一种简约的美学、艺术观念。孔颖达亦指出:"初始简约,故是其吝也,必简约之吝,乃得终吉而有喜也……为国之道,不尚华奢,而贵简约也。"④

在《周易》中,卦象最后一爻往往具有"物极必反"的表现,在《贲》中亦体现出如此状态。六爻之《象传》曰:"白贲无咎。上得志也。"⑤《说文》释"咎"字为"灾也",故"无咎"我们即可理解为"无灾祸之意"。《周易本义》注此爻曰:"贲极反本,复于无色。"⑥因此爻辞可理解为:无色之饰,亦无灾祸。对于《象传》中的"志",《说文》释为"意也"。我们结合上述分析即可理解此爻是在表达一种不加修饰才是符合心志的观念。正是如此,《杂卦》亦释《贲》为"无色也"⑦。在这种理念下,我们可以将"无色"理解为"事物本质的状态",继而在《贲》之《象传》中发现这种理念的同一性。

《周易》中,卦之《象传》(又称为"大象")是对一卦之卦象的整体性说明。《贲》之《象传》曰:"山下有火。贲。君子以明庶政。无敢折狱。"⑧在《说文》中"折"字释为"断也"。故此句我们可理解为:这是山下有火之形态;贲;君子明察各项政事⑨,不敢擅自专断处理讼狱。需要注意的是,《周易》在这里将"山下有火"之象与"君子以明庶政,无敢折狱"之象列为了卦象上的对应。也就是

---

① ④　阮元校刻:《十三经注疏上·周易正义》,第 38 页。
②　程颢、程颐:《二程集》,第 811 页。
③　程颐注此曰:"戋戋,剪裁分裂之状。"朱熹注此曰:"戋戋,浅小之意。"见程颢、程颐:《二程集》,第 811 页;朱熹:《周易本义》,第 83 页。
⑤　阮元校刻:《十三经注疏上·周易正义》,第 3 页。
⑥　朱熹:《周易本义》,第 83 页。
⑦　阮元校刻:《十三经注疏上·周易正义》,第 96 页。
⑧　同上书,第 37 页。
⑨　高亨:《周易大传今注》,第 227 页。

说，"山下有火之形态"构成了"君子明察各项政事，不敢擅自专断处理讼狱"的类象。这个类象与后者的共通点在哪里呢？我们发现，它们都是寻求展现事物本质的状态。因为只有寻求展现事物本质的状态才能达成"无敢折狱"，才可称之为"以明庶政"，而这也正是"山下有火"的光明映物之象。我们发现，这种本质的状态正是《杂卦》所述的"无色"，与第六爻所述"白贲无咎"的诉求相通。因此，我们可以将"白贲"解读为《贲》通过数、象、理共同表达的一种美学理想，它如同政治理想一样被《周易》推崇和追求，正如刘熙载在《艺概》中谈道："白贲占于贲之上爻，乃知品居极上之文，只是本色。"①

宗白华在谈《贲》时指出，"贲卦讲的是一个文与质的关系问题"，"也包含了这两种美（华丽繁富的美和平淡素净的美）的对立。'上九，白贲，无咎。'贲本来是斑纹华采，绚烂的美。白贲，则是绚烂又复归于平淡"。② 综上分析，我们发现《贲》作为《周易》中专门论述艺术现象的卦象，以其数、象、理完整的易学逻辑阐述了文质关系，并且通过爻辞与爻象的变化对一些具体的美学、艺术现象进行了观念的表达。从本体论的角度来看，《贲》已然产生了艺术必定面对事物本质的哲学性思考。我们观察这些美学基因可以发现，正是由于它们的汇集，中华传统艺术在漫长发展过程中才保持着亘古不息的生命力。

---

① 刘熙载著，袁津琥校注：《艺概注稿·文概》，第 202 页。
② 宗白华：《宗白华全集（三）·中国美学史中重要问题的初步探索》，第 458 页。

《淮南子》"论道"之美及其思想史意义

——兼与《庄子》比较*

高　旭**

摘　要：《淮南子》论道在汉代历史条件下，呈现出一种内涵丰富、别具风格的道家哲学美感。这种论道之美的形成，源自物象丰富的道论阐释、赋化典雅的表达方式、多彩纷呈的修辞手法、深切务实的治国忧思、脱俗保真的生命诉求和超远缥缈的神仙信仰。《淮南子》论道之美受《庄子》一书影响甚深，但又与后者有别，内在表现出满足汉代统治阶层精神需求的贵族化特点。《淮南子》论道之美反映出其追求超脱世俗，身心自由的审美人格与生命境界，这在秦汉道家思想史上别具特色，意义深远。

关键词：《淮南子》　道　道家　《庄子》　哲学美感

在秦汉思想史上，《淮南子》是一部"以道为主，融采宏富"的道家巨著，其"批判百家"，也"综贯百家"，"希望构设出一套'置之寻常而不塞，布之天下而不窕'，完美无缺，足以传之永世的'帝王之道'"①。因此，《淮南子》始终"既以'道'为出发点，又以'道'为归宿"，力求以此为"全书的理论核心"②，来构建和阐释自身汉代黄老的政治思想体系。《淮南子》的"道论"，不仅全面继承了先秦老、庄、黄老的核心理念，而且在适应秦汉大一统政治发展需要的条件下，进一步丰富和深化，尤其是在宇宙论、人性论、治国论、养生论等方面表现更为突

---

* 本文为 2019 年度安徽省高校人文社会科学研究重点项目"西方汉学视域中的《淮南子》英译研究"(项目编号：SK2019A0086)；2018 年度安徽省高校优秀青年人才支持计划重点项目"《淮南子》黄老思想义涵及历史价值研究"(项目编号：gxyqZD2018035)阶段性成果。

** 作者简介：高旭南开大学历史学博士，安徽理工大学楚淮文化研究中心副教授，《淮南子》与道家道教研究所所长，淮南成语典故研究院特聘研究员，主要从事淮南子学、淮河文化史、中国政治思想史研究。

① 陈丽桂：《〈淮南鸿烈〉思想研究》，花木兰文化出版社 2013 年版，第 24 页。
② 熊礼汇：《新译淮南子·导读》，台北三民书局 2012 年版，第 11 页。

出。由于以淮南王刘安为代表的《淮南子》撰著者们均有着杰出的理论水平与文学才能,所以《淮南子》一书总体上呈现出一种论"道"所产生的哲学美感,让中国道家"道论"获得不同于先秦老、庄、黄老的新的时代内涵。对《淮南子》这种论道之美的理论表现、内在成因及其思想史意义进行深入的剖析与阐明,有助于我们更准确地揭示《淮南子》作为"秦汉道家最成熟的著作"①的理论实质,而不是被其思想表面上的驳杂多元影响,做出"以'杂家'名之最为合适"②的学派属性误判。

一、《淮南子》论道之美的理论表现

《淮南子》有着十分明确的著述意图,"夫作为书论者,所以纪纲道德,经纬人事,上考之天,下揆之地,中通诸理"(《要略》)③,"纪纲道德"就是其最核心最根本的著述原则。《淮南子》不论是在作为全书"自序"与"纲要"的《要略》里④,还是在全书正文的二十篇中,都尽其所能地"穷道德之意"(《要略》)⑤,尤其是为西汉统治阶层提供一种新黄老的理想的"帝王之道"。可以说,论"道"是《淮南子》一书从理论内容到文辞表达都最为突出的核心理念,而且其形上的本原论意义的"道体"与形下的实践论意义的"道术",都有既充分又形象的思想阐释。这种义理与文采兼具的特点,让《淮南子》论"道"呈现出一种由内而外的哲学美感,使其成为秦汉思想史上别具审美意蕴的道家论著。

一是形上之美:无限性。在中国哲学思想史上,老子第一次赋予"道"以"本源—本体论"的形而上学意义,并从"知识论的视域中共相与殊相的关系"着眼,深透体悟和理解"'道'与'万物'的关系",进而"系统建构宇宙论"⑥。"道"在老子那里,超脱一般的形而下的实际意义,不仅具有深邃玄妙的哲学蕴涵,而且"显示出高度的诗性智慧,富有深刻的审美意味",使"道的境界"内在相通于"审美境界"⑦。《淮南子》对老子"道"思想的继承与阐扬,最为核心之

---

① 牟钟鉴:《〈吕氏春秋〉与〈淮南子〉思想研究》,人民出版社 2013 年版,第 281 页。
② 马庆洲:《淮南子考论》,北京大学出版社 2009 年版,第 107 页。
③ 何宁:《淮南子集释》,中华书局 1998 年版,第 1437 页。
④ 陈广忠:《淮南子斠诠》,黄山书社 2008 年版,第 1169 页。
⑤ 何宁:《淮南子集释》,第 1454 页。
⑥ 冯达文:《道家哲学略述》,巴蜀书社 2015 年版,第 35—37 页。
⑦ 易小斌:《略论道家美学本体论——'道'论的审美生成》,《中州学刊》2010 年第 4 期,第 157—161 页。

处也就在于此。与老子一样，《淮南子》也是从形上的本体论意义来进一步阐说"道"，并试图通过对时空的无限感的体悟，对"道"的存在状态及特点给予更为深细的把握：

> 夫道者，覆天载地，廓四方，柝八极，高不可际，深不可测，包裹天地，禀授无形……故植之而塞于天地，横之而弥于四海，施之无穷而无所朝夕，舒之幎于六合，卷之不盈于一握。（《原道》）①

《淮南子》对"道"从一开始便不采取完全玄思抽象的描述方式，而是直接着眼于具体化的"空间"与"时间"来予以表现。在其眼中，"道"的存在始终与"天地"相融合，反映在天地的实际存在中，既"覆天载地"，又"包裹天地"，通过后者来显现自身"无限"的本源意义。这种空间感的"无限"，同时伴随着时间感的"无穷"，具有"无所朝夕"的超越性，根本上无法用一般世俗的时间观念来把握。"道"的"无形"，经由其对"时空"的无限、无穷的超越性表现，更显示出深不可测的形上的造物本源蕴涵：

> 横四维而含阴阳，纮宇宙而章三光……山以之高，渊以之深，兽以之走，鸟以之飞，日月以之明，星历以之行，麟以之游，凤以之翔。（《原道》）②

《淮南子》将"道"与"万物"，尤其是与"生命"的生演紧密关联在一起，以后者的"有形"和"有限"来反衬"道"的"无形"和"无限"，进而突显"道"生万物的形上实质与本源意义。这种对"道"的时空超越性的描述，让《淮南子》"道"论内在具有深刻的"无限感"，并呈现出一种玄妙高远，难以蠡测的道家哲学美感。

二是形下之美：具象性。 与先秦老庄论道重于抽象性的玄思不同，《淮南子》对"道"的认识，"虽然接受老庄对于道之意义的思想"，但却"更以具体万物去描述了这些性征"，因此"老庄对道之称述者重在'无'，而淮南子却偏执于'有'"。③ 这让《淮南子》对"道"的哲学思考时常借由能具体观感的物象来表

---

① 何宁：《淮南子集释》，第1—3页。
② 同上书，第3—4页。
③ 李增：《淮南子哲学思想研究》，台北洪叶文化事业有限公司1997年版，第44—45页。

现,带有显著的形象思维的特点,形成丰富灵动的具象化的哲学美感。《淮南子》是先秦以来道家流派中最善于以"水"喻"道"的代表,将老子"上善若水。水善利万物而不争,处众人之所恶,故几于道"(《老子·八章》)①的道论思想发挥得淋漓尽致:

> 天下之物,莫柔弱于水,然而大不可极,深不可测,修极于无穷,远沦于无涯……上天则为雨露,下地则为润泽,万物弗得不生,百事不得不成……击之无创,刺之不伤,斩之不断,焚之不然……动溶无形之域,而翱翔忽区之上,邅回川谷之间,而滔腾大荒之野……是故无所私而无所公,靡滥振荡,与天地鸿洞,无所左而无所右,蟠委错紾,与万物始终。是谓至德。(《原道》)②

《淮南子》在这里不仅明确将"水"视为"道性的化身",强调其"'柔而能刚'、'弱而能强',浩大无比,无所不能等特点"③,而且试图通过极为丰富生动的物象化描述,在"水"润泽万物,滋育群生的动态化过程中充分显示其博大恢弘的创生作用及影响。"道"的无所不在,无可限制,无物不生,无私至公的哲学本源意义,在《淮南子》中经由"水"的物象描述,得到富有壮阔灵动美感的形象化表达。"水"之德,即是"道"之德,"借助水以说明道,由水的品性可见道的特征","由'莫柔于水'到'莫尊于水'得出柔则为尊的道家观念",《淮南子》"从而将老子的思想进一步具体化和深刻化"。④

道家视"道"为"一",将"一"看作是"同'道'一样,作为万物的本根概念",使之成为"道家的标志性概念之一"。⑤《淮南子》对"一"的哲学论述,与以"水"喻"道"有异曲同工之妙,也是赋予其拟人化、形象化的理论表现:

> 所谓一者,无匹合于天下者也。卓然独立,块然独处,上通九天,下贯九野。员不中规,方不中矩。大浑而为一,弃累而无根。怀囊天地,为道

---

① 陈鼓应:《老子注译及评介》(修订增补本),中华书局 2009 年版,第 86 页。
② 何宁:《淮南子集释》,第 54—56 页。
③ 许匡一:《淮南子全译》,贵州人民出版社 1993 年版,第 29 页。
④ 王雪:《〈淮南子〉哲学思想研究》,陕西人民出版社 2007 年版,第 81 页。
⑤ 王中江:《早期道家"一"的思想的展开及其形态》,《哲学研究》2017 年第 7 期。

开门。(《原道》)①

  是故一之理,施四海;一之解,际天地。其全也,纯兮若朴;其散也,混
兮若浊。浊而徐清,冲而徐盈。澹兮其若深渊,泛兮其若浮云,若无而有,
若亡而存。(《原道》)②

  《淮南子》对"一"具体生动的描述,实则是对"道"独一无二的存在状态,以及若
"有"似"无"的哲学特征的深刻揭示。尤需指出,作为"由道家到道教的演化过
程中,起了重要的桥梁和媒介作用"的"义理的源泉"③,《淮南子》这种拟人化
的"一"论中,内在蕴藉与传达出一种意味深长的"仙道"追求与理想,给人以出
尘脱俗、飘逸非凡的哲学美感。

  三是为治之美:理想性。先秦以来,从老子到《淮南子》,道家论"道"已
"不只着眼于存在、着眼于道是什么的问题",而是"更着眼于道的历程、道的发
展过程"④,既从哲学上将"道"朝着"气"化宇宙论的方向推进,也将"道"更着
重面向治国需要的实践层面,突显"以道治国"的根本旨趣。《淮南子》是为西
汉统治阶层治国理政服务的"帝王之书",试图站在"新道家的立场上",系统总
结先秦诸子百家的政治学说,"为新生的统一的封建国家提供治国纲领"⑤。
因此,《淮南子》论道,有着比先秦老庄更为迫切的实践需求,其经世致用的政
治理性精神极为突出。这种强烈的治国诉求,让"《淮南子》道论的重心即在于
'治道'",始终与"何以为治,何以能治"的理论思考紧密结合在一起,从而既
"带有明确的工具性",又体现出浓厚的理想性。⑥《淮南子》在《原道》中阐述
完"道"的存在论内涵后,紧接着便从治国论的角度出发,表达自身对理想"道
治"的理论设想与憧憬:

  泰古二皇,得道之柄,立于中央,神与化游,以抚四方……无为为之而
合于道,无为言之而通乎德……其德优天地而和阴阳,节四时而调五行。
呴谕覆育,万物群生,润于草木,浸于金石,禽兽硕大……兽胎不贕,鸟卵

---

① 何宁:《淮南子集释》,第 58 页。
② 同上书,第 60 页。
③ 刘爱敏:《〈淮南子〉道论研究》,山东人民出版社 2013 年版,第 211 页。
④ 丁原明:《〈淮南子〉道论新探》,《齐鲁学刊》1994 年第 6 期,第 84—89 页。
⑤ 杨有礼:《新道鸿烈——〈淮南子〉与中国文化》,河南大学出版社 2001 年版,第 99 页。
⑥ 戴黍:《〈淮南子〉治道思想研究》,中山大学出版社 2005 年版,第 40—41 页。

不殰，父无丧子之忧，兄无哭弟之哀，童子不孤，妇人不孀，虹蜺不出，贼星不行，含德之所致也。（《原道》）①

《淮南子》这里对"泰古二皇"的理想之治的描述，实际上就是对其所主张的黄老新"道治"理念的形象说明与积极阐发，整体上体现出天人合一、君民和谐的自然主义的"道治良序"理想。② 由此，《淮南子》论道之美，内在转换为论治之美，让自身的道家治国理念产生出理想主义的哲学想象与美感。在先秦两汉道家思想史上，《淮南子》是将黄老理性主义与老庄理想主义结合最为深入的代表性著作，也是第一个在新的历史条件下，对前所未有的大一统王朝进行道家理想化政治设计的思想论著。无论其主张是否真能实现，从理论上看，都充分显示了理想主义的哲学美感。

四是心灵之美：自由性。道家论"道"，究其根本，是以人的生命存在为中心，展现出"一种不同于儒家爱人的独特的人类之爱的精神"，自有其深沉厚重的"对于人类生存和生命的关怀"。③ 老庄以来，"道"与人类生命的心灵状态及精神境界便形成密不可分的内在关联，以"道"修"心"、以"道"治"身"成为先秦道家核心的理论要义之一。《淮南子》论"道"，更为关注"道""心"的和谐融洽，更为突显人类精神与"道"之间的契合性，力主"全其身，则与道为一矣"④的生命理念，试图以此将人从权势富贵的世俗桎梏中解脱出来，让其在生命精神上实现"性命之情处其所安也"⑤的"自得"状态，真正达到"人得其得者也"的"极乐"⑥的自由状态。《淮南子》这种渴求心灵自由、精神解脱的论道意趣，并非偶然，而是来自极为深刻的世俗体验与反思：

> 夫建钟鼓，列管弦，席旃茵，傅旄象，耳听朝歌北鄙靡靡之乐，齐靡曼之色，陈酒行觞，夜以继日，强弩弋高鸟，走犬逐狡兔，此其为乐也……解车休马，罢酒彻乐，而心忽然若有所丧，怅然若有所亡也。是何则？ 不以

---

① 何宁：《淮南子集释》，第4—9页。
② 高旭：《汉代黄老新"道治"的历史阐说——论〈淮南子〉著述意图、文本结构、思想体系及其政治理想》，《南昌大学学报（人文社会科学版）》2017年第5期。
③ 张立文等主编：《玄境——道学与中国文化》，人民出版社2005年版，第26页。
④ 何宁：《淮南子集释》，第74页。
⑤ 同上书，第80页。
⑥ 同上书，第68—69页。

内乐外,而以外乐内。(《原道》)①

在《淮南子》看来,世俗生活中所谓"外乐"的物感体验,其实质是肤浅短暂的,是人的心灵为种种物质欲望所束缚和控制的结果,所以人们难以实现真正的精神自由。"圣亡乎治人而在于得道,乐亡乎富贵而在于德和。"(《原道》)②《淮南子》认为只有以"道"修"心"、以"道"治"身",让自身的生命存在合乎"道"的规律及状态,"与道合一",而非"失道"而为,才能使人超拔"俗心"于物欲,拥有一颗清净自在的"道心",获得精神上的自由解脱。《淮南子》论道不离"心",始终以"道"观照人的主体意志与生命精神,这使其"道"论内具深厚丰富的道家人文主义蕴涵,也呈现出追求精神自由的哲学美感。

总的来看,《淮南子》论道是"义理"与"文采"兼备,既对"道"进行了本体论、存在论的形上思考与揭示,也对"道"的过程论、发展论展开了汉代历史条件下更为丰富细微的形下描述和阐释。由此,《淮南子》论道在理论内涵与形式上,都比先秦老庄、黄老更能体现形象化、生动化的时代特点,并在"义理"与"文采"的交相辉映中产生玄而尽妙、即俗超俗的别样的哲学美感。

二、《淮南子》论道之美的内在成因

《淮南子》一书曾被梁启超评价为"博大而又条贯",甚至被其推崇为"汉人著述中第一流也"③。这样的赞誉,在很大程度上,来自《淮南子》论道所具有的广度、深度以及哲学美感。就其广度、深度而言,《淮南子》论道"论述了道的整体性、无限性及其演化阶段和理论","使老子以来的道家理论得以深化","它的出现标志着汉代道家思想理论发展的高峰";④就其哲学美感而言,《淮南子》论道是继先秦庄子之后,中国道家发展史上审美内涵最为丰富、最为突出的历史代表,充分反映出汉代思想家对"道"的不同于先秦道家的更为深透细微、形象生动的理论认识。《淮南子》论道之美的历史生成,并非偶然,而是有着六个方面的深刻复杂的内在成因:

---

① 何宁:《淮南子集释》,第69—70页。
② 同上书,第65—66页。
③ 梁启超:《中国近三百年学术史》,东方出版社2003年版,第263页。
④ 张运华:《〈淮南子〉对道范畴的理论深化》,《西北大学学报(哲学社会科学版)》1995年第4期。

第一，物象丰富的道论阐释。如前所言，《淮南子》论道具有形下之美。这种具象性的形下之美，是形成《淮南子》论道的独特哲学美感的理论基础。因为具象性的体现，主要基于《淮南子》论道惯常借助丰富多样的客观"物象"来进行，通过天地万物的存在状态及表现形式，以突显出"道"的无所不在、无所不用的本源性、创生性和规律性。因此，《淮南子》在论道的过程中，时常会营造出特定的"道"的作用条件及时空环境，甚至将其予以过度理想化的表达：

> 昔者，冯夷、大丙之御也，乘云车，入云蜺，游微雾，骛忧忽，历远弥高以极往。经霜雪而无迹，照日光而无景，扶摇抮抱羊角而上，经纪山川，蹈腾昆仑，排阊阖，沦天门……是故大丈夫恬然无思，澹然无虑；以天为盖，以地为舆，四时为马，阴阳为御；乘云陵霄，与造化者俱。（《原道》）①

《淮南子》在这里以"御"明"道"，阐释人的主体行为与"道"的规律性相符合的理想状态，追求"人""道"为一的生命境界。为了形象化说明"道"的功用及影响，揭示出人的实践顺道而为、遵道而行的理想过程，《淮南子》使用了十分丰富的"物象"来展现，如"云车""云蜺""微雾""霜雪""日光""昆仑""天""地""舆""马"等。《淮南子》这种对"道"的形象化的理论阐述，让人联想翩翩，眼前恍然有绚烂之感，产生出一种对"道"的特殊的哲学体悟。在将"道"进行"气化"宇宙论的演化阶段的具体阐释中，《淮南子》同样借助具体形象的动植物"物象"来予以表现，而并不只做单纯的哲学思辨：

> 所谓有始者，繁愤，未发萌兆牙蘖，未有形埒垠堮，无无蠕蠕，将欲生兴而未成物类……有有者，言万物掺落，根茎枝叶，青葱苓茏，萑蔰炫煌，蠉飞蠕动，蚑行哙息，可切循把握而有数量。（《俶真》）②

用丰富多彩的"物象"来论"道"、证"道"与明"道"，《淮南子》这种哲学思维极大地拓展了道家"道"论的理论范畴与表现方式，让其从难以把握的抽象性转变为可感可知的具象性，也让其在形象化呈现中获得一定的审美内涵。

---

① 何宁：《淮南子集释》，第12—18页。
② 同上书，第91—93页。

第二,赋化典雅的表达方式。《淮南子》论道与先秦道家在文体与辞采上最大的不同就是其受屈原及楚辞影响,喜用铺张扬厉、文辞华美的"赋化"表达方式,充分体现出"铺采摛文,体物写志"①,"泛采而文丽"②的汉赋特色。这让《淮南子》这部重要的道家思想论著,在理论表现形式上具有了突出的"文辞富丽,气势不凡,想象丰富,具有突出的浪漫主义色彩"的"赋笔特征"③,甚至整部书都可在一定程度上被视为"一篇形式完美的散体大赋"④。用"赋化"方式来言"道"论"道",是《淮南子》对道家"道"论做出的重要贡献,它"将诗与思,虚与实巧妙地结合在一起",以充满审美意味的特殊文体手段,使先秦道家的"本体之道""具有了美学本体特征"⑤,成为"义理"与"文采"兼具的汉代新"道"论。这在《淮南子》对"太上之道"的精彩阐述中便可一窥全豹:

> 夫太上之道,生万物而不有,成化像而弗宰……得以利者不能誉,用而败者不能非……累之而不高,堕之而不下,益之而不众,损之而不寡,斫之而不薄,杀之而不残,凿之而不深,填之而不浅。忽兮怳兮,不可为象兮;怳兮忽兮,用不屈兮。幽兮冥兮,应无形兮;遂兮洞兮,不虚动兮。与刚柔卷舒兮,与阴阳俯仰兮。(《原道》)⑥

《淮南子》认为"夫道论至深,故多为之辞以抒其情;万物至众,故博为之说以通其意"(《要略》)⑦,而"多为之辞,博为之说"(《要略》)⑧的最佳选择便是师法楚辞的"赋化"方式。《淮南子》论道在形式上的此种特殊表现,既是由于淮南王刘安及其宾客都是"知骚能赋"的文学才士,也与《淮南子》诞生于"以江湘淮水区域为主的楚地语文特质"⑨的文化环境密切相关。淮南王刘安及其宾客在撰著《淮南子》的过程中,认为"道"是"横四维而含阴阳,纮宇宙而章三光"(《原道》)⑩的至高存在,因此《淮南子》一书也唯有以"鸿烈"称之,才能突显其"大

---

① 刘勰著,范文澜注:《文心雕龙注》,人民文学出版社1962年版,第134页。
② 同上书,第309页。
③ 曹晋:《〈淮南子〉的赋笔特征》,《文史知识》1997年第8期。
④ 陈广忠:《刘安评传——集道家之大成》,广西教育出版社1996年版,第129页。
⑤ 戴勇:《〈淮南子〉的汉赋化言道方式及其美学意义》,《淮南师范学院学报》2011年第1期。
⑥ 何宁:《淮南子集释》,第9—11页。
⑦ 同上书,第1455页。
⑧ 同上书,第1439页。
⑨ 陈丽桂:《〈淮南鸿烈〉思想研究》,第252页。
⑩ 何宁:《淮南子集释》,第3—4页。

明道之言也"(《叙目》)①的著述目的与理论特质。与此相匹配,也只有最能彰显出楚文化卓绝风采的"赋化"方式,才能最适宜于《淮南子》用以论道。淮南王刘安及其宾客不但要在汉代历史条件下进一步丰富深化"道"的理论内涵,而且也试图让其在"赋化"阐说中生成新的哲学美感,从而达到前人论道所未能达到的更高的美学境界。

第三,多彩纷呈的修辞手法。《淮南子》不仅在文体上选择了典雅富丽的"赋化"方式,而且在实际的写作中运用了丰富多样的修辞手法来增强其论道的理论表现力,充实自身"道"论的审美内涵。《淮南子》用比喻与类比的方式来阐明"道"与"德"的关系问题:

> 夫道之与德,若韦之与革,远之则迩,近之则远,不得其道,若观鯈鱼。故圣若镜,不将不迎,应而不藏,故万化而无伤……今夫调弦者,叩宫宫应,弹角角动,此同声相和者也。夫有改调一弦,其于五音无所比,鼓之而二十五弦皆应,此未始异于声而音之君已形也。(《览冥》)②

《淮南子》形象地用"革"与"韦"两种不同形态的兽皮(前者只是去了毛,后者则是经过加工后的熟皮)来指出"道"和"德"的内在差别,认为"道"具有更为根本的自然性、朴质性,而"德"却带有更多的社会性、人文性。《淮南子》还将人们对"道"的认识及体悟状态用"圣若镜""若观鯈鱼"的比喻来说明,并以"调弦"的音乐实践为类比,进一步强调"道"的根本性。《淮南子》用对偶、对比、虚拟、夸张的修辞方式,充满想象力地描述和渲染"圣人""真人"的理想化的"得道"状态:

> 是故圣人内修道术,而不外饰仁义,不知耳目之宣,而游于精神之和。若然者,下揆三泉,上寻九天,横廓六合,揲贯万物,此圣人之游也。若乎真人则动溶于至虚,而游于灭亡之野……烛十日而使风雨,臣雷公,役夸父,妾宓妃,妻织女,天地之间,何足以留其志?(《俶真》)③

---

① 何宁:《淮南子集释》,第5页。
② 同上书,第462—464页。
③ 同上书,第128—129页。

《淮南子》这种极富文学表现力的论道手法,不仅让人对"道"的至高性、权威性产生由衷的崇拜,萌生出"信道"的心理需求,而且让人对"修道"为"仙"的道家人格理想产生强烈的渴望与憧憬。可以说,丰富多样的修辞手法,使《淮南子》论道更能贴近和反映出汉人"以得道为成仙前提","以得道成仙为终极追求"的社会心理与思想认识①。《淮南子》论道对神话、传说、寓言的使用也很多,尤其是神话因素,诸如"女娲补天""姮娥奔月""后羿射日""共工怒触不周山"等。《淮南子》使用这些神话、传说、寓言时,其中也通常伴有多种多样的修辞手法。《淮南子》论道对修辞手法的重视,让道家"道"论具有更多的文化内涵与审美内涵,也让"道"在形下层面上变得更易于为一般士人所了解和接受,这对道家思想在汉代及其之后的历史流衍与传播,具有重要的推动作用。当然,也应指出,《淮南子》论道中确实存在过度使用修辞手法,炫耀文采的局限,有时可能会给人以一定的"堆砌铺张""华而不实"的印象②。但必须看到的是,《淮南子》论道对修辞手法的重视,并非只为满足单纯的文学表达需要,而是有着更深层次的"道"论思考,根本上是为其在汉代历史条件下更深细地阐明"道"的哲学内涵服务的。因此,虽有使用过度的不足,但无伤大雅。

第四,深切务实的治国忧思。《淮南子》一书究其实质而言,乃是一部为西汉统治阶层"统天下,理万物,应变化,通殊类"(《要略》)③服务的"帝王之书",其论道的根本目的也"并非只为个人修身养性,而是为着探究治国平天下的道理",因此强烈的治国诉求让《淮南子》并未"空谈虚玄之道,而是处处以'道'解释现实生活,同时又以现实生活解释道",以此阐明切实有益于西汉王朝稳定发展的"治国之道"④。对王朝治乱兴衰的深切忧思,让《淮南子》论道不是徒逞文华辞采,而是能够具有穿透历史与现实的理论深度,充分表现出自身"经纬治道,纪纲王事"(《要略》)⑤的政治见识和担当。《淮南子》在其论道过程中,多次自称为"刘氏之书",便是以西汉王朝之兴亡为己任,以家族事业盛衰为关切的政治心态表现,这让其突破了仅为淮南国立言的地方性局限,成为站

---

① 姜生:《马王堆帛画与汉初"道者"的信仰》,《中国社会科学》2014 年第 12 期。
② 张啸虎:《论〈淮南子〉的文采》,《北方论丛》1983 年第 6 期。
③ 何宁:《淮南子集释》,第 1463 页。
④ 陈远宁:《〈淮南子〉思想的基本倾向》,《衡阳师专学院学报(社会科学)》1989 年第 2 期。
⑤ 何宁:《淮南子集释》,第 1452 页。

在天下立场为刘氏王朝立言的思想论著。① 气度不凡的政治格局,开放通达的学术胸襟,既使《淮南子》论道产生不同流俗、独有见识的理论气质,也让其充满"赋化"楚风色彩的论道文辞不流于形式,华而不实,而是成为具有自身政治底蕴的"奇伟宏富"的"一家之作"②。在某种程度上,《淮南子》论道所具有的哲学美感,不仅仅源自其"道"论与文采,也得益于心忧刘氏、志存天下的政治情怀。因此,《淮南子》论道不同于老、庄、黄老,往往是以"旁观者"的立场与视角来论道议政,评说国家治乱兴亡,而是始终体现出身在其中的"当事者"的深切省思和理想期待。这种理论的"温度",让《淮南子》论道带有一种易入人心的思想魅力。"初,安入朝,献所作《内篇》,新出,上爱秘之"③,汉武帝刘彻之所以对《淮南子》第一印象深刻,另眼相待,有所"爱秘之",与淮南王刘安在《淮南子》中寄托的深切的"家国情怀",恐怕不无关系。

第五,脱俗保真的生命诉求。 自老庄以来,道家便在哲学思想上表现出"强烈的生命意识","认为只有热爱生命,才能积德进道",因此道家在人生价值上"注重自我生存的质量,警惕沦为物的奴隶"④。《淮南子》论道极为鲜明地坚持和阐扬先秦道家这种"轻物重生"的核心理念,也将"尊天而保真","贱物而贵身","外物而反情"(《要略》)⑤作为自身"道"论的思想要义。在其看来,天道与人道的统一,必然要落实在人的生命存养的实践上,即"治身""养生"上。因此,《淮南子》一方面反复阐明"达乎性命之情"(《俶真》)⑥,"直行性命之情"(《泰族》)⑦的重要性,反对人性的虚伪堕落,反对"钳阴阳之和,而迫性命之情"(《精神》)⑧的消极情况,要求人们保持生命的自然质朴的本真状态;另一方面则"用了大量篇幅阐述了生命修养之道","提出了一系列养生之道"⑨的具体方式,将道家的"生命之道"转变为具有可操作性的"养生之术",确保人们能够切实维护自身生命的良好存养,达到益寿延年的根本目的。这

① 高旭:《汉代黄老新"道治"的历史阐说——论〈淮南子〉著述意图、文本结构、思想体系及其政治理想》,第83—91页。
② 刘熙载:《艺概》,上海古籍出版社1978年版,第14页。
③ 班固:《汉书·淮南衡山济北王传第十四》,中华书局1962年版,第2145页。
④ 詹石窗、谢清果:《中国道家之精神》,复旦大学出版社2009年版,第121—123页。
⑤ 何宁:《淮南子集释》,第1440页。
⑥ 同上书,第148页。
⑦ 同上书,第1413页。
⑧ 同上书,第548页。
⑨ 李霞:《生死智慧——道家生命观研究》,人民出版社2004年版,第312页。

种基于生命本身的理论旨趣,充分体现出《淮南子》在生命修养诉求上"唯一目的乃在于得道",在于使人们成为"真人""至人""圣人"那样的"得道之人"①。《淮南子》论道曾云:"自得,则天下亦得我矣。吾与天下相得,则常相有已,又焉有不得容其间者乎?"(《原道》)②天道与人道的契合,"我"与"天下"的和谐,是《淮南子》论道在生命哲学上最根本的理想追求。就此而言,唯有脱俗求真,成为"不以天下为贵"的"无累之人"(《精神》)③,才能真正"执着于对人类个体生命自由境界的探寻,力图超越此岸世界的局限,探究生命存在的根本意义"④。正是这种极具审美意蕴的生命诉求及理想,让《淮南子》论道散发出动人心魄、激荡心灵的内在魅力,成为人们重新反观与审视自我生命存在方式及状态的重要镜鉴。

第六,超远缥缈的神仙信仰。 受秦汉之际浓厚神仙思想以及统治阶层崇奉"死后成为得道升天的'真人'"的"黄老道信仰"的深刻影响⑤,《淮南子》比先秦道家有着更为显著的"仙道"理想与诉求,力图将"道"的哲学阐释向着神秘化、信仰化的方向推进,使自身思想内在体现为一种汉代历史条件下新的带有"宗教性的神仙道家思想"⑥。《淮南子》将这种"仙道"诉求集中反映在对"至人""真人"的生存状态及境界的理想化的描述中:

> 夫至人倚不拔之柱,行不关之涂,禀不竭之府,学不死之师……生不足以挂志,死不足以幽神……祸福利害,千变万纷,孰足以患心!若此人者,抱素守精,蝉蜕蛇解,游于太清,轻举独往,忽然入冥。凤凰不能与之俪,而况斥鷃乎!势位爵禄,何足以概志也!(《精神》)⑦

> 若乎真人则动溶于至虚,而游于灭亡之野,骑蜚廉而从敦圄,驰于方外,休乎宇内,烛十日而使风雨,臣雷公,役夸父,妾宓妃,妻织女,天地之间,何足以留其志!(《俶真》)⑧

---

① 于大成、陈新雄主编:《淮南子论文集》,西南书局1979年版,第84页。
② 何宁:《淮南子集释》,第74页。
③ 同上书,第540页。
④ 赵国乾:《论〈淮南子〉的生命美学精神》,《学术论坛》2009年第11期。
⑤ 姜生:《马王堆一号汉墓四重棺与死后仙化程序考》,《文史哲》2016年第3期。
⑥ 李建光:《论〈淮南子〉的"真人"信仰及其证明》,《湖南社会科学》2010年第3期。
⑦ 何宁:《淮南子集释》,第537—538页。
⑧ 同上书,第128—129页。

在《淮南子》中，"至人""真人"是"与道游者也"和"与道为一"的理想人格，真正具有"体道""执道""得道"的精神性、信仰化的修道内涵。因此，"至人""真人"能彻底从世俗世界中解脱出来，不以"势位爵禄"为意，"天地之间"也不"足以留其志"。可见，"《淮南子》理想中的神仙也是'道'的化身"，正是经由"至人""真人"的理想化描述及"仙道"化的哲学阐释，《淮南子》进而试图实现自身"以修仙的可能性与'实在性'来申论道法的"的内在目的。①《淮南子》对"至人""真人"所代表的"得道者"的理论想象与理想憧憬，使其"道"论生发出具有内在超越性的哲学美感，成为一种"将生命、政治与信仰高度紧密地结合起来"，"既将'生命政治化'，又将'政治生命化'"②的汉代黄老新"道"论。超远的神仙信仰，缥缈的"仙道"理想，让《淮南子》论道颇具玄妙空灵的"道境"之美，惹人遐思，引人入迷。

《淮南子》论道不同于先秦道家，其审美性的哲学内涵更具丰富多样的理论表现，不仅其"文字殊多新特"③，而且其思想意蕴更是别有汉代历史条件下的"新特"之处。在某种意义上，《淮南子》论道之美得以形成的理论原因，正充分反映出中国道家进入秦汉大一统王朝政治发展的新的历史时空后，其生命力不但未见萎缩衰颓，反而愈加蓬勃旺盛，愈发产生更为大气磅礴，炫美多彩的理论内涵。

三、《淮南子》论道之美与《庄子》的关联及比较

先秦道家思想史上，庄子论道最具哲学美感，尤其是将老子重在谙悉人性与通明世事的论道智慧及精神引向审美化人生境界的理论发展，使人类个体生命能够拥有"一个自由飞翔的开放心灵，呈现出一种博大无碍而与物冥合的精神境界"④，最终在"境界意义"上真正沟通"生命"与"道"，实现"道的境界即人生最高境界"⑤的理想追求。《淮南子》是中国道家历史上对庄子审美化论道方式与精神继承最为充分深刻的思想论著，淮南王刘安代表的汉代"淮南学

---

① 卿希泰主编：《中国道教思想史（第一卷）》，人民出版社 2009 年版，第 107 页。
② 高旭：《道治天下——〈淮南子〉思想史论》，天津人民出版社 2018 年版，第 264 页。
③ 高似孙：《子略》，朴社 1933 年版，第 85 页。
④ 陈鼓应：《老庄新论（修订版）》，商务印书馆 2008 年版，第 201 页。
⑤ 同上书，第 401 页。

派"对《庄子》一书极为钟情,特别"当论及人生问题时,多以《庄子》思想为核心"①,因此《淮南子》中称引《庄子》文辞多达223条②。从《庄子》到《淮南子》,中国道家论道的审美化蕴涵得到淋漓尽致的历史展现,让道家真正得以成为中国古代士人精神的栖息地与寄托处,获得其他任何诸子学说都不可比拟的独特的心灵魅力。历史地看,《淮南子》对《庄子》审美化论道方式与精神的继承具有深刻的复杂性,它既内在接受了后者最为核心的生命哲学及美学精神,又在汉代历史条件下,以贵族化、群体化、政治化的特殊理论形式对此进行了新的发展与阐扬,极大地拓展了中国道家审美化论道的思想深度和广度。

首先,《淮南子》论道之美受《庄子》影响最深。尽管《淮南子》论道之美的历史成因是复杂的,不仅仅受到《庄子》的影响,如屈原代表的楚辞对其也有深刻作用,但毫无疑问,《淮南子》论道内在的生命哲学意蕴及美学精神,是对《庄子》最具认同感的理论接受。《淮南子》推崇"老庄之术"(《要略》)③,但实际上二者还是有所区别。《老子》一书文约意深,平实朴质,《淮南子》将之视为自身理论阐释所依据的最根本的"道经",试图"能深入了解《老子》思想之核心要义,又能配合时代需求,依照自己南方楚地特有风格,转化《老子》原意,作创造性诠释"④。与《老子》对《淮南子》的这种根本作用不同,《庄子》以其"泛自然""泛审美"的"借'道'表明他的一种生活态度和人生境界"⑤的生命哲学,对《淮南子》"论道"的审美化蕴涵产生十分特殊的影响,使后者在道本论、修道论、得道者人格论等方面无不散发出明显的庄子美学精神。如《淮南子》继承《庄子·逍遥游》的精神,阐扬圣人"学以修道"的重要观点:

> 是故举世而誉之不加劝,举世而非之不加沮,定于死生之境,而通于荣辱之理……若然者,视天下之间,犹飞羽浮芥也,孰肯分分然以物为事也!(《俶真》)⑥

---

① 孙纪文:《淮南子研究》,学苑出版社2005年版,第132页。
② 王叔岷:《〈淮南子〉引〈庄〉举偶》,载陈鼓应主编:《道家文化研究(第十四辑)》,生活·读书·新知三联书店1998版,第364—400页。
③ 何宁:《淮南子集释》,第1447页。
④ 陈丽桂:《汉代道家思想》,台北五南图书出版股份有限公司2013年版,第172页。
⑤ 包兆会:《庄子生存论美学研究》,南京大学出版社2004年版,第94页。
⑥ 何宁:《淮南子集释》,第142页。

又如继承《庄子·齐物论》的精神,渲染描述"性合于道"的"真人"(《精神》)①的修道状态与理想境界:

> 若然者,正肝胆,遗耳目,心志专于内,通达耦于一……以道为紃,有待而然……大泽焚而不能热,河、汉涸而不能寒也,大雷毁山而不能惊也,大风晦日而不能伤也……以死生为一化,以万物为一方,同精于太清之本,而游于忽区之旁。(《精神》)②

《淮南子》甚至将《庄子》这种"逍遥""齐物"的生命美学精神充分贯彻到自身的著述意图上,借此以表达出西汉统治阶层强烈渴望与追求"身国兼理"的理想的"通治"之道:

> 诚通乎二十篇之论……外天地,挥山川,其于逍遥一世之间,宰匠万物之形,亦优游矣。若然者,挟日月而不姚,润万物而不耗。瀿兮洮兮,足以览矣! 藐兮浩兮,旷旷兮,可以游矣! (《要略》)③

《淮南子》审美化论道的理论表现,既反映出《庄子》对其有着大不同于《老子》的特殊影响④,也在很大程度上体现出《淮南子》对《老子》偏重于人性、世事与政治的朴实论道之风的改变与放弃,而是更加倾向于"多为之辞,博为之说"的庄子式的华彩论道之风。

其次,《淮南子》对《庄子》论道之美有着历史性的深化与发展。《淮南子》论道具有《庄子》所缺少的历史条件,即秦汉大一统王朝的政治现实。而且,

---

① 何宁:《淮南子集释》,第 521 页。
② 同上书,第 522—525 页。
③ 同上书,第 1456—1457 页。
④ 有学者认为"贯穿《淮南鸿烈》全书的主要思想——道家思想,既非以《老子》为代表的道家思想,也不是以《黄老帛书》为代表的道家思想,而是一种更倾向于《庄子》的道家思想"(张岂之主编:《中国思想学说史(秦汉卷)》,广西师范大学出版社 2007 年版,第 205 页),这种看法并不完全符合《淮南子》思想的实际情况。一方面,指出《庄子》思想对《淮南子》有着不一般的作用及影响,让后者论道带有较为明显的庄子精神,这种认识具有合理性,揭示出了二者之间特殊的思想关联;但另一方面,却认为《淮南子》在思想整体上"更倾向于《庄子》"的道家思想",这种看法忽视了《老子》思想对《淮南子》所具有的"根本"作用及影响,也轻视了《黄老帛书》不同于《庄子》对《淮南子》的特殊意义,因此过度地抬"庄"以贬"老""黄",并没有准确把握到《淮南子》兼综道家三学的理论特殊性、复杂性,实际上是对《淮南子》思想本相的偏离。

《淮南子》在著述意图上有着极为明确的"天地之理究矣,人间之事接矣,帝王之道备矣"(《要略》)①的"明道辅治"的根本诉求,是淮南王刘安代表的西汉统治阶层突显自身理论自觉性,进行汉初以来黄老统治经验大总结的"帝王之书"。因此,《淮南子》论道尽管深入接受了《庄子》生命哲学及美学精神,但同时更有着显著的黄老化改造,不仅没有"像庄子那样基于个体生命的立场批判现实,相反,它力图把自身逍遥与现实治理结合起来"②,将其重铸为适应西汉帝王需求的新道论。也由此,《淮南子》所憧憬的理想化的修道者、得道者、践道者——"真人",始终"具有一定程度的贵族性","更显示出生命理想政治化"的理论倾向③。《要略》篇中"诚通乎二十篇之论……可以游矣"的话语,让人感受到的并非是如庄子一样的困穷士人渴求生命精神的解脱,"重视生命价值甚至超过道德价值"的"深沉的生命悲剧意识"④,而是一种统治阶层正处于上升期时昂扬着的怀有强烈自信的进取的政治意识。因而,与《庄子》相比,《淮南子》论道之美深刻交织着生命哲学与政治哲学的双重诉求,力图通过"养生以经世,抱德以终年"的黄老新道论的阐发,为西汉大一统政治发展提供充满精神美感的治国学说。在此意义上,适应和体现秦汉大一统政治的发展现实,是《淮南子》对《庄子》论道之美有所历史性深化与发展的根本原因,这也让《淮南子》成为中国道家思想史上第一部进行大一统政治审美化论道的创新者与实践者。

最后,《淮南子》论道之美比《庄子》更突显出群体化的学派特色。《淮南子》一书成于众手,具有学派化的历史基础与学术内涵,这使其成为汉人著述中并不多见的体现鲜明学派宗旨及精神的思想论著。以淮南王"刘安为领袖、淮南宾客为基本构成"的"淮南学派",不但"突显出汉代黄老道学特质",而且有着同时代诸侯王国"难以企及的集体性、综合性的著述成就"。⑤淮南学派在汉代文学史上以"善赋"著称,刘安也有着"辩博善为文辞"⑥的美誉,其与淮南宾客们曾创作出有汉一代数量最多的汉赋,因此这一学派具有

---

① 何宁:《淮南子集释》,第 1454 页。
② 邓联合:《〈淮南子〉对庄子"逍遥游"思想的改铸》,《人文杂志》2010 年第 1 期。
③ 高旭:《论〈淮南子〉之"游"》,《江汉大学学报(人文科学版)》2012 年第 4 期。
④ 时晓丽:《庄子审美生存思想研究》,商务印书馆 2006 年版,第 155 页。
⑤ 高旭:《中国古代学派史上的绝代奇峰——淮南王刘安与汉代"淮南学派"综论》,《华侨大学学报(哲学社会科学版)》2017 年第 2 期。
⑥ 班固:《汉书·淮南衡山济北王传第十四》,第 2145 页。

极高的艺术审美力，使其论道不仅有着哲学美感，而且充满文学美感，成为"理论"与"形式"兼美的汉代道论。群体化的学派内涵与著述特点，让《淮南子》论道更能博极古今，牢笼天地，创造出"一种交织着宏大与秀丽、昂扬与沉郁、浪漫与谨严的全新的美"①，其哲学美感更具有历史深度和广度。经由群体化的论道方式、学派化的理论表达以及汉赋化的文辞展现，《淮南子》将《庄子》论道之美推向了新的历史高峰，与后者一道，成为中国道家论道之美的"哲学双璧"。

四、《淮南子》论道之美的思想史意义

在先秦以来道家思想史上，《淮南子》尽管不是论道及论道之美的理论前驱，而是历史的后继者，但却表现出了充满旺盛活力的创新性和发展性，在汉代历史条件下极大地丰富、深化了中国道家论道的理论内涵与审美意蕴，对后世道教的历史发展产生深远影响。

其一，《淮南子》激活了《庄子》论道之美的历史资源，再一次充分彰显出中国道家"论道"所具有的审美蕴涵，使"道"既产生易于为人感知的形下美感，又形成带有显著超越性、理想性的形上美感。《庄子》是中国道家论道之美的理论前驱，其汪洋恣肆、瑰丽奇绝的论道风格第一次让"道"真正成为具有丰富审美内涵的哲学对象，也让"道"从形上的玄妙之"思"走向形下的世俗人"欲"，能够为生命个体所感知、想象、把握与追求。可以说，《庄子》打开了中国人审美化、艺术化走向"道"的思想之门，让后者在"打破自我封闭，超越自我认识的限制"中，追求"向更高的人生境界奔驰的人生理想"②。《淮南子》没有简单停留在《庄子》的脚步后，而是在深入继承《庄子》论道之美的基础上，更从宇宙论、人生论、政治论、道德论、社会论、养生论等方面充分彰显中国道家论道的审美意蕴及精神，进而赋予"道"以新的历史活力，使其成为汉人政治世界与精神世界完全值得依托的终极所在。从《庄子》到《淮南子》，中国道家之"道"真正演变成为最具审美存在意义的哲学范畴，获得永恒不竭的生命力。

---

① 韩高年：《论〈淮南鸿烈〉对汉大赋审美倾向的影响》，《中国韵文学刊》2006 年第 3 期。
② 罗坚：《道境——道家审美的终极追求》，《广西师范学院学报（哲学社会科学版）》1999 年第 3 期，第 35—39 页。

其二,《淮南子》让汉代"帝王之道"不再是冰冷的权力政治产物,而是内含丰富审美化蕴涵的新道论,既关切了西汉统治者最现实的权力需求,也在一定程度上弥补了西汉统治者的精神空虚与信仰缺失。《淮南子》论道,表面上看存在着淮南王刘安"思考如何安顿不属于他的天下"的"尴尬","是以封王的身份做了皇帝的事",但实质上却是其出于家国天下的政治情怀,试图为西汉统治阶层探寻大一统政治之新"道"而服务,希望《淮南子》能够"成为刘氏治理天下的宝典"①。因此,《淮南子》所体现出的论道之美,既关切政治权力之道,又关注生命信仰之道,"通过把形上之'本'与形下之'末'两端整合起来",进而将西汉统治阶层的"外王"与"内圣"两种需求紧密结合起来进行理论探讨,从中展示出"与儒家有别的道家式的'内圣外王'"之道②。正是在此过程中,《淮南子》以审美化的论道方式让"外王"诉求与"内圣"诉求得到有机协调,并在其"圣王"理想中予以深刻表达。《淮南子》所希求的"圣王",与"道"相合,如"泰古二皇"一样,"得道之柄,立于中央。神与化游,以抚四方"(《原道》③,无论其治政治世,抑或治性治身,都能达到"无为为之而合于道,无为言之而通乎德"(《原道》)④的理想状态,实现政治主体在"权力"与"信仰"之间的和谐。

其三,《淮南子》审美化论道,刺激了汉人对"道"所具有的神秘化、尊崇化、信仰化的宗教意识,尤其是其"真人"理想人格的理论塑造,更是在浪漫主义的论道话语中加速了"道"从道家的哲学化、艺术化向道教神仙化、偶像化的历史转变。《淮南子》是先秦道家走向汉代道教的重要桥梁,其为中国早期道教的产生提供"义理"上的"源泉和理论基础",为后者最终的孕育形成"做了预演"⑤。《淮南子》对"道"的审美化阐释,让"道"更加体现出浓厚的神秘化的气息,而且在其对"得道者"行为的神仙化的描述中,更易于让人萌生出内在尊崇与信奉"道"的宗教意识。《淮南子》这种论道方式,是对先秦老、庄主要通过"自我反思或自我体验式的直觉观照"⑥来"体道""信道""证道"的理论补充,

① 陈静:《自由与秩序的困惑——〈淮南子〉研究》,云南大学出版社 2004 年版,第 135 页。
② 冯达文:《〈淮南子〉:道家式的内圣外王论》,载陈鼓应主编:《道家文化研究(第三十辑)》,中华书局 2016 年版,第 439—463 页。
③ 何宁:《淮南子集释》,第 4—5 页。
④ 同上书,第 7 页。
⑤ 刘爱敏:《〈淮南子〉道论研究》,山东人民出版社 2013 年版,第 201 页。
⑥ 詹石窗主撰:《中国宗教思想通论》,人民出版社 2011 年版,第 317 页。

它用一种强化玄虚性、神秘性的精神"想象"的方式，激发出生命个体对"仙道"的由衷崇拜与渴求，使其产生以"吹呴呼吸，吐故内新，遗形去智，抱素反真，以游玄眇，上通云天"（《齐俗》）①的"真人""仙人"为偶像的宗教性的信仰理想和精神追求。由此而言，《淮南子》实则是对中国早期道教"信道"理念以及神仙崇拜信仰的极为重要的思想渊源。

其四，《淮南子》论道之美是中国道家在大一统皇权政治巩固前最为自由、最具灵性的一次理论展现，在某种意义上，最终也成为中国道家论道之美不可复制的历史绝响。《淮南子》产生的历史背景大不同于先秦道家，是中国古代大一统王朝政治由初步稳固日益走向兴盛的转折时期，因此淮南王刘安与"淮南学派"的自由论道始终受到来自中央皇权的强大压力，而《淮南子》在论道之美上的强烈彰显，在某种程度上，也是刘安等人对当时"专制政治而来的压力感"②有深刻体验后的思想反映。越是在充满幻想色彩的审美化的论道中，刘安等人越是能够获得精神上暂时的喘息与释放，能够将深沉的政治忧患变形寄托于高邈超远的"仙道"理想里。因此，《淮南子》成为真实反映有汉一代诸侯王与地方士人群体的政治心态的历史文本。而其论道之美，也随着日后淮南王刘安与"淮南学派"在"对武帝强化中央集权的虚弱抗战"③中被残酷殄灭，终成旷代绝响。

余　　论

中国道家思想史上，《淮南子》是颇具传奇色彩的论道之书，被后世学者视为不可多得的"绝代奇书"。《淮南子》的"奇"，既是体现道家要旨的"奇绝"非凡，也是展现论道之美的"奇特"超群。正如明人所言，《淮南子》"述道德，宾礼乐，经纪天地，推究人事得失之故，国家理乱之原，暗忽倏忽，怳惘无际"，其于当时，"岂直雷电鬼神云而哉"！④《淮南子》以大道为尊，力图整合百家以"明道辅治"，因此其论道兼求"义美""文美"，能够集哲学意蕴、政治追求、人格理想与文化精神于一体，形成深沉蕴藉的理论美感。也正由此，《淮南子》在充分

---

① 何宁：《淮南子集释》，第 797 页。
② 徐复观：《两汉思想史（第一卷）》，九州出版社 2014 年版，第 252 页。
③ ［日］池田知久著，刘兴邦译：《从〈汉书〉、〈史记〉看〈淮南子〉的成书年代（节译）》，《湘潭大学学报（社会科学版）》1988 年第 2 期。
④ 何宁：《淮南子集释·附录四：各本序跋》，第 1505—1506 页。

继承老、庄、黄老的基础上,再创新境,让自身"道"论得以形成大一统政治时代其他思想论著所少有的磅礴气势,绚采美韵。《淮南子》论道之美,同《庄子》一起形成厚重的历史合力,使中国道家之"道"成为人类思想史上最具美感、最动人心魄的核心概念之一!

钟嵘"托诗以怨"的美学阐释

赵　凯*

摘　要：钟嵘是中国南朝时期著名的文学批评家，其评论专著《诗品》以五言诗为主，将汉魏至齐梁的 122 位诗人，分为上、中、下三品进行品评，他不仅在序言中提到了"托诗以怨"，正文评语中更是反复出现"怨"字，其对"怨"的重视可见一斑，更有研究者将"怨"夸大为钟嵘分品论诗的主要标准。因此本文拟从"托诗以怨"出发，结合以"怨"品诗之语境，重新阐述钟嵘《诗品》"怨"的美学意义。

关键词：钟嵘　《诗品》　"托诗以怨"

《诗品》是中国古代第一部诗论专著，它对后世诗歌的发展产生了深远影响，钟嵘在《诗品序》中明确提到的"托诗以怨"尤其引人瞩目，且他在正文评语中亦多处使用了"怨"字，因而引起了历来研究者的重视，更有研究者将"怨"的作用夸大为"只有把强烈的怨情发而为诗，诗歌才能有惊心动魄的美感"①。钟嵘对"怨"的重视自然是不言而喻的，至于是否因"怨"多次被提及，便能将其确定为钟嵘评诗的最高标准却是值得商榷的，基于此，本文结合"怨"的提出语境，对其美学意义重新进行阐释。

一、"托诗以怨"与"诗可以怨"

"托诗以怨"首次出现于钟嵘的《诗品·序》中：

---

　　* 作者简介：赵凯，中国艺术研究院硕士研究生在读，主要研究方向：艺术美学。
　　① 涂敏华：《〈诗品〉以"怨"评诗的理论及其意义》，《福建论坛（人文社会科学版）》2006 年第 1 期。

若乃春风春鸟，秋月秋蝉，夏云暑雨，冬月祁寒，斯四候之感诸诗者也。嘉会寄诗以亲，离群托诗以怨。①

由引文可见，钟嵘认为诗歌会表现四季给人的感触，这些感触可以分为两种，一种是"嘉会寄诗以亲"，一种是"离群托诗以怨"，换言之，诗不仅可以"托以怨"，还可以"寄以亲"，此二者是并列关系，钟嵘显然并没有特意强调"托诗以怨"的重要性，很多研究者只是将这四个字单独遴选出来，完全忽视了"寄诗以亲"的存在，割断了它们相互关联的语境，对"托诗以怨"的阐述略显夸大。

东汉的许慎在《说文解字》中对"亲"的解释为"至也。从见，亲声"②，即关系至近至密者；而"怨"则是"恚也，从心，夗声，于愿切"③；再看其对"恚"的解释："恨也，从心，圭声，于避切""恨，怨也，从心艮声"④，从"怨"到"恚"再到"恨"复又回到"怨"，说明"怨""恚""恨"三字同义，皆有怨恨之意，因此，便可笃定"寄诗以亲"与"托诗以怨"是在并列关系下被提出的意思相对立的两个概念，表现在诗中便是两种不同的情感指向，即诗歌或寄托诗人亲密的感情，或寄托怨恨的感情，并不存在高低之分。"怨"的前提是"离群"，若用"离群"之"怨"去品评"嘉会"之"亲"的诗，因其没有"怨"的情感便认定"嘉会"之诗不好并不符合钟嵘的本意，毕竟"嘉会"之诗主要是为了表达"亲"的情感。

钟嵘接着对"离群"的内容进行了说明：

至于楚臣去境，汉妾辞宫。或骨横朔野，魂逐飞蓬。或负戈外戍，杀气雄边；塞客衣单，孀闺泪尽；或士有解佩出朝，一去忘返；女有扬蛾入宠，再盼倾国：凡斯种种，感荡心灵，非陈诗何以展其义？非长歌何以骋其情？故曰："诗可以群，可以怨。"⑤

钟嵘对"离群"内容的具体阐述，是针对"群"和"怨"两种作用而言的，并非

---

① 钟嵘著，周振甫译注：《诗品译注》，中华书局 2017 年版，第 20 页。
② 许慎：《说文解字》，岳麓书社 2007 年版，第 178 页。
③④ 同上书，第 221 页。
⑤ 钟嵘著，周振甫译注：《诗品译注》，第 20—21 页。

单独指向"怨",亦是为了说明通过诗可以更好地"展其义"和"骋其情",所以钟嵘极度赞同孔子的"诗可以群,可以怨",此处便牵涉到"托诗以怨"与孔子"兴观群怨"理论的关系。"诗可以怨"首次出现于《论语》中:"小子何莫学夫《诗》?《诗》,可以兴,可以观,可以群,可以怨。迩之事父,远之事君,多识于鸟兽草木之名。"①结合具体语境,孔子显然指的是《诗经》通过"怨"可以"事父""事君"的作用,人们历来对此有很多阐释,其中孔安国在《论语集解》中所注的"怨刺上政"最为流行,亦被后人不断发挥,但将"怨"仅仅解释为"怨刺上政"则过于局限。

其一,孔子并不会一味主张人们去"怨刺上政",因为他对"怨"本身是持"不"的态度,《论语》中多有反映,如:"事父母几谏,见志不从,又敬不违,劳而不怨。"②(《里仁》)"在邦无怨,在家无怨。"③(《颜渊》)"不怨天,不尤人。"④(《宪问》)等等。"不"并非指完全不可以"怨",而是要有分寸地"怨",必须要合乎"礼",即"怨而不怒"。所以就"怨刺上政"而言,孔子强调的是"怨"的社会作用,他"希望上层人物由此了解下情,吸取经验教训,作为政治上的参考"⑤。其二,孔子也肯定诗歌可以抒发个人情感,因为他并未删除《诗经》中反映个人感情和人生遭际的诗篇,如《氓》中"及尔偕老,老使我怨"抒发了女子因婚姻之苦所产生的"怨";《采薇》中"我心伤悲,莫知我哀"抒发了物是人非之感,需要说明的是这种个人情感的抒发,孔子也是有所限定的,即"乐而不淫,哀而不伤"。

因此,孔子的"诗可以怨"一方面是强调《诗经》"事父""事君"的社会作用,另一方面则含有个体通过诗歌合理抒发个人之"怨"的意味,其目的都是达到社会和人民的"和"。钟嵘在《诗品·序》中所谈论的诗的"怨"本质上也囊括了这两种作用,"寄诗以亲""托诗以怨"是强调诗可以抒发个人的感情,"使穷贱易安,幽居靡闷者,莫尚于诗矣。"⑥则是强调诗的社会作用。

有研究者将"怨"的理论发展归纳为:"诗可以怨"(孔子)——"发愤以抒

---

① 杨伯峻:《论语译注》,中华书局 2009 年版,第 183 页。
② 同上书,第 38—39 页。
③ 同上书,第 121 页。
④ 同上书,第 154 页。
⑤ 周勋初:《"兴、观、群、怨"古解》,《上海师范大学学报(哲学社会科学版)》2008 年第 1 期。
⑥ 钟嵘著,周振甫译注:《诗品译注》,第 21 页。

情"①(屈原)——"发愤之所为作"②(司马迁)——"托诗以怨"(钟嵘),笔者认为如此总结有待商榷,"怨"本是一个包含对上"怨刺"和对个体情感抒发的广义概念,"发愤"则主要强调的是个人的"发愤",陈望衡认为在汉代之后,"诗可以怨"形成了两种不同的传统,一种是强调对统治者的"美刺""讽谏",一种是发挥文艺自我表现的功能。③ 通过"怨"的发展脉络可看出,钟嵘"托诗以怨"实际是对孔子"诗可以怨"的再强调,他是对分裂为二的"怨"的理论进行再次统一,若他只强调个人"怨"的发泄,完全可引司马迁之语强调他对个人"怨"的主张,他既然明确指出:"故曰:'诗可以群,可以怨。'"随后便提到诗能"使穷贱易安"的社会作用,显然不止主张用诗发泄个人的"怨",实则亦包括"怨"的社会作用,所以其"托诗以怨"是对孔子"诗可以怨"理论分裂之后的再统一。

二、"怨"在评语中的表现

除上文提及之处外,《诗品·序》中再无"怨"的内容,正文中却有大量"怨"的表现,其出现方式主要有直接或间接两种。纵观全文,直接带有"怨"字的评语在上品中分布最多,中品次之,下品无;间接体现"怨"的评语,下品最多,上品次之,中品最少。分品细看,上品共 12 则评语,其中直接带"怨"字的有 5 则,另外"意悲而远"④(陆机)、"愀怆之词"(王粲)、"感慨之词"(阮籍)亦间接体现了"怨"。中品共 21 则评语,直接带"怨"字的评语有 3 则,而评价刘琨的"凄戾""感恨之词"亦间接体现了"怨",与上品相比,"怨"的数量明显减少。下品 27 则评语中没有一条直接带"怨"字的评语,但有 4 句间接表达"怨"的评语,如"散愤兰蕙,指斥囊钱"(赵壹);"悲凉之句"(曹操);"熙伯《挽歌》,唯以造哀"(缪袭);"伯成文不全佳,亦多惆怅"(毛伯成)。

以上所言,可以用表格展示如下:⑤

---

① 王泗原:《楚辞校释》,中华书局 2014 年版,第 153 页。
② 司马迁著,韩兆琦译注:《史记》,中华书局 2007 年版,第 309 页。
③ 参见陈望衡:《中国古典美学史(上卷)》,江苏人民出版社 2019 年版,第 276 页。
④ "意悲而怨"虽出现在《古诗》的评语中,但却是对陆机的评价,原文如下:"陆机所拟十二首。文温以丽,意悲而远。"参见钟嵘著,周振甫译注:《诗品译注》,中华书局 2017 年版,第 32 页。
⑤ 注:加粗黑体为直接带"怨"的评语,倾斜黑体为间接体现"怨"的评语。

表一　诗品中带有"怨"字及含有"怨"意的条目

品级	方式	评　　语	小计	总计
上品	直接	1.《古诗》:"虽多**哀怨**,颇为总杂"	5	8
		2. 李陵:"文多凄怆**怨**者之流"		
		3. 班姬:"词旨清捷,**怨深**文绮"		
		4. 曹植:"情兼**雅怨**,体被文质"		
		5. 左思:"文典以**怨**,颇为精切"		
	间接	1. 王粲:"发**愀怆**之词,文秀而质赢"	3	
		2. 阮籍:"发**幽思**""颇多**感慨之词**"		
		3. 陆机:"**意悲**而远"		
中品	直接	1. 秦嘉、徐淑:"夫妻事既可伤,文亦**凄怨**"	3	4
		2. 郭泰机:"**孤怨**宜恨"		
		3. 沈约:"不闲于经纶,而长于**清怨**"		
	间接	1. 刘琨:"善为**凄戾**之词""多**感恨**之词"	1	
下品	直接	(无)	0	4
	间接	1. 赵壹:"**散愤**兰蕙,**指斥**囊钱"	4	
		2. 曹操:"曹公古直,甚有**悲凉**之句"		
		3. 缪袭:"熙伯《挽歌》,唯以**造哀**"		
		4. 毛伯成:"伯成文不全佳,亦多**惆怅**"		

　　通过表格可知,钟嵘并未以"怨"论诗,正文中虽反复出现"怨",但并非所有表达"怨"的诗皆被评为上品,上品中亦有未表达"怨"的诗,即便有些被评为上品并表达"怨"的诗,也并非是因为表达了"怨"而居于上品,如《古诗》中有四十五首"虽多哀怨,颇为总杂",这些诗虽表达了哀怨,但钟嵘并未夸赞这些诗,甚至说这些诗杂滥。换言之,并非表达了"怨"的诗就是好诗,即便是居于上品中且表达了"怨"的诗,钟嵘依旧可以指责它具有"总杂"的弊病;再如王粲,钟嵘评价他的诗"源出于李陵,发愀怆之词,文秀而质赢",李陵的诗源出于《楚辞》,所以"多愀怆怨者之流",王粲的诗又源自于李陵,也是"发愀怆之词",但他的诗音调虽悲凉,终究也是"文秀而质赢",其之所以

居于上品是因为"在曹、刘间别构一体";还有陆机,钟嵘在评《古诗》时,顺带指出陆机的诗"意悲而远",说他摹写的《拟古诗十二首》情意悲哀而深远,但在正式评论陆机的评语中,却只字未提他的诗表达了"怨",而是称赞他的诗"咀嚼英华,厌饫膏泽"。

相反,那些被钟嵘极力强调表达"怨"的诗反而没有列入上品,如秦嘉和徐淑,钟嵘说他们的诗"凄怨",甚至是次于上品中班姬的团扇诗,却被评为了中品;再如刘琨,钟嵘反复指出他的诗因为自身坎坷的命运而多"凄戾""感恨"之词,钟嵘也未点名其缺点为何,还是被列入了中品。还有被称赞为"长于清怨"的沈约亦被列入中品。下品中个别间接提到表达"怨"的评语非但不是诗的优点,反倒成了诗的问题所在,如缪袭的《挽歌》,"唯以造哀",一个"唯"字说明缪袭的诗最突出的就是"造哀",可这种极力"造哀"的诗不仅没有被列入上品,甚至在中品中都无一席之地。

总之,钟嵘在《诗品》中并没有以"怨"论诗,"怨"也不是他分品评诗的标准,因为"怨"在评语中的表现是没有明确体系规律可寻的,如果单单根据表面数量总结规律,因上品中有 8 处,中品、下品二品中各有 4 处,全文共计 16 处,外加《诗品·序》中 2 处,便判定"怨"是评诗的标准实在是流于表面,根本没有理解钟嵘"怨"的美学意义,况且结合"怨"的具体语境,并非所有提到"怨"的都是夸赞之语,因此必须明确"怨"并非钟嵘对诗的最高追求。

三、"怨"与"诗之至"

"怨"虽然并不是钟嵘分品评诗的标准,但"怨"在《诗品》中出现 18 次亦非偶然,也从另一个方面凸显了钟嵘对"怨"这一范畴的格外重视,虽不能片面地夸大"怨"的作用,但也不能片面地贬低"怨"的作用,因此,只有明晰了钟嵘对诗的最高要求,理清了最高要求和"怨"之间相互共生的关系,才能更好地认识"怨"在《诗品》中的美学意义。

钟嵘对诗的追求可用"文约意广"进行概括,"文约意广",即"文已尽而义有余",是说形式与内容的关系问题。他在《诗品·序》中写道:

> 文已尽而意有余,兴也;因物喻志,比也;直书其事,寓言写物,赋也。宏斯三义,酌而用之,干之以风力,润之以丹彩,使味之者无极,闻之者动

心，是诗之至也。若专用比兴，患在意深，意深则词踬。若但用赋体，患在意浮，意浮则文散，嬉成流移，文无止泊，有芜蔓之累矣。①

形式与内容的关系历来被反复强调，孔子最早指出"质胜文则野，文胜质则史，文质彬彬，然后君子"②的观点，他主张的是外在形式和内在思想的和谐统一。刘勰在《文心雕龙》中也探讨过形式与内容的关系，他在《情采》篇中写道："故情者文之经，辞者理之纬；经正而后纬成，理定而后辞畅，此立文之本源也"③，刘勰显然也特别强调情和辞要达到完美的统一，也就是内容和形式要完美统一。当然，钟嵘更是指出诗要"干之以风力，润之以丹彩，使味之者无极，闻之者动心，是诗之至也"。"风力"，即"质"，强调内在的精神要生动而有骨力；"丹彩"，即"文"，强调外在形式要有修饰性的文采，只有此二者统一才能达到"诗之至"的高度，否则会造成"意浮则文散，嬉成流移，文无止泊，有芜漫之累"的弊病。

钟嵘所说的"意"明显指诗的内容之"意"，是一个广义的字，有些强调钟嵘以"怨"分品论诗的研究者却认为："在钟嵘的论述逻辑里，钟嵘所说的'意'也就是指'怨'，所谓'文已尽而意有余'，即是说'文已尽而怨有余'。"④这种将"意"狭隘解释为"怨"的观点明显过于主观片面化，毕竟钟嵘自己就已经明确说了诗不仅"托以怨"，还要"寄以亲"，这些都是诗的"意"，"怨"其实就是"意"中的一个方面。比起诗的"文"，钟嵘更看重诗的"意"，例如"气过其文，雕润恨少"的刘桢也会因为"贞骨凌霜，高风跨俗"的风骨精神而被列入上品；阮籍的诗甚至因为"厥旨源放，归趣难求"的"意"而可以让人忽视他的"无雕虫之巧"的"鄙近"之"文"，这些皆是钟嵘更看重"意"的表现。

诗的"意"可以体现在诗要"吟咏情性"。无论是"寄诗以亲"，还是"托诗以怨"，诗都是用来抒发心中感怀的文体，因此他发出了"至乎吟咏情性，亦何贵于用事？"的质问，他主张的"吟咏情性"实际上是对"自然英旨"美学追求的强调，他要求诗尽量少用典故，只要求那些经营国事的文书应用古事辩驳奏疏，诗不能拼凑前人语句，要"直寻"，"直寻"所见所闻所想便是"古今胜语"，如曹

---

① 钟嵘著，周振甫译注：《诗品译注》，第 19 页。
② 杨伯峻：《论语译注》，第 60 页。
③ 刘勰著，周振甫译注：《文心雕龙今译》，中华书局 2013 年版，第 288 页。
④ 张丽芬：《气·怨·滋味——略论钟嵘〈诗品〉"怨"的美学意义》，《南宁师范高等专科学校学报》2001 年第 2 期。

植的"高台多悲风"、谢灵运的"明月照积雪"都是不用典故的直接描写,只有如此诗方有"自然英旨"。

钟嵘对"文"的追求是"真美"。"真美"是针对当时注重四声八病的形式主义提出的要求,钟嵘甚至发出了"今既不被管弦,亦何取于声律耶"的诘问,他不主张诗过分讲究声律,因为过于注重声律会"使文多拘忌,伤其真美"。但钟嵘对"文"也并非没有任何要求,只是不主张过分讲究罢了,他对"文"也明确指出了"不可蹇碍,但令清浊通流,口吻调利,斯为足矣"的要求。

"吟咏情性"的内容(意)和表现"真美"的形式(文)正是"文约意广"中"意"和"文"的分别体现,也是钟嵘对"诗之至"的要求,基于这种认识,再回顾那些分明体现了"怨"却被列入中品和下品的诗,或者上品中表达了"怨"也被说成"总杂"的诗,我们便可找到其原因所在,它们或者是"文"不足,或者是"意"不深,如沈约的诗虽"长于清怨",但"文不至",况且钟嵘最不喜文辞的拘束忌讳,沈约又极为注重平上去入的声律讲究,所以钟嵘说"剪除淫杂,收其精要,允为中品之第也";再如毛伯成的诗"文不全佳,亦多惆怅",钟嵘点明他的"文"不好,惆怅虽略微有"怨"的意味,但也只是失意懊恼之情的抒发,这种诗只能列入下品。再看钟嵘最为推崇的曹植,"骨气奇高""情兼雅怨"的"意"与"词采华茂""体被文质"的"文"相互统一达到了"粲溢今古,卓尔不群"的至高点。钟嵘甚至把曹植比作"人伦之有周、孔,鳞羽之有龙凤",可谓推崇到了极点,曹植诗的特点正是上述钟嵘对诗的最高追求的完美体现。

综上所述,明确了钟嵘对诗的最高追求,再细看"怨"与这种追求的联系,便可知"怨"实质上是诗"文约意广"的美学追求中的一种自然表现,应从"意"和"文"两个向度分别阐释。就诗的"意"而言,"怨"可作为名词理解,即"怨"是一种"吟咏情性"的表现内容,是一种内在意蕴,如评语中的"哀怨""凄怨""雅怨"①"孤怨""清怨"均为这种"意"的表现;而就诗的"文"而言,"怨"可作为动词理解,即"怨"是一种"真美"形式的表现方式,是一种抒情手段,如"文典以怨""怨深""散愤""指斥""造哀"等均是这种抒情手段的表现。

---

① "情兼雅怨"中的"雅怨"并非一个词,是"雅"和"怨"两个并列的范畴,"雅"并不是对"怨"的修饰,但因此处的"情"是兼有"雅"和"怨",这种混合的情感已不同于单独的"怨"情,因而将其归入"意"的方面。

中国美学早期的缘情思想与六朝的"缘情说"

易冬冬 *

摘 要：自西晋陆机提出"诗缘情而绮靡"后，"缘情说"得以确立，并经南朝刘勰在《文心雕龙》中的系统阐发而最终成为中国美学的一个重要的命题。但事实上，"缘情说"渊源久远，在先秦两汉的儒家美学中就已经有了萌芽，只是经过魏晋玄学的洗礼，在六朝获得最终的确立。"缘情说"最终在玄学的思想背景下被明确提出，与魏晋情的哲学中所彰显的情感的自觉和独立有着密切的关系。玄学视域下的"缘情说"与先秦两汉美学的缘情思想有着一定的区别。六朝美学的"缘情说"所缘之情是一种真正的审美之情。其根本在于，魏晋玄学情论将老庄思想中的"虚静之心"引入到儒家哲学的"感物之情"中，使得情感获得了独立和自觉，而这种观念下的情感与审美情感是相通的。

关键词：缘情说 魏晋玄学 情的自觉 审美情感

一、"缘情说"的确立与中国美学早期的情论

陆机在其《文赋》中谈到不同的文学体裁时说道："诗缘情而绮靡……诔缠绵而凄怆。"就文学的创造而言，其本质在于情感的抒发。而就文学的欣赏而言，唯有充满情感的作品，才能美不胜收。于是，情感表达就成了判定文学价值的主要标准。此后，刘勰在《文心雕龙》中多次论述情与文的关系，"昔诗人什篇，为情而造文"（《文心雕龙·情采》），"夫缀文者情动而辞发"（《文心雕龙·知音》）。这一时期，许多论文者把情感抬到极高的地位，将情感与文学的

* 作者简介：易冬冬，清华大学人文学院博士后，研究方向：中国美学与艺术史。

创造或者说创作主体紧密地联系起来，其中一个重要的原因，在于文学的创造主体发生了变化。陆机的文赋是针对"才士"而写，刘勰写《文心雕龙》一个重要用意也是为了矫正"近代辞人"的作文流弊。

事实上，在此之前的先秦美学思想中，以儒家为代表的美学，已经有了文艺缘情而作的思想，只不过是把创作的主体笼统地归于"圣人"或者"先王"。比如《郭店楚简·性自命出》中就谈到"凡声，其出于情也信，然后其入拔人之心也厚"，又说"诗书礼乐，其始皆生于人……圣人比起类而论会之，观其先后而逆顺之，体其义而节文之，理其情而出入之"。《荀子·乐论》中也说道：

> 故人不能无乐，乐则不能无形，形而不为道，则不能无乱。先王恶其乱也，故制《雅》《颂》之声以道之，使其声足以乐而不流，使其文足以纶而不息，使其曲直繁省，廉肉节奏足以感动人之善心，使夫邪污之气无由得接焉。①

而到了两汉时期，诗论、乐论大抵延续先秦儒家的美学观，并且乐论中明确提出"作者之谓圣"（《礼记·乐记》）。譬如《乐记》一方面讲"情动于中，故形于声"；又讲"是故先王之制礼乐也"，"王者功成作乐，治定制礼；其功大者其乐备，其治辨者其礼具"，"乐也者，圣人之所乐也；而可以善民心，其感人深，其移风易俗，故先王著其教焉"。② 而那些不是由先王或者圣人作的乐就成了"郑卫之音""桑间濮上之曲"，是乱世之音，是亡国之音。甚至在一定程度上，《乐记》提出"乐由天作"的思想，就更把乐的制作提升到神秘的境地。受到《乐记》"情动于中故形于声"的影响，诗论方面，出现了《毛诗序》的"情动于中而形于言"，与"诗言志"并立而行。但《毛诗序》又提出："然则《关雎》《麟趾》之化，王者之风，故系之周公。"③这就把诗的制作也归之于圣王。杂糅了道家思想的《淮南子》也持有同样的理论路数，一方面讲"今夫《雅》《颂》之声，皆发于词，本于情"，另一方面又提出"言不合乎先王者，不可以为道；音不调乎《雅》《颂》者，不可以为乐"，"故先王……因其喜音而正雅颂之声，故风俗不流"。④

从先秦到两汉，虽然已经有了文艺缘情而作的思想，但是由于礼乐牢牢地

---

① 陈顾远：《墨子政治哲学》，泰东书局 1929 年版，第 123—124 页。
② 陈戍国：《礼记校注》，岳麓书社 2004 年版，第 270—293 页。
③ 任继愈主编；（梁）萧统，（唐）李善注编《中华传世文选 昭明文选》，吉林人民出版社 1998 年版，第 853 页。
④ （西汉）刘安等著：《淮南子·泰族训》，岳麓书社 2015 年版，第 212—227 页。

系于促成人的德性和政治教化目的之上，导致儒家美学把礼乐的创作主体抽象地归之于"先王"或者"圣人"，是先王本乎性情所作，或者按照荀子所说是本于"心知"所作。而先王或者圣人在当时的观念中，是一种体察天道，弘扬人道，德行完善，性情中和的人：

> 大哉，尧之为君！巍巍乎！唯天为大，唯尧则之，荡荡乎，民无能名焉。巍巍乎，其有成功也，焕乎其有文章。（《论语·泰伯》）①
>
> 与天地合其德，与日月合其明，与四时合其序，与鬼神合其吉凶。先天而天弗违，后天而奉天时。（《易传·文言》）②

这样的先王或者圣人是儒家美学对久远历史的一种信仰，甚至有一种神秘化的色彩。圣人或者圣王的情性是不可揣度的，姑且用"中和"来言说。圣人的情感是一种合乎天道善的目的性的道德情感，是一种非常抽象化的情感。因为儒家美学把礼乐文章的制作归之于"不可揣度"的圣王，而圣王所本之情性必然合于天道。这就导致，礼乐文章其实是天道之所作，正所谓"乐由天作"。圣人完全是和天道合一的，是沟通天道和百姓之间的桥梁。这意味着，圣王因其能够体会天道，故而是道德的立法者，因而也成了美的立法者。而其为美所立的法也只是其为道德所立之法的附加条款而已。诗乐在其中不过是承载圣王的道德遗训，所谓"使亲疏贵贱长幼男女之理，皆形见于乐"（《礼记·乐记》），成为教化百姓的工具。换句话说，美是为善服务的，情感是为了德性服务的，"是故情见而义立，乐终而德尊"（《礼记·乐记》）。这就导致人们对于创造主体的认识，看似很明确，实际却很笼统和抽象，对诗乐文章所本之情的认识也是一种抽象化的道德指认。虽然西汉司马迁提出的"发愤著书"，在某种意义上彰显了士人情感的觉醒，但是这种美学思想在两汉经学的束缚下并未得到传承。

人们大多认为，魏晋时代是一个士人的个体自觉的时代。这种自觉反映到他们社会人生实践的各方面。而"文的自觉"又与士人对自身"情的自觉"分不开。也就是说，从圣王之情到士人之情，从代表社会普遍价值的德性主体到

---

① 冯国超译注：《论语》，华夏出版社 2017 年版，第 99 页。

② 南怀瑾：《易经杂说》，复旦大学出版社 2018 年版，第 160 页。

吟咏个人感怀的情感主体,情感获得了自觉和独立。当然这里面会涉及到人们对不同的文艺类型的认识的历史性差异的问题。在乐论中,从先秦就有了礼乐本于先王之情的说法。而在诗论中,直到汉代才出现诗言情说。例如翼奉说:"诗之为学,情性而已。"(《汉书·翼奉传》)刘歆《七略》中说:"诗以言情,情者,信之符。"(《初学记》卷二十一)。这里面的诗主要是指《诗经》,显然这里说"言情"也只是顺着"言志"而来。但是这样的提法并没有引起多大注意,直到《毛诗序》将诗言情和诗言志折中处理,人们对于"情"与"志"才逐渐有了区分意识。事实上,在美学中的"缘情说"提出之前,一直是"言志说"占据美学思想的主流。"志"更多地指向伦理道德层面,蕴含着理性的内容。当然从"言情"或缘情思想,到"缘情说",这本身就是一个把情感逐渐凸显出来的过程,反映了情感的作用从诗歌的表现到诗歌的创作的位移。情与志最开始是融合在一起,后来随着文艺类型的逐渐分化,和人们对文艺规律认识的逐渐深入,"情"与"志"开始分离。而到了唐代,孔颖达又直接提出"情志一也"。这说明情与志的关系经过了一个"合—分—合"的过程。而这个过程正彰显出,人们对情的认识逐渐加深,对美的认识也逐渐加深。而"缘情说"确立的时代,正是一个"情"和"志"分离的时代,这样的分开,正彰显着六朝时期情的一种独立和自觉。

二、玄学情论:感物之情与虚静之心的融合

魏晋之际,在士人之间有一场关于圣人有情还是无情的辩论,影响深远。何邵的《王弼传》说:

> 何晏以为圣人无喜怒哀乐,其论甚精,钟会等述之。弼与不同,以为圣人茂于人者神明也,同于人者五情也。神明茂,故能体冲和以通无;五情同,故不能无哀乐以应物。然则,圣人之情,应物而无累于物者也。今以其无累,便谓不复应物,失之多矣。[1]

何、钟二人延续着汉代圣人"德合于天"的传统,只是不再认可那个有意志的天,而以自然来指天。圣人"与天地合德,与治道同体,其动止直天道之自然

---

① 游国恩:《先秦文学 中国文学史讲义》,商务印书馆 2017 年版,第 395—396 页。

流行,而无休戚喜怒于其中,故圣人与自然为一,则纯任理而无情"①。王弼与他们的不同之处在于,他认为人生在世的基本存在方式是"应物"生情,即无论常人还是圣人都是"无所逃于天地之间"的。按照汤用彤先生的说法,"应物"就是"用"、"末"、"有",圣人必然是能够做到体用不二、本末一如、以无应有的人。常人可以有用无体,有末无本,所以会纵情违理。这里面关键是一个"应"字。王弼在以"感"释《周易》中的《咸》卦时说道:"天地万物之情,见于所感也。"(《周易注》)其注《临卦》时又说:"感,应也。"其注《论语·泰伯》时又说:"夫喜、惧、哀、乐,民之自然,应感而动,则发乎声歌。"显然,这里王弼继承了儒家《周易》中阴阳之道见于天地万物交感的思想。这种万物交感化生的思想,表现在人生哲学和美学中就是心物相感,感物生情。王弼正是立足于此,才提出圣人和常人一样,也有情。

事实上,先秦儒家思想在对人生在世的基本存在方式的揭示中,就是以情感为核心。感物情动,正是其中一个最基本最核心的观念。"喜怒哀悲之气,性也。及其见于外,则物取之也","性自命出,命从天降。道始于情,情生于性"。(郭店楚简《性自命出》)在这里,情就成了连接人之性和外物的桥梁。性属于形而上,性不自性,因情而显。而情感作为经验世界的感受和体验,又是由人应物而生。按照宋儒"心统性情"的观念,性属于未发,情属于已发。《乐记》有言:"人生而静,天之性也。感于物而动,性之欲也;物至知知,然后好恶形焉。"感物情动,是《周易》宇宙论中的万物交感思想,落实到儒家人生哲学上的逻辑发展。王弼思想中的创建并不在于感物情动,而是把这种思想与道家的"体无"思想相结合。这既是哲学方法论上的创建,如前所述,更是一种境界论。之所以说是一种境界论,乃在于他提出了"圣人之情,应物而无累于物"。关键不在于是否有情,而在于如何调解情感,或者说保持情感的自由,使之不牵累于物。而关于化解情感,他在注《论语》"性相近也,习相远也"这句话时说:

> 不性其情,焉能久行其正?此是情之正也。若心好流荡失真,此是情之邪也。若以情近性,故云性其情。情近性者,何妨是有欲。若逐欲迁,故云"欲远"也;若欲而不迁,故曰"近"也。但近性者正,而即性非正,虽即

---

① 汤用彤:《魏晋玄学论稿》,生活·读书·新知三联出版社 2009 年版,第 74 页。

性非正,而能使之正。①

我们必须把王弼的"性其情"和"圣人之情,应物而无累于物"联系起来考察。显然,所谓"情之正"就是情感"无累于物",也就是情感的自由。而情感的不自由则是"流荡失真","逐欲而迁",是"邪"。所以王弼主张要"性其情"。而"性"在魏晋玄学的背景下,就是"自然",所谓"万物以自然为性"(王弼《老子注》),"自然尔,故曰性"(郭象《庄子注》)。在玄学中,"自然"、"性"、"无"、"天"在一定意义上都是等同的。所谓"性其情"才能得"情之正",就是说以自然之道来调解情感才能使情感不会执着于物,而得正。这与圣人唯有"体无",才能保证情感"无累于物"有着相同的意思。无论是"体无"还是"通无",在这里都是在说,圣人与道合一。王弼在《老子注》中说:"抱朴无为,不以物累其真,不以欲害其神。则物自宾而道自得。"圣人神明盛茂,冲虚无莫,应事接物虽生情感,却能守住天真,不累于物。这里面,圣人之名依然是孔子,但是圣人之实却是老子。只不过不同于道家之处在于,圣人感物也产生情感,却能不以物累情,以情伤性。显然,王弼更多的是继承老子的抱朴无为之说,来谈论"体冲和以通无"。老子讲"致虚极,守静笃","涤除玄鉴"(《道德经》),王弼把老子的"致虚""玄鉴"之说引进来,融入感物生情的思想传统,这就使得人生在世,应物生情,却可以因为体无而无累于物。

而此后的嵇康、郭象则进一步借用庄子的心性论哲学,企图以道家的虚静之心来调和情感,或者说将这种情感和道家之道联系起来。嵇康在《释私论》中说:

> 夫称君子者,心无措乎是非,而行不违乎道者也。何以言之?夫气静神虚者,心不存于矜尚;体亮心达者,情不系于所欲,故能审贵贱而通物情。物情顺通,故大道无违;越名任心,故是非无措也,是故言君子则以无措为主,以通物为美。②

在"气静神虚","体亮心达"的生命状态中,情感能够不系于所欲,也就是不系于物,这样的情感,能通物之情,是一种自由的情感。有此境界,应物则生

---

① 杨鉴生:《王弼研究》,河南人民出版社 2012 年版,第 26 页。
② 张继玲主编,傅瑛点校:《淮北先贤诗文集 汉魏晋南北朝卷》,黄山书社 2015 年版,第 94 页。

自由之情感,于是"值心而言,则言无不是。触情而行,则事无不吉"(《嵇康集》)。郭象在《逍遥游注》中也提到"无心玄应,唯感之从,泛乎若不系之舟",将虚静之心与感物之情结合起来,"无心而顺有"。他在《大宗师注》中说:"夫知礼意者,必游外以经内,守母以存子,称情而直往也。"有了庄子所谓的澄澈、虚静之心,那么应事接物所生之情就能不滞于物。

三、玄学视域下的情的自觉

事实上在魏晋时代,由于自然灾害频繁,军阀混战此起彼伏,政治环境险恶,名教已经高度的虚伪化和形式化,士人们面对这一切人事自然之变,情感非常丰富而热烈。宗白华说他们"向外发现了自然,向内发现了自己的深情"[①]。由于老庄思想的兴盛,他们企图超越现实,寻求逍遥和超脱,却又无法做到无情。面对死亡,他们谴责庄子"妻亡不哭,亦何可欢? 慢吊鼓缶,放此诞言;殆矫其情,近失自然"[②]。而他们却发出"情何能已已","情之所钟,正在我辈","琅琊王必当为情而死"(《世说新语》)的呼声。他们的情感充分觉醒,不再仅仅以善恶论之,不再能被名教所束缚,所谓"六经以抑引为主,人性以从欲为欢"(阮籍《阮籍集》)。而在先秦的儒家哲学中,人们的情感必须被限制在由圣人所制作的礼乐仁义的范围内。汉儒以阴阳善恶论性情,导致"性善情恶""性仁情贪"思想的提出。他们对于感物情动常常保持一种警惕,正如《礼记·乐记》所言:

> 夫物之感人无穷,而人之好恶无节,则是物至而人化物者也,人化物也者,灭天理而穷人欲者也……此大乱之道也,是故先王之制礼乐,人为之节。[③]

> 是故先王慎所以感之者;故礼以导其志,乐以和其声。[④]

所以,在儒家看来,情感之所发要能"发而皆中节",要能"以礼养之"。这

---

① 宗白华:《艺境》,北京大学出版社 1989 年版,第 126 页。
② 转引自李泽厚:《华夏美学》,天津社会科学院出版社 2001 年版,第 213 页。
③④ 冯友兰:《冯友兰文集第 2 卷 人生哲学》,长春出版社 2017 年版,第 88 页。

时候的情感,按照李泽厚的说法,是一种"情感的普遍性形式"①,一种群体性的普遍性情感,是一种抽象的规定。甚至在一定程度上,因为这样的规定和要求,会使得人的最基本的真情实感丧失。而魏晋正是处于这样一个名教已经失去了对人的情感的节制和化解的时代:

> 外易其貌,内隐其情,怀欲以求多,诈伪以要名。(阮籍《大人先生传》)②
>
> 利巧愈竞,繁礼屡陈。刑教争施,天性丧真。季世陵迟,继体承资。凭尊恃势,不友不师。宰割天下,以奉其私。(嵇康《太师箴》)③

对名教的批判,正是情的觉醒的标志。只不过在哲学上用"自然"来统摄这个情。一方面是士人情感因为时代的动乱和黑暗而更加情不能自已,乃至一往而深,另一方面儒家的名教又失去了对情感约束和调解的作用,于是士人们返归老庄,在自己的本心中找到了化解情感的真谛。没有了礼乐的约束,"任情"之所以可能,正在于老庄抱朴无为的虚静之心的引入。虚静之心与应物之情得到了统一,情感不必再限制于名教之内,"止乎礼义",也不必只是趋向一种抽象的"中和",而是可以情之所钟,一往而深。

然而,事实上这颗虚静之心在原始道家那里却是一种将外在的感性世界及情感排除在外的虚静之心。原始道家主张独面"天地之大美",与天地精神相往来,而鉴物无情:

> 无听之以耳,而听之以心,无听之以心,而听之以气。听止于耳,心止于符。气也者,虚而待物者也。唯道集虚。虚者,心斋也。瞻彼阕者,虚室生白,吉祥止止。夫且不止,是之谓坐驰。夫徇耳目内通而外于心知,鬼神将来舍,而况人乎。(《庄子·人间世》)
>
> 山林与!皋壤与!使我欣欣然而乐与!乐未毕也,哀又继之。哀乐之来,吾不能御,其去弗能止。悲夫,世人直为物逆旅耳!(《知北游》)

---

① 李泽厚:《美学三书》,安徽文艺出版社 1999 版,第 338 页。
② 汤用彤:《魏晋玄学论稿》,上海人民出版社 2015 年版,第 125 页。
③ 曾国藩:《经史百家杂钞上》,岳麓书社 2015 年版,第 246 页。

> 至人之用心若镜,不将不迎,应而不藏,故能胜物而不伤感。
> (《天道》)

虚静之心排除了耳目等感官对于外物的感受,一超直入,直接领受道境。自然有限的风物只会使人情难自禁,悲喜不已,莫若"用心若镜",鉴物无情。这颗虚静之心就是本心,排除了一切人为的知识、道德、情感,直观直接的本来面目。如果果然由此产生了一种情感,那也是庄子所谓的"天情""天乐"。但是,这颗虚静之心在玄学时代经过了改造,却可以将外在的感性世界纳入进来,将人的情感纳入进来。于是感物之情与虚静之心交融,促成了情感的独立和解放,并进一步促进了情感的觉醒。正如冯友兰所说:"真正风流的人有深情。但因其亦有玄心,能超越自我,所以他虽有情而无我。所以其情都是对于宇宙人生底情感。不是为他自己叹老嗟卑。"①这个玄心正是魏晋士人的情感独立和自由的保证,这颗虚静之心或者说玄心使得这种情感能够摆脱自我与外物的牵绊,进入一个超越的境地。而这种在哲学上所阐释的不执着物的情感正是与审美情感相通,因为一切道德指涉、利害的计较都要与物的在场有关,而由这颗玄心感物所生之情则将外物推向远方,与外物不相对待,排除了主客二分式的观照外物的态度。这种情的哲学所彰显的是一种情的自觉,它不再仅仅是道德建立的基础("道始于情"),或者说仅仅是与道德价值相联系的情感,不再仅仅是与人的生理感官需要相联系的一般性的情感,而是获得了一种自觉和独立。

四、"缘情说"的理论内涵与审美之情的诞生

事实上,六朝时期美学思想上的"缘情说"正是首先把"感物生情"这一最基本的哲学上的情物关系移植到了美学中,尤其用来阐发艺术的发生论。钟嵘在《诗品》中提出"气之动物,物之感人,故摇荡性情,形诸舞咏。"刘勰在《文心雕龙·明诗》中则提出:"人禀七情,应物斯感,感物吟志,莫非自然。"显然,"缘情说"背后的思想内涵,正是哲学上"感物情动"的观念。正如上文所言,感物情动是源于《周易》中万物自然交感的宇宙论思想,《易传》把这种交感的意

---

① 冯友兰:《三松堂全集(第5卷)》,河南人民出版社1986年版,第352页。

义推举到与天地大化和圣人之道一样的高度。万物之所能相感,心物之所以能相感,正在于天地万物都是宇宙的大生命中的一份子,宇宙是一气流通,周旋往复的宇宙。"缘情说"在《文心雕龙》中得到了系统化的阐述,而刘勰的美学对《周易》的继承几乎成为学界公认,其在《文心雕龙·原道篇》中已经把文提高到自然之道的地步:

> 文之为德也大矣,与天地并生者何哉? 夫玄黄色杂,方圆体分。日月叠璧,以垂丽天之象;山川焕绮,以铺理地之形。此盖道之文也。仰观吐曜,俯察含章,高卑定位,故两仪既生矣。惟人参之,性灵所钟,是谓三才;为五行之秀,实天地之心,心生而言立,言立而文明,自然之道也。①

在自然之道的观念下,整个宇宙就是一个"天—人—艺"交互作用的有机整体,而"缘情说"也被抬升到一个自然之道的高度,不过是天地自然之道的显现。天地阴阳之气交感而生万物,人与万物交感而生情(心),情产生就会有言语辞章的产生,言语辞章带来了世间的人文化成,这都是自然之道。所以,文的缘情创作论,就有了形而上的宇宙论的依据,"缘情说"在此也可以称之为"物感说",只不过"物感说"更具有哲学品格②。正如刘勰在《物色》篇中所说:

> 春秋代序,阴阳惨舒,物色之动,心亦摇焉。盖阳气萌而玄驹步,阴律凝而丹鸟羞,微虫犹或入感,四时之动物深矣。若夫珪璋挺其惠心,英华秀其清气,物色相召,人谁获安? 是以献岁发春,悦豫之情畅;滔滔孟夏,郁陶之心凝;天高气清,阴沉之志远;霰雪无垠,矜肃之虑深;岁有其物,物有其容;情以物迁,辞以情发。一叶且或迎意,虫声有足引心。况清风与明月同夜,白日与春林共朝哉!③

当然这里的物也不限于自然之物,情也不限于由自然之物所感发起来的情。"缘情说"所缘之情可以多种多样,所感之物也是丰富多彩的,是世间各种

---

① 陈伯海:《陈伯海文集》,上海社会科学院出版社 2015 年版,第 482 页。
② 参见余开亮:《先秦儒道心性论美学》,北京师范大学出版社 2015 年版。
③ (梁)刘勰著;郭晋稀注译:《文心雕龙》,岳麓书社 2004 年版,第 379 页。

人情物事。① 事实上，物感人的同时，人同样感物。物感人使人情动，人感物则将自己的情投射到物中。情物交感的过程，是人的一般性情感或道德情感逐渐转化为审美情感的过程，而审美情感必然落实到意象的生成中。每个人在日常生活中都会应物接事，产生喜怒哀乐。但是诗所缘之"情"，感物所吟之"志"则是一种审美的情感。这种审美情感来源于一般情感却又不是一般情感，可以渗透道德情感，却又不是单纯的道德情感。这种情感是在与物的超功利、超利害的摩荡中蒸腾起来的情感。正如苏珊·朗格所说："一个艺术家表现的是情感，但并不是象一个大发牢骚的政治家或是象一个正在大哭或大笑的儿童所表现出来的情感。艺术家将那些在常人看来混乱不整的和隐蔽的现实变成了可见的形式，这就是将主观领域客观化的过程。"②也就是说，这样的情感是与所应对的"物"保持了功利和道德的距离，却又与"象"水乳交融的情感。这样的情感一方面是有所附着的，是象中之情，却又无所沾滞，"无累于物"。正如童庆炳先生所言："外在的'物甲'只有内化为诗人情感世界中的'物乙'时，才能化为诗人的'情性'，而诗的'志'不是直接从外在的'物甲'中来，而是从诗人的'情性'中来，'物乙'则已融化于'情性'中了。"③一般性的感官情欲、道德的情感常常紧密地与"物甲"相连，而审美的情感则与"物乙"是融合为一的，"物乙"就是意象。如果说，意象是我们自己的创造，那么我们也创造了自己的审美情感。"缘情说"所缘之情是我们自己所创造出来的情，而这情就融合在象中。"感物情动"只是一个触发点，而由此跃升到"感物吟志"（此处的"志"主要是"缘情说"中的"情"），则必须生成审美的情感或者意象才有可能。

那么，这种审美的情感是在怎样的条件下创造的呢？如何才能由感物生情进入到"感物吟志"呢？正如上文所言，魏晋时代的情是可以与老庄的虚静之心相融合的情，"无心玄应，唯感之从"（郭象《庄子注》）。在先秦两汉的主流美学思想中，由于圣人或者先王才是美的立法者，所以很少提及到审美创作主体的心理状态。尽管谈到礼乐诗文已经是本于情而作，但是这种情却是儒学视域下的情，是一种不自觉的抽象的情，一种严格限定在政教伦理范围内的

---

① 诚如钟嵘说："楚臣去境，汉妾辞宫，或骨横朔野，魂逐飞蓬；或负戈外戍，杀气雄边；塞客衣单，孀闺泪尽；或士有解佩出朝，一去忘返；女有扬蛾入宠，再盼倾国；凡斯种种，感荡心灵，非陈诗何以展其义？非长歌何以骋其情？"（《诗品》）

② ［美］苏珊·朗格著，滕守尧、朱疆源译：《艺术问题》，中国社会科学出版社1983版，第25页。

③ 童庆炳：《童庆炳谈文心雕龙》，河南大学出版社2008年版，第98页。

情。玄学视域下的情论,必然会对"缘情说"有着一定的理论影响。陆机在《文赋》中说:

> 伫中区以玄览,颐情志于典坟。遵四时以叹逝,瞻万物而思纷;悲落叶于劲秋,喜柔条于芳春……其始也,皆收视反听,耽思傍讯,精骛八极,心游万仞。其致也,情瞳昽而弥鲜,物昭晰而互进。①

刘勰在《文献雕龙·神思》中也说道:

> 物沿耳目,而辞令管其枢机;枢机方通,则物无隐貌;关键将塞,则神有遁心。是以陶钧文思,贵在虚静,疏瀹五藏,澡雪精神。积学以储宝,酌理以富才,研阅以穷照,驯致以怿辞,然后使玄解之宰,寻声律而定墨;独照之匠,窥意象而运斤;此盖驭文之首术,谋篇之大端。②

在感物情动的过程中,首先是获得"收视反听""玄览""虚静""疏瀹五藏"等虚静的主体态度。而这颗虚静之心,并不再只是高超远迈,而是将知识、情感、意志、全部统摄起来。按照王弼和郭象的说法,如果这颗虚静之心是"无",那么一切知、情、意面对外界事物的活动就是"有",以无而应有。徐复观认为:"若就虚静之心本身而论,并不必有此种限制。虚静之心,是社会、自然、大往大来之地,也是仁义道德可以自由出入之地。……二者间的微妙关系,这里不深入讨论,而只指出进入到虚静之心的千疮百孔的社会,也可以自由出入的仁义加以承当,不仅由此可以开出道德的实践,也可以开出与现实、与大众融合为一体的艺术。"③正如上文引用陆机和刘勰之言,我们可以看到,虚静之心,不仅不排斥情感,也不排斥知识(积学、酌理等)。甚至在人生实践层面,这颗虚静之心也不排斥道德实践了,"身在庙堂之上,心无异于山林之中"(郭象《庄子注》)。所以,虚静之心和感物之情也可以交融在一起,前者甚至可以成为后者最终进入"感物吟志"境地的前提。在没有前者的时候,感物之情很容易为外物所牵绊,而且常常要"止乎礼义"(《毛诗序》),要"乐而不淫、哀而不伤",而

---

① (晋)陆机著;张怀瑾译注:《文赋译注》,北京出版社1984年版,第20—22页。
② (梁)刘勰著;郭晋稀注译:《文心雕龙》,第249页。
③ 徐复观:《中国艺术精神》,广西师范大学出版社2007年版,第102页。

有了前者作为前提,感物所生之情则可以转化为真正的审美之情。虚静之心是使得一般性的情感和道德情感跃升为审美情感的关键,有了这个虚静之心,感物所生之情,就可以不累于物,而与之相互摩荡,进而创造出审美的情感或者意象来。"目既往还,心以吐纳……情往似赠,兴来如答。"(《文心雕龙·物色》)而且在这样的往复中,这颗心对物的感受更加鲜活,情也越来越纯粹和灵动,"情瞳昽而弥鲜,物昭晰而互进"。正如张锡坤所说:"感物难免不为个人好恶左右,要避免个人好恶,就要'无心',戒掉人为的主观性,客观如实地与外物相接,不假他求。'无心'是脱离得失、是非、善恶的忖度而回归心灵自然的虚静心,那么,与之相通的'感'就不再为个人好恶所左右,心目不相暌离。"①如何保证所缘之情的自由性和纯粹性? 如何保证感物所动之情不会流为一种欲望? 如何保证这种情感不再仅仅局限于"仁者乐山,智者乐水"的单纯道德的欢愉? 也就是说,如何使得所缘之情成为一种真正的审美之情呢? 老庄的虚静之本心正提供了一种答案。而"缘情说"正是玄学视域下的情论在美学中的体现。

五、余　　论

六朝时期所奠定的"缘情说",一方面是对先秦两汉美学中的缘情思想和诗言情思想的继承,是哲学中感物情动的思想在美学中的体现,但是另一方面,却又与之不同。先秦两汉的缘情和言情思想由于将礼乐诗章的创作者大体归之于圣人或者先王,使得这种情主要是一种抽象的类的情,一种主要服从于社会普遍道德价值的情感,产生于这些情的礼乐诗章也主要是为了弘扬教化,为了培养人之善心或者善情。但是到了魏晋,思想的解放带来士人情感的自觉和文的自觉,士人们逐渐认识到情感自身的价值和诗文自身的规律。

魏晋玄学中的情论,带来了情感的解放和自觉,这时候情的活动不再仅仅限定于儒家道德的领域,而是可以与道家之道相结合,深入到自然的本质中。情感的化解也可以不再乞灵于儒家的道德理性和礼乐教化,而可以与虚静之心相结合获得无累于物的自由。这颗虚静之心,荡涤了知识、理性、欲望、情

---

① 张锡坤、姜勇、窦可阳:《周易经传美学通论》,生活·读书·新知三联出版社 2011 年版,第 223 页。

感,是一颗本然之心,它原本"鉴物无情",直观自然的本真。而玄学恰恰将这虚静之心与人的感物之情相结合,使得这种情可以获得一种自由,无累于物,不系于所欲,这一点正为"缘情说"的最终形成奠定了玄学的基础,为审美之情的最终诞生确立了主体的前提。"缘情说"是六朝时期非常显著的理论成就,但是这时候的"缘情说"已经大不同于中国美学早期的言情或缘情理论,其所言所缘之情是一种真正的审美之情。虚静之心的确立使得感物所生之情能够无累于物,能够超出道德之情的范围,并进一步使之转化为与象相融为一的审美之情。这种审美之情来源于一般情感却又超越一般情感,可以渗透道德情感,却又不是道德情感。它可以超越欲望、功利和道德的限定,与外物保持一个距离,也就是可以"无累于物"。这种情是象中的情,可以渗透知识和理性,却如盐在水,依旧保持一种纯粹与自由。进一步言之,如果将审美主体的艺术创造论扩大到一般性的审美活动中,我们可以发现,六朝中后期,由于主张"山水以形媚道"(宗炳《画山水序》),士人们正可以通过审美活动来体道,正所谓"澄怀味象"或者说"澄怀观道"。而正如我们所说,由于审美之情就凝结于象中,味象所生之情,就是一种体道境界的情。

"寓意于物"与"适意逍遥"

——苏轼美学思想再探[*]

江梅玲[**]

摘　要：与"留意于物"所呈现出的浓厚情感色彩不同,苏轼"寓意于物"的思想闪烁着理性的光芒。以往说"意",往往注重主体精神,却不自觉忽视"意"其实是主客体相互作用而产生的,其天然具有"客观性"与"主观性"两个层面。"寓意于物"要求艺术家对外物物性以及内在之理有高度的把握,笔下所呈现的是万物不断变化的自然之意。"意"也有主观性的特点,艺术家可通过外物呈现出自我情感及品性。而苏轼之所以强调创作的"无意"性,正是不断提醒人们不要局限于法度之内,而忘却了享受艺术过程本身的自由快乐。"寓意于物"包含了"取意于物","物我相融","意畅情出"三个不可分割的过程。"适意逍遥"是"寓意于物"过程中主体的精神状态。苏轼所希望达到的是不限于某个范围的"无适而不可"的境界。他把生活的点点滴滴都艺术化了,审美化了,于是能够在任何时候取"适之意",实现身心的自在和满足。

关键词：寓意于物　留意于物　适意逍遥　美学思想　人生哲学

　　苏轼历来被视作有宋一代"尚意"美学风潮的主导者。他在《宝绘堂记》中提出的"留意于物"与"寓意于物"两个概念,反映出了其对人与外物之间关系的认识。"寓意于物"是苏轼对主体与审美对象理想关系的诠释,对于理解苏轼的美学思想具有十分重要的意义。苏轼在"寓意于物"思想的基础之上提出了"适意逍遥"的人生哲学,其艺术人生的生存方式值得进一步探讨。

---

　*　本文系教育部人文社会科学研究规划基金项目"经学与古代文论的经典化研究"(项目编号：18YJA751012)阶段性研究成果。

　**　作者简介：江梅玲,赣南师范大学文学院,主要研究方向：唐宋美学。

一、"留意于物"与"寓意于物"

苏轼在《宝绘堂记》中说："君子可以寓意于物，而不可以留意于物。寓意于物，虽微物足以为乐，虽尤物不足以为病。留意于物，虽微物足以为病，虽尤物不足以为乐。"①一般认为"留意于物"是主体对外物怀有占有之心，是欲望的表现。"留意于物"留下的是人强烈的偏爱之心，执着之念，体现出的是人沉浸在外物中无可自拔的情状。苏轼还指出："然至其留意而不释，则其祸有不可胜言者。"②并举了钟繇、宋孝武、王僧虔等人的例子。这些人为了得到钟爱之物，无所不用其极，最终导致了"害其国凶此身"的严重后果。值得注意的是，"留意于物"之时，人会忽略的不仅是其他事物以及自身，同样也会忽略所好之物。因为人此时关注的并非是真实的"物"本身，而是追逐一种欲望满足的感受。苏轼在《超然台记》中说："彼游于物之内，而不游于物之外。物非有大小也，自其内而观之，未有不高且大者也。"③"留意于物"相当于"游于物内"，此时人看到的物受主观影响，往往呈现出"高且大"的特征，与"物非有大小"的客观实际是偏离的，物在人眼中是"失真"的。这也就是苏轼所说的"不识庐山真面目，只缘身在此山中"。而"游于物外"则是要求主体用理性精神克制自己的欲望，与客体保持相互独立的关系，这样去观察外物可以获得更加全面而真实的认识。

有学者将"寓意于物"等同于"游于物外"，此说值得商榷。苏轼之所以有"只缘身在此山中"的理性思考，显然是"入乎其内"而又"出乎其外"之后的所得。人皆会受外物影响，也有深入体察外物的需要，因而不免"游于物内"。"留意于物"者缺乏理性的自律，无法从"物内"抽离出来。而与"留意于物"所呈现出的浓厚情感色彩不同，"寓意于物"闪烁着理性的光芒。对于"寓意于物"的解释，则出现了分歧。"留意于物"与"寓意于物"只有一字之差，不少论者将关注的重点放在"留"与"寓"两字内涵的差别上。"寓意于物，则寄托情意于物"④，此处将"寓"解释为"寄托"，那么人与物之间是寄托与被寄托的关系。

①② 张志烈、马德富、周裕锴编：《苏轼全集校注·文集》，河北人民出版社 2010 年版，第 1123 页。
③ 同上书，第 1105 页。
④ 王世德：《留意物欲与寓寄情意——苏轼美学思想探索》，《天府新论》1988 年第 2 期，第51 页。

对于此种解释,朱良志先生认为:"学界或将'寓意'释为以物为象征、比喻、寄托,这是对苏轼思想的误解。造物初无物,物何可寄托? 寓意于物,亦即他所说的'游心寓意',与物同游,与万物共成一个独特的体验世界。"①朱先生以苏轼"无还"之道解读主体与世间万物之间的关系,认为"寓意于物"中,主体与客体并非是主动与被动的关系,而是"齐同物我契合如如"的境界,并指出苏轼的"寓意",有契合天地之节律的意思。②综合对苏轼思想境界的体察,我认为朱先生的说法更加契合苏轼的原意。苏轼的确一直在追求一种"无待"而逍遥的人生境界。寄托于物显然心有所累,与其"无意"、"无心"之归旨不符。而"契合天地之节律"是一种得道的境界。对于如何方能让主体之意与客体之理完美融合,苏轼也有不少论述。以往说"意",往往注重主体精神,却不自觉忽视"意"其实是主客体相互作用而产生的,其天然具有"客观性"与"主观性"两个层面。此文试图从两个方面体察"寓意于物"的意旨,并探究其相互作用的机制。

二、"取诸物以寓其意"与"意"的客观性

苏轼在《东坡易传》中说:"夫道之大,全也;未始有名,而《易》实开之,赋之以名;以名为不足,而取诸物以寓其意。"③老子《道德经》里有:"无名,天地之始,有名,万物之母。"④道大全无形,不可名状。易者,阴阳也。"一阴一阳之谓道",道存于阴阳变化之中,是万物生成的内在动力。阴阳相交,万物化成。"赋之以名"之中的"名"是一种没有实际内容的状态。"名"是"易"赋予的,是道的呈现,可视为"名物"。"名物"已可以被人所感知和认识。"取诸物以寓其意"的主体是"易",说明"意"是在运动中产生的。这里的"意",常被解释为"道之意"。万物变化不息,"名物"不断改变,"道之意"的内涵是广大无边的。冷成金先生认为苏轼哲学的核心是运动,同时认为苏轼所言的"寓意"是主体心灵的自在遨游,并指出苏轼"冲口而发"的创作方式最能体现他对自由心灵的

---

① ② 朱良志:《论苏轼的"无还"之道》,《文艺研究》2017 年第 11 期。
③ 苏轼著,龙吟点评:《东坡易传》,吉林文史出版社 2002 年版,第 321 页。
④ 王弼注:《老子道德经》,中华书局 1985 年版,第 1 页。

抒写。① 我认为,"寓意于物"并不能单纯地理解为主体心灵的自由自在。我们不妨从"取诸物以寓其意"这句话入手去解读"意"的产生。在现实世界中,人也有一个"取诸物以寓其意"的认识过程。单个物体往往有固定的名称,也有较为固定的内涵。从语言学的角度来看,"名无固宜,约之以命",事物的名称往往是人约定俗成的。而所谓物的普遍内涵是基于物性的,它并不是由个人随心而定的。万物虽变化万端,但却自有其成其然的内在之理。"物之意"来自于人对物的理性认识。

"取诸物"是"寓其意"的必要条件。每一物皆有其意。在此处,"意"可以解释成内涵、意义等,具有普遍适用性。任何固定的、普遍的意都非"道之意"。"道之意"与"物之意"的关系可视为体用关系。人在日常生活之中"取诸物以寓其意",往往有现实功用。苏轼在《雪堂记》中称自己建立雪堂是"取雪之意",将雪意寓于堂中。雪有何意?雪能使人"不寒而栗,凄凛其肌肤,洗涤其烦郁。既无炙手之讥,又免饮冰之疾"②。雪能够使人肌肤寒凉,洗涤人内心烦闷焦躁的情绪。这段话说明了雪这种物质的客观属性以及由此客观属性可带来的主观感受。苏轼在《饮酒说》中称自己喝酒并不追究酒的好坏,只是"取能醉人"意。③ "意"源于物,又能超越于物而存在。物之好坏,并不妨碍主体"取物而寓其意"以及对"物意"的体验。苏轼说:"天下之事,散在经、子、史中,不可徒使,必有一物以摄之,然后为己用。所谓一物者,意是也。不得钱不足以取物,不得意不可以用事。此作文之要也。"④苏轼认为"意"是统摄天下之事的枢纽,是事得以用的前提,此处苏轼指明了"立意"的重要性,历来被认为是其"以意为主"文艺观的佐证。苏轼把"意"说成了与钱一般的"物",是可以衡量天下之事的标尺,其实也点出了"意"的客观性。

前文已述,从现实内涵层面上看,一物有其普遍固定之意。但从事实层面上看,物是不断变化的,物意也变化不息。这种变化并非随意进行,而是循理而发的。对于如何在客观事物之中"循理寓意",苏轼也进行了探索。他在《净因院画记》之中探讨了作画之理。文中说:"至于山石竹木,水波烟云,虽无常

---

① 冷成金:《从〈东坡易传〉看苏轼文艺思想的基本特征——兼与朱熹文艺思想相比较》,《文学评论》2002 年第 2 期。
② 张志烈、马德富、周裕锴编:《苏轼全集校注·文集》,第 1311 页。
③ 同上书,第 8444 页。
④ 洪迈:《容斋随笔》,上海古籍出版社 2015 年版,第 422 页。

形，而有常理。"①倘若一幅画失了常形，人都能够看出来，但是若失了常理，哪怕是懂画的人也不一定能够看得出来。"世之工人，或能曲尽其形，而至于其理，非高人逸才不能辨。"②苏轼认为只描摹物之形，哪怕能"曲尽其形"，也未必是好画。他之所以对文与可之画大加赞赏，是因为文与可笔下的竹石枯木能够得自然之理。"与可之于竹石枯木，真可谓得其理者矣。如是而生，如是而死，如是而挛拳瘠蹙，如是而条达遂茂，根茎节叶，牙角脉缕，千变万化，未始相袭，而各当其处。合于天造，厌于人意。盖达士之所寓也欤。"③这一段话具体描述了文与可之画"得其理"的表现，耐人寻味。文与可对外物的观察细致入微，因而他的画呈现出了高度的细节真实。更重要的是，文与可对外物变化发展的规律有充分的把握，因而可以对外物在某个阶段抑或某个时刻的状态进行较为准确的判定，进而描绘出这个状态下该物的神理，在物中寓以生之意，死之意，挛拳瘠蹙之枯意。所画之物由此生机盎然，深得自然之旨。

这一道理，苏轼在《文与可画筼筜谷偃竹记》一文中也有论述。文章开篇中说："竹之始生，一寸之萌耳，而节叶具焉。自蜩腹蛇蚹，以至于剑拔十寻者，生而有之也。"④观物要有全局性的视野。竹并不是寂然不动之死物，"一寸之萌"到"剑拔十寻"的整个过程构成了"竹之意"的内涵。只有变化之中的"竹"才是真实的竹，活生生的竹。"故画竹必先得成竹于胸中，执笔熟视，乃见其所欲画者，急起从之，振笔直遂，以追其所见，如兔起鹘落，少纵则逝矣。"⑤"成竹于胸"指的就是心中对"竹意"的完整把握，而这种"意"要借助于具体之象加以呈现。竹的某个瞬间之意与瞬间之象被画家捕捉，便是创作的机缘。苏轼认为一个成熟的艺术家，一定要有深厚的生活基础，对事物进行长期细致的观察，笔下所呈现的是万物生生变化之道意。要达到这种高度，往往需要创作主体的惨淡经营。苏轼在《画水记》中提到画家孙知微"欲于大慈寺寿宁院壁作湖滩水石四堵，营度经岁，终不肯下笔"⑥。孙知微经过了一个艰苦的"体物"过程，方在某一日"奋袂如风，须臾而成，作输泻跳蹙之势，汹汹欲崩屋也"⑦。画出了生机跃然之"活水"。其创作过程与文与可相似，都是在心中先得之以

①　张志烈、马德富、周裕锴编：《苏轼全集校注·文集》，第1159页。
②③　同上书，第1160页。
④　同上书，第1153页。
⑤　同上书，第1154页。
⑥⑦　同上书，第1302页。

整体,再施之以瞬间领悟。

由上可知,"冲口而发"的瞬时体验背后是对物的长时观察。"寓意于物"要求主体对外物之物性以及内在之理有高度的把握。由此可知,"尚法"与"尚意"是密不可分的。这里的"法",并不是单单指艺术的法则等技术层面的法,而是"自然之法"。在苏轼看来,自然之法是"无常法",艺术表现方式不能用一般的法则去严加限制。而要达到这种"无法之法"的高度,技术层面的只是基础,高超的艺术家则"积学深至,心手相应,变态无穷"①。苏轼在《书吴道子画后》中有"出新意于法度之中,寄妙理于豪放之外"②之句。在《画水记》中说:"处士孙位始出新意,画奔湍巨浪,与山石曲折,随物赋形,尽水之变,号称神逸。"③"新意"被认为是艺术家新的创意,"随物赋形"则是创作主体自由自在的状态。现在看来,这种解释显得片面,在某种程度上遮蔽了创作主体对"道之意"的体悟。苏轼的"新意"往往与法、变等字眼联系在一起。他一再强调对"法"的超越,去实现"变"的理想,是对万事万物时时刻刻在变化这一永恒之理的深刻领悟。哲学家赫拉克利特有言:"人不能两次踏进同一条河流。"苏轼说:"自其变者而观之,则天地曾不能以一瞬。"换言之,如具备了"通变"之眼光,世间万物无一刻不是崭新的存在。所以,出"新意"强调的不仅仅是主观创造,同样是对这个变化无尽世界的观察和捕捉。因此,艺术家不必刻意去求新求变,而应该回到生活,体会自然本真,则自然会发现"新意"的层出不穷。

三、"适意逍遥"与"意"的主观性

以上侧重于探讨"意"的客观性。实际上为人所津津乐道的是"意"的主观性。文艺作品中不仅包含着艺术家对外在世界的理性认识和思考,同样也可表现出艺术家的情感体验及自我品格。而不管是人对物的认识,人的自我认识还是人的情感体验,都是不断变化的,任何形之于外的感受都是瞬时体验。苏轼在《跋文与可墨竹》中称文与可"意有所不适,而无所遣之,故一发于墨竹"④。文与可心中有郁结之情绪,便借助画竹这一行为进行排遣,尽情释放。

---

① 张志烈、马德富、周裕锴编:《苏轼全集校注·文集》,第7828页。
② 同上书,第7908页。
③ 同上书,第1302页。
④ 同上书,第7905页。

绘画是画家宣泄感情,展现自我意志品质的方式,是实现"意适"的途径。苏轼在《墨君堂记》一文中较为详细地描述了文与可画中"竹意"与"人意"完美合一的情状。苏轼描述了竹无声色臭味,不惧风霜雨雪,四时而不变的客观属性,这与"君子"的品格相契合。也只有君子才能发现"君子"的品质。文与可笔下的竹"得志,遂茂而不骄;不得志,瘁瘠而不辱。群居不倚,独立不惧"①。是他不卑不亢,高洁自守品格的写照。苏轼认为"与可之于君,可谓得其情而尽其性矣"②。苏轼之于文与可,亦是"得其情而尽其性"。苏轼自己创作的怪石枯木图也是如此。怪石黑乎乎一团如蜗牛状,呈现出蜷缩盘卷之"丑态",枯木则扭曲向上,十分具有张力。苏轼之画粗野拙朴,看似不甚用心,却通过对怪石枯木的位置经营,展现出了一种坚韧顽强的生存力量。无疑是创作者生命力及精神品格的体现。也难怪黄庭坚会评价道:"胸中元自有丘壑,故作老木蟠风霜。"③

相比于有客观描摹对象的绘画艺术,书法艺术的"由已性"则表现得更为明显。苏轼说自己的书法创作是"我书意造本无法,点画信手烦推求"④,有很大的随意性。其在《书所作字后》里提到:"知书不在笔牢,浩然听笔之所之而不失法度,乃为得之。"⑤苏轼在这里表现出了对学书者只关注技巧层面的不满。结合苏轼的书法实践活动,我们可以知道其实苏轼不是不重视书法的技巧,苏轼本人对于书法的风格,字体的结构颇有钻研。他说:"真书难于飘扬,草书难于严重,大字难于结密而无间,小字难于宽绰而有余。"⑥苏轼对于许多书法前辈都有很深的研究。苏轼学习颜真卿,评价道:"颜鲁公平生写碑,惟《东方朔画笔赞》为清雄,字间栉比,而不失清远。"⑦黄庭坚称"子瞻少时学《兰亭》"⑧。苏轼具备非常深厚的书法修养,然而与之相比,他更加突出书法的意蕴与创新。他说书法要"自出新意,不践古人","书初无意于佳乃佳"⑨。书法风格应"萧散简远,妙在笔画之外"⑩,这很容易让人觉得他尚意不尚法。而苏

---

① ② 张志烈、马德富、周裕锴编:《苏轼全集校注·文集》,第 1120 页。
③ 刘琳点校:《黄庭坚全集(第一册)》,四川大学出版社 2001 年版,第 215 页。
④ 张志烈、马德富、周裕锴编:《苏轼全集校注·诗集》,河北人民出版社 2010 年版,第 481 页。
⑤ 张志烈、马德富、周裕锴编:《苏轼全集校注·文集》,第 7803 页。
⑥ 同上书,第 7853 页。
⑦ 同上书,第 7795 页。
⑧ 刘琳点校:《黄庭坚全集(第四册)》,第 2304 页。
⑨ 张志烈、马德富、周裕锴编:《苏轼全集校注·文集》,第 7814 页。
⑩ 同上书,第 7598 页。

轼之所以会如此,是因为看到了学书者雕琢于笔画之间,是在"践古人"之路,很容易失去自我的情感体验,并且有"留意于物"的风险。深刻影响苏轼美学观念的欧阳修在《试笔学真草书》中说:"有以寓其意,不知身之为劳也,有以乐其心,不知物之为累也。"①在书法创作过程之中,人没有刻意营役所带来的疲劳,只是享受书法艺术本身的快乐。所寓者何意?是人感事感物的情绪抒发和个性呈现。苏轼也说:"自言其中有至乐,适意无异逍遥游。"②这是书法作为一门艺术的本质特征,它是陶冶性情获得精神愉悦的方式。此可称之为书法之意。换言之,倘若无法在书法创作过程之中获得这种感受,是对书法艺术精神的背离。苏轼之所以强调创作的"无意"性,正是不断提醒人们不要局限于笔画之间,法度之内,而忘却了去体验书法创作本身所带来的快乐。

苏轼在《雪堂记》中指出自己的人生态度是"非逃世之事,逃世之机"③。一方面主动承担起社会责任,一方面逃离功利之心。客人用庄子"大禹治水"、"庖丁解牛"的寓言说明人要善于避害,沟通天人,不受任何物质的束缚,以至柔驾驭至刚,方能"游于藩篱"。因此客人认为苏轼修建雪堂并命之以"雪",实际上还是受到"形名"之困扰。而苏轼称自己"自以为藩外久矣"④,可见其生活是以成为庄子"逍遥"之散人为精神旨归的。面对客人的质疑,苏轼提出了"适意"的生活主张。苏轼以黄帝游于赤水之北的故事为例子,说明了"适"的状态。黄帝"登乎昆仑之丘,南望而还,遗其玄珠焉。游以适意也,望以寓情也,意适于游,情寓于望,则意畅情出,而忘其本矣"⑤。黄帝作为古之神人,也不免被外物所吸引,全身心投入到了对客观事物的游览之中,物我相融,浑然忘我。黄帝虽对外物进行"静观",我们却不难发现主体与客体之间生动活泼的互动。从这个过程之中,也可看出,寓意于物并不是人寄托、赋予外物情感与意趣这一行为。"寓意于物"包含了"取意于物"、"物我相融"、"意畅情出"三个不可分割的过程。人从自然界中不断发现自然界之客观美,在这个过程之中,人也会不自觉地对外物进行想象生发和情感输出,这既是主客体相互作用的过程,也是创意产生的过程。正如鲍山葵《美学三讲》中提到:"'静观'一词

---

① 欧阳修:《欧阳修集编年校注(第七册)》,巴蜀书社 2007 年版,第 166 页。
② 张志烈、马德富、周裕锴编:《苏轼全集校注·诗集》,第 481 页。
③ 张志烈、马德富、周裕锴编:《苏轼全集校注·文集》,第 1311 页。
④ 同上书,第 1309 页。
⑤ 同上书,第 1311 页。

不应当意味着'静止'或'迟钝'。而是始终含有一种创造因素在内。"①人发现物之美,即"取意于物",人与物"物我相融",如庄周梦蝶,不知何为周,何为蝶。这个过程中人不断产生审美感情,又不断释放感情。整个过程是人与物相互作用的过程。

人要如何通往这种境界?苏轼说:"凡学之难者,难于无私。无私之难者,难于通万物之理……是固幽居默处而观万物之变,尽其自然之理,而断之于中。"②苏轼深受庄、禅思想的影响,认为人要有虚静观物的主体性精神,以博大的胸怀,实现"通万物之理"的精神境界,体悟"道之意"。苏轼在《送参寥师》中说:"静故了群动,空故纳万境。"③"静观"之说体现了动静之间的辩证关系。宗白华先生说过:"禅是动中的极静,也是静中的极动。"④"静观"并非是主体心灵的死寂沉沉,而是于静处体悟自然的生意盎然。苏轼正是在静观默想中忘却世俗纷扰,而"与万物神交""随物赋形"则体现出他对待外物时随心所欲的自在与潇洒。"适意无异逍遥游"无疑是这一状态最好的诠释。成复旺先生在其《中国美学范畴辞典》一书中指出,"适意"是一个美学范畴:"'适意'是一种满足,一种充实,也是一种快适,在这种境界中主体能自由洒脱,无拘无束,充满圆融,一无滞碍。"⑤"适意"就是苏轼在《雪堂记》中所描绘的主体进入审美境界之时那种"浑然忘我",精神愉悦的状态。在这种状态里,主客体相互交融,浑然一体。

人在"寓意于物"中"适意逍遥",获得了生理以及心理上的满足。在这一过程之中,人也表现出了对物的"沉浸",人与物之间并非寡淡无情,而是进行了一场深情的拥抱。但是这些与"留意于物"有本质的区别。首先这种感受是比较短暂的。"意不久留,情不再至,必复其初而已矣"⑥,在苏轼看来,"忘我"的状态,以及"意畅情出"的情感释放虽然包含有自我沉醉的成分在里面,但是这种感受并不会持续太久,不至于使人沉溺其中不可自拔,人会很快恢复自我的理性。其次,当主体处于"适"的状态之时,"我"之主体是无意志的,这时候的情感抒发是一种不自觉的自然行为,它并不具有主观功利性。苏轼深受禅

① 鲍山葵:《美学三讲》,上海译文出版社1983年版,第17页。
② 张志烈、马德富、周裕锴编:《苏轼全集校注·文集》,第5198页。
③ 张志烈、马德富、周裕锴编:《苏轼全集校注·诗集》,第1893页。
④ 宗白华:《宗白华全集》第2卷,安徽教育出版社1994年版,第364页。
⑤ 成复旺:《中国美学范畴辞典》,中国人民大学出版社1995年版,第266页。
⑥ 张志烈、马德富、周裕锴编:《苏轼全集校注·文集》,第1311页。

宗"随缘自适"思想的影响,深知人与外物的相遇是因缘和合的结果,因而对人生之变化无常有深刻感受,也对自我生命之漂浮不定淡然处之。《和子由渑池怀旧》中就有"人生到处知何似,应似飞鸿踏雪泥"①之句,《临江仙》有"人生如逆旅,我亦是行人"之句,《西江月·黄州中秋作》中有"世事一场大梦,人生几度秋凉"②之句,"人生如梦"的虚无之感也一直缠绕着他,这些使他不执著于一时一地,感叹"此心安处是吾乡"③。

四、苏轼"适意逍遥"的人生哲学

苏轼的"适意逍遥"并非只体现在游览、艺术欣赏及创作上,也体现在生活的方方面面。与禅宗所追求的看破红尘,道家所追求的"心如槁木死灰"不同,苏轼非常重视人对世俗生活及情感的体验,他对虚无缥缈之"道"表示敬畏但却不依照彻底避世的方法去寻求。"苏轼的魅力似乎在那种徜徉于此岸与彼岸之间的特殊智慧。"④他在《答毕仲举书》中提出了著名的"龙肉"、"猪肉"之说。⑤ 在苏轼看来,陈好古所说的"出生死,超三乘"的境界太高太空,就像传说中的龙肉一样,只存在于想象层面,不存在于事实层面,倒不如一碗猪肉所带给人的感觉真实美味。由此可见,苏轼追求的"适然"是基于个人性情和客观真实感受的。他认为真正的"藩外之游"恰恰是要在"藩内"寻找的。

在日常生活之中,苏轼把人基本欲望的满足与"机心"之事区别开来,提出了"性之便,意之适"⑥的主张。苏轼《扬雄论》有言:"人生而莫不有饥寒之患,牝牡之欲,今告乎人曰:饥而食,渴而饮,男女之欲,不出于人之性也,可乎?"⑦苏轼在这里就肯定了欲望的合理性。人的欲望是生来就存在的,是人之所以为人的基本属性。苏轼在《东坡易传》里有:"情者,性之动也。"⑧人类的感情是性之所动产生的。换句话说,人之性情是自然属性,不顺从它而要求彻底去

① 张志烈、马德富、周裕锴编:《苏轼全集校注·诗集》,第 186 页。
② 张志烈、马德富、周裕锴编:《苏轼全集校注·词集》,第 262 页。
③ 同上书,第 526 页。
④ 韩经太:《诗意生存的精神传统及其现代意义》,《求索》2002 年版第 1 期,第 103 页。
⑤ 张志烈、马德富、周裕锴编:《苏轼全集校注·文集》,第 6183 页。
⑥ 同上书,第 6184 页。
⑦ 同上书,第 375 页。
⑧ 苏轼著,龙吟点评:《东坡易传》,第 322 页。

除它是违背"道之意"的。然而欲望若发展到"纵情声色"的地步,一味想要获得,却是"机心"的表现。苏轼《书四戒》中说:"皓齿娥眉,命曰伐性之斧;甘脆肥脓,命曰腐肠之药。"①放纵欲望,会伤害人的身体,是违背自然之理的,最终使人"不适"。这也就是《宝绘堂记》中所说的"留意于物,虽微物足以为病"。人要在万事万物之中"得一意"而用事,而又不能陷入局限于"一意"的境地,方能真正实现"适意"。这就要求人理性精神的干预。既是"适",人和外物之间的关系是互动的,人要通过积极地调整心态,并抑制本性之中一些消极的方面,才能够与生活和谐对接,实现自适的精神自由。苏轼对于这一点有很深的认识,因而他主张节制欲望,用佛家"定"和"戒"的功夫,节制口腹之欲和酒色之欲。苏轼所强调的"无心",正是把理性自律化为一种无意识的自然行为准则,实现孔子所言"从心所欲不逾矩"的理想状态。苏轼说:"高人无心无不可,得坎且止乘流浮。"②又说:"吾文如万斛泉源,不择地皆可出……常行于所当行,常止于不可不止。"③这样随心所欲,举动自然,看似"无心",其实是"得意"之极。

苏轼说:"性之便,意之适","适性"与"适意"似乎并没有什么区别。而苏轼所言之"适",多与"意"联系在一起,他也在《雪堂记》中明确指出了自己的生活哲学是"适意",我们就不得不体察一下"适性"与"适意"的区别。郭象《庄子·养生主》注中有"天性所受,各有本分,不可逃,亦不可加"④。"性"一般是"天性"之意。例如苏轼诗文中出现的"性不违人遭客恼"⑤,"嗜酒放浪,性与画会"⑥等,"性"大体也不脱"性格""本性"之意。与生生不变之"意"相比,性具有稳定性的特点。"适性"强调的是对自我性情的适应。在日常生活之中,为了"适性",人必然要有所选择和放弃,客观上还是被外在环境所约束。如陶渊明"性本爱丘山",于是选择了归园田居。田园是陶渊明避开外界烦恼的居所,也是顺应他自然本性的如意选择。苏轼没有选择如陶渊明一般避世隐居,因为避世就有某种局限性,还是心有所执的结果。苏轼所希望达到的是不限

---

① 张志烈、马德富、周裕锴编:《苏轼全集校注·文集》,第 7400 页。
② 张志烈、马德富、周裕锴编:《苏轼全集校注·诗集》,第 673 页。
③ 张志烈、马德富、周裕锴编:《苏轼全集校注·文集》,第 7422 页。
④ 郭象注,成玄英疏:《庄子注疏》,中华书局 2011 年版,第 69 页。
⑤ 张志烈、马德富、周裕锴编:《苏轼全集校注·诗集》,第 2466 页。
⑥ 张志烈、马德富、周裕锴编:《苏轼全集校注·文集》,第 1302 页。

于某个范围的"无适而不可"①的境界。

人生不如意之事十之八九,苏轼这一生历经坎坷,可谓经常处于逆境之中。在很多时候,他要在"不适"的客观环境与心理状态之中找到"适"。这个"适",既是生理上的"安适",更是心灵上的"适意"。苏轼的高明之处在于,他把生活的点点滴滴都艺术化了,审美化了,于是能够在任何时候取"适之意",实现身心的自在和满足。如他在《超然台记》中所言:"凡物皆有可观。苟有可观,皆有可乐,非必怪奇玮丽者也。哺糟啜醨,皆可以醉;果蔬草木,皆可以饱。推此类也,吾安往而不乐?"②存在即合理,世间之物皆有道在背后作支撑,事物存在一定是有它的价值与意义。苏轼"物皆有可观"之说与"世界上并不缺乏美,而是缺少发现美的眼睛"可谓异曲同工。审美是一种无功利的快乐,苏轼则认为物的现实功用与审美性是不相冲突的。甚至可以说,物的现实功用性正是物之美的体现。苏轼说:"不假外物而有守于内者,圣贤之高致也,唯颜子得之。"③他自认自己不能脱离对外物的需求,无法达到圣贤之高致。前文已述,苏轼"取雪之意","取酒之意",包括此处的"哺糟啜醨,皆可以醉;果蔬草木,皆可以饱"都是从生理需要与心灵需要两个层面去看待外物的。这也决定了苏轼的审美思想与其人生哲学密不可分。物之好坏并不妨碍主体对"物意"的体验。所谓"与物宛转"、"随物赋形",既是对外物自然之性的顺应,也是将这种顺应纳入到自我愉悦的框架之中来,实现物我的融洽相处。多元之物皆被统摄在了一元"乐意"之下。由此可见,苏轼的"寓意",绝非单指心灵无拘无束,其"适意逍遥"是与外物自由而愉悦的拥抱。

苏轼"寓意于物"的美学思想内涵是非常丰富的。苏轼一直以一种"通变"的眼光看待万事万物,"意"是变化不息的,其天然具有"客观性"与"主观性"两个层面。"寓意于物"要求艺术家"循理寓意",对客观之物有整体把握,再施之以瞬时体验,展现出外物之"生意"。苏轼再三强调创作的"无意"性,并不是认为法度不重要,而是提醒人们要出乎法度之外,去感发生命,遵循自然之意,体验艺术创作本身所带来的快乐。"寓意于物"并非是一个动作,而是一个"与物宛转"的过程。它包含着对外物之美的发现,物我相融的体验,主体意畅情出

---

① 张志烈、马德富、周裕锴编:《苏轼全集校注·文集》,第1163页。
② 同上书,第1104页。
③ 同上书,第7764页。

的释放。这一过程之中，主体与物契合，自由自在，精神愉悦，是"适意逍遥"的状态。苏轼的审美思想与其人生哲学是高度统一的，"物皆有可观"是其"无适而不可"，"无往而不乐"生存哲学的基础。苏轼的"适意"包含着对外物的认真探索，对心态的积极调整，对生活点滴的诗意化、审美化，从而达到齐同万物，逍遥乐命的理想生活状态。

艺术美学

观音形象的性别转换和
佛教审美的柔性气质[*]

李祥林[**]

摘　要：较之儒、道，佛教是外来而扎根本土的文化形态，其对中华美学与艺术也有深远影响。立足华夏语境，结合文献及田野调查，从观音形象的性别转换切入，考察佛门艺术案例，解读佛门审美意象，多层面透视中国化佛教的柔美气质，有助于我们更好地把握儒、道、释多元影响下的中华审美文化特质。

关键词：观音形象　性别转换　中国佛教　柔美气质

"儒治世，道治身，佛治心"，此说见于中华文化史。较之土生土长的儒、道两家，佛教是自外传入后本土化的文化形态。佛教在中国不但受到历代政府重视，而且信众广泛，对国民心理影响甚深。立足华夏语境，从观音形象的性别转换入手，结合宗教历史、民间习俗、文学意象、造型艺术等透视中国佛教审美的柔性气质，对于把握中华文化有重要意义。

一

佛教起源于印度，入华的佛教主要属于北传一系。华夏号称"以农立国"，中华文化自古有偏爱柔美的特质[①]。入华的佛教与此文化语境不可能绝缘，

---

* 本文系国家社科基金艺术学重大项目"中华美学与艺术精神的理论与实践研究"（项目编号：16ZD02）的研究成果。

** 作者简介：李祥林，四川大学中国俗文化研究所教授，中国艺术人类学学会常务理事，中国傩戏学研究会常务理事。

① 拙文对此屡有论述，请参阅：《中国文化与审美的雌柔特质》，《新余高专学报》2000 年第 4 期；《"阴阳"词序的文化辨析》，《民族艺术》2002 年第 2 期；《"雄化女性"、文化身份及其他——兼谈木兰故事的东西方演绎》，《南开学报（哲学社会科学版）》2007 年第 4 期。

观音在华夏世俗信仰中向女儿身的性别偏移就提供了有力例证。纵观佛门诸神，在中国民间最具号召力的，首推手持净瓶足踏清波的观世音。客观地讲，这位妙相庄严、体态优美的女菩萨在华土民众心目中，其世俗知名度和影响面甚至有超过佛祖如来之势。"由来古佛非女子，只缘大士有婆心"，镇江观音阁此联传递着民众心声。在华夏社会，从上层到民间，无论何时何地，观音都享受着繁盛的香火，其尊名连同其慈眉善眼的白衣女子形象家喻户晓，深入人心。

"崇佛庙会中，以观世音庙会最为普遍。"①世人深信，身陷苦难者只要诵念观音名号，这位大慈大悲的菩萨就能"观其音声"，前往救助。甘孜丹巴藏族民歌称"观音是最善良最可爱的汉人菩萨"；阿坝理县羌民只身出门时会念《出门经》，云"出门头顶观世音"、"只张神，不张鬼"②；在喇嘛教中，绿度母是观音菩萨化身的传说也为民众熟知。金川属阿坝藏区的观音桥镇有绰斯甲观音庙，以供奉四臂观音（藏语称"土基钦波"）闻名四方，位于海拔 3600 多米的纳勒神山上，该寺主供之观音菩萨名气极大，在藏区甚至有"第二普陀"的誉称③。同属阿坝州的汶川县往理县去的 317 国道路口有"黄岩观音庙"，守庙妇女告诉我，该庙原本规模不小，但前方大殿被修公路时占去了，现存部分甚小，观音塑像供在依壁而建的石窟形庙中，每年三次观音庙会来烧香的人还是多。中国大地上，涉及观音来历的民间传说有许多，其性别基本不离体态婀娜的女儿身。元代管道升根据民间传说撰写的《观世音菩萨传略》，称观音本是妙庄王的三女儿，该故事在宣扬佛教的同时又融入儒家的孝道和道教的神仙思想（妙善修行成为"香山仙长"），可谓是三家思想合流的产物。元杂剧中，有《观音菩萨鱼篮记》演述观音等劝说居士张商英出家修行故事，并标明观音由"正旦"扮演；《庞居士误放来生债》述其女儿灵兆本是南海"自在观音菩萨"，等等。观音是妙庄王三公主的故事亦见于《三教源流搜神大全》，这故事在后世又衍生种种"在地化"版本。如在拥有"中国观音文化之乡"称号的四川遂宁，民间传说甚至认定该地就是"观音故里"，且听地方民谣："观音菩萨三姐妹，同锅吃饭各修行，大姐修到灵泉寺，二姐修到广德寺，只有三姐修得苦，修到南海普陀山。"灵泉、广德二寺均在遂宁，如我走访所见，每年农历二月、六月、九月

---

① 高有鹏：《中国庙会文化》，上海文艺出版社 1999 年版，第 98 页。
② "张"即"张视"，四川话，意为"理睬"。
③ 该庙在藏区知名度甚高，香火旺盛，民间有"去不了拉萨布达拉宫，至少要来金川观音庙"之说。

三次观音庙会，来自城乡的老百姓自发组成的上香队伍络绎不绝，他们打着旗帜、捧着供品、排成长队，声势不小。就这样，随着观音的中国化和女性化，"慈为雨兮惠为风，洒芳襟兮袭轻珮"（唐·释皎然《观音赞》），女性的观音成为华夏民众心目中的定格形象。安岳石刻有紫竹观音，是华土佛教造像中的精品，其体态婀娜，被英籍华裔作家韩素音誉为"东方的维纳斯"①。沈从文在《哨兵》中写湘西民俗，"大人们在孩子还很小的时候，就带进庙去菩萨，喊观音为干妈……"②川西北羌族地区，"一些羌人尤其相信观音能使人丁兴旺，几乎每个羌寨都建有大小不等的观音庙"③。不仅如此，女相观音菩萨甚至与华土道教的"慈航道人"重合，性别及相貌相似。关于这位道门"女真"，神魔小说《封神演义》里还有女娲娘娘传慈航千手千眼之术并指引其拜师元始天尊的神奇讲述。凡此种种，不一而足。

华夏有"神话历史化"传统，观音是男是女，曾引发文人争议，观点有三：明代王世贞等认为古观音不现女相，实为男性；清代赵翼据南北史认为古观音亦现女相，未必是男；清人俞正燮则旁征博引，胪列众说，以为观音性别，随缘而变，亦男亦女，忽男忽女，是为变性。④"大传统"主流也罢，文人争论也罢，"小传统"支配下的华土民间信仰还是多奉女相观音。中唐以来流行的"马郎妇"传说，亦向我们提供的是观音形象女性化的例子。黄庭坚《观世音赞六首》有此言，"设欲真见观世音，金沙滩头马郎妇。"见《山谷集》卷十四。北宋寿涯禅师词《渔家傲·咏鱼篮观音》亦曰："深愿弘慈无缝罅，乘时走入众生界，窈窕丰姿都没赛。提鱼卖，勘笑马郎来纳败。清冷露湿金襕坏，茜裙不把珠缨盖，特地掀来呈捏怪。牵人爱，还尽许多菩萨债。"⑤显然，以马郎妇为观音化身在宋代已寻常，故而文人、佛门皆言之。追根溯源，这故事非佛经本有，来自中土自创，见于唐代李复言《续玄怪录》卷五（又收入《太平广记》卷一百一），题作《延州妇人》，当其跟外来的观音扯上瓜葛后，便"表征着两层意义：一是佛教在唐代的兴盛；另一则是佛教在此时的本土化"，也就是说，"它一方面展示着

---

① 佛艺大观：《四川安岳毗卢洞紫竹观音塑像欣赏》，http：//blog. sina. com. cn/s/blog_57d2a67a0102vmst.html，2015－08－04 17:03:00。
② 沈从文：《沈从文全集第7卷》，北岳文艺出版社2002年版，第378页。
③ 周锡银主编：《羌族词典》，巴蜀书社2004年版，第203—204页。
④ 娄熙元：《观音四变》，见龚维英等编著：《神话　仙话　佛话》，河北人民出版社1986年版，第151—152页。
⑤ 唐圭璋编：《全宋词（第1册）》，中华书局1965年版，第213页。

菩萨普度众生的大慈悲心与方便顺缘的教法,另一方面它也是观世音菩萨在中土由最初的男相示化转变为女相示化的关键之一"。① 在岷江上游羌族地区,涉及观音的神圣叙事也被"在地化"了,不但有妙庄王的三个公主成为"观音菩萨三姐妹"的故事流传,甚至有新的传说出现,称观音菩萨为拯救世上受苦人又投生在今称"羌人谷"的汶川龙溪沟中一黄姓人家,是黄家的三女儿,"这女子生下地就不开荤,长大了就出家当尼姑,她老汉儿后来也当了和尚"(四川话"老汉儿"在此指父亲),其父在天成山把庙子修好后,"三女子就成了活观音。汶川、理县、茂县三地的羌族农民,纷纷涌涌地到天成山拜活观音,庙内常常聚集几百人,旗锣伞仗,吹吹打打"②,香火旺盛得很。一个不乏阳刚气的神祇从异邦来到华土,为什么就化身成了颇具民间气息的中国女子"马郎妇"、"黄家女"呢?表面上看,也许可以说随着佛教东来和普及,妇女信佛礼佛者在华夏越来越多。可是,为何偏偏要转易性别呢?如果在佛门世界,诸神皆男,这种性别偏向显然过于强烈。而在寺庙里供上和蔼可亲的女神,或多或少能调节气氛,使信守中和不走极端的吾土庶民心理平衡,而且有利于吸引女信徒。况且,在格外看重血缘宗法的超稳态社会结构中,相信多子多福的世人打心眼儿里还盼望菩萨能为之传来传宗接代的子嗣。"送子观音"是《法华经·普门品》所言观音三十二相之一,经云:"若有女人,设欲求男,礼拜供养观世音菩萨,便生福德智慧之男;设欲求女,便生端正有相之女,宿植德本,众人爱敬。"崇拜送子观音普遍见于南部中国,民间美术中观音造型以此为多,慈母般的观音或立或坐,怀抱可爱的小儿,人们亲切地称她"观音娘娘",台湾民间称其为"观音妈",云南白族谓之"观音母"或"观音姥姆"。从原型层面看,这怀抱幼子体貌端庄的"送子观音",不正是茫茫远古"大母神"(the Great Mother)在后世的印迹么?的确,"对女神的崇拜就是对女性、对母亲伟大生殖能力的敬仰"③,就这样,偏爱柔美、崇尚女神的"集体无意识",也深深渗透在中国百姓的佛教信仰中。

---

① 陆永峰:《"马郎妇"事典考论——兼谈观音形象的女性化》,《中国俗文化研究(第三辑)》,巴蜀书社 2005 年版,第 30—37 页。

② 四川省阿坝藏族羌族自治州文化局编:《中国民间文学集成·羌族故事集》,四川省阿坝藏族羌族自治州文化局编印 1989 年版,第 89—91 页。这个故事采录于 1987 年,是龙溪乡联合大队一位 68 岁不识字的余姓羌民讲述的。

③ 闵家胤主编:《阳刚与阴柔的变奏——两性关系和社会模式》,中国社会科学出版社 1995 年版,第 91 页。

从造型艺术史看,女相观音在华土大约始于南北朝时期,若寻本溯源,其在佛经中原非如此。观音是梵文 Avalokitesvara 之意译,又称"观世音"、"光世音"、"观自在菩萨",与大势至共侍阿弥陀佛,乃"西方三圣"之一。据婆罗门教经典《梨俱吠陀》记载,佛教尚未产生前已有此神,即善神"双马童"(一对并肩相连而头为两颗明星的孪生小马驹,有时候化身为一对孪生兄弟,印度神话中有天神因陀罗饮了毒酒而得双马童救助的故事),释迦牟尼创立佛教时吸收该神为"马头观世音",其形象由小马驹化为伟丈夫。任继愈主编的《宗教词典》中"双马童"条云:"大乘佛教受其影响,塑造了大慈大悲观世音菩萨的形象。"①婆罗门教的双马童传说与佛教的观音信仰有渊源关系,这是学界共识。不仅如此,佛门经籍还说他本是高贵王子出身,五胡十六国北凉(397—460)时期印度来华僧人昙无谶所译《悲华经》云:"有转轮圣王名无诤念……王有千子,长名不眴",其去见佛,后者称之为"善男子",对他说:"汝观天人及三恶道一切众生,生大悲心,欲断众生及烦恼故,欲令众生往安乐故,今当字汝为观世音。"在此明明白白的表述中,"观音菩萨为男性"②。因此,我们看到,在新疆境内吐鲁番火焰山的伯孜克里克千佛洞中,观音菩萨的嘴唇上留着小胡子,是一英俊男子;在喇嘛教寺庙里,其是长着 11 颗不同颜色、不同面容的脑袋的威猛怪诞造型,令人望而生畏。在巴蜀地区,位于南丝绸之路古道旁的四川省荥经县六合乡富林村的石佛寺内,摩崖造像中也曾发现嘴唇上长着两撇小胡子的唐代男身观音像。按照佛经所讲,法力无边的观音有三十二身变化,可以忽男忽女、忽老忽少,时而威猛狰狞,时而美丽亲和。女相本是观音菩萨的化身之一,但是,华土信众明显把这化身当成了正身来崇拜,中国四大佛教石窟皆有女身观音像,以致民间还把长得美丽端庄的女子称为"生观音"、"活观音"。元杂剧《西厢记》中,身姿窈窕的莺莺姑娘上场,一见钟情的张生便唱道:"我只道南海水月观音现。"据《平武羌族民间故事集》介绍,当地民间端公做上坛法事请神,唱词也有:"呃,鼓儿圆圆抱在怀,我们小小童儿,我们一步一步上坛来……呃,调换声,调换声,我们调换男声换女声。呃,调换声,调换声,调换女声观世音。"③有趣的是,观音形象由男转女为华夏民间约定俗成,这甚至别致地反映在戏班习俗中。据李乔《行业神崇拜》,"戏班有专为旦脚化装者,称为

① 任继愈主编:《宗教词典》,上海辞书出版社 1981 年版,第 228 页。
② 娄熙元:《观音四变》,第 152 页。
③ 周晓钟搜集整理:《平武羌族民间故事集》,平武县民族宗教事务局 2002 年编印,第 117 页。

'梳头的'。梳头的奉观音为祖师。关于梳头的奉观音为祖师，李洪春《京剧长谈》有如下解说：'梳头的祖师是南海观世音。因为观音菩萨是男的，女菩萨像是他的化身，而那时旦角都是男演员扮的，所以和观音男变女像拉上了关系，就以他为祖师了。'"①过去川戏班子，由后台打杂人员组成"观音会"，供奉观音。

<h2 style="text-align:center">二</h2>

菩萨形象是超越了俗世红尘、肉体凡胎的天界神灵，本无所谓性别之分。然而，看看我国寺庙中的众多菩萨形象吧，即使是我佛如来，也几乎个个是容貌慈善、体态婉妙，女性化倾向明显（隋唐以来菩萨造像的这种女性化风格，甚至影响邻国日本）。不然，为什么古人会将菩萨和美女并提，有"菩萨如宫娃"或"宫娃如菩萨"之说呢？② 明代戏曲《蕉帕记》中观音是以"小旦"出场的，也提示观众这扮演观音菩萨的是妙龄女子。古往今来，导致菩萨造像雌柔化的原因想必有许许多多，但不管怎么说，这种柔性化造型（甚至刻意突出女体之"S"形曲线的造像，也是吾土百姓不陌生的）迎合着世俗心理，取悦着众生凡目。

华夏佛教美术，以佛（Buddha）、菩萨（Bodhisattva）、罗汉（Arhat）造像为主，面容及形体塑造初期受印度影响，随着时间推移，逐渐本土化和世俗化。曾多年钻研敦煌壁画的张大千说："北魏、西魏的敦煌画佛，面貌多属清癯，颇像干瘦的印度人，但到了唐代的画菩萨，便是中国人自己的面貌了。"③从造型特征看，一般说来，"佛菩萨都作中国化的面相，罗汉多作梵相；文臣多作中国化的面相，武将多作梵相；年轻的多作中国化的面相，年老的多作梵相"④。恰恰在这"中国化面相"的菩萨造像上，雌柔化审美倾向表露得十分鲜明。麦积山北魏石窟中的菩萨造像就大多面容清秀、体态修长、纯静柔美，有着明显的

---

① 李乔：《行业神崇拜——中国民众造神史研究》，北京出版社 2013 年版，第 395 页。
② 唐代僧人道宣对当时佛像造型演变就深有感触，他说："造像梵相，宋齐间皆唇厚鼻隆目长颐丰，挺然丈夫之相。自唐来笔工皆端严柔弱似妓女之貌，故今人夸宫娃如菩萨也。"（《释氏要览》卷中）他之所言，正道出世风影响下华土佛像造型从"挺然丈夫"向"端柔女貌"转变的柔性化倾向。
③ 李永翘编：《张大千画语录》，海南摄影美术出版社 1992 年版，第 169 页。
④ 张曼涛主编：《佛教与中国文化》，上海书店 1987 年版，第 187 页。

女性化倾向。通观中国佛教造型艺术史,均"是中国化(汉化)了的菩萨"①。敦煌莫高窟中仅唐代的观音图像即多达上百窟,从中可见其从男身到非男非女、男身女相、女身男相,直至完全女性化的衍变过程。如第57窟,观音菩萨长着一张鸭蛋形脸,身佩项链、臂钏、手镯等,腰呈S形曲线,体态婀娜,活脱脱就是一位唐代仕女。现藏美国佛利尔美术馆的《水月观音菩萨》属于唐代画作,画上观音的上唇和下巴皆绘有小胡子,但整个体态、肌肤及面容又明显具有唐代妇女"丰腴为美"的特征②。宋代以来,观音则多作披着头巾的民间女子形象。由于造像特征的女性化,久而久之,菩萨形象成为华夏百姓心目中美女的喻象也就十分自然,如元杂剧《薛仁贵荣归故里》第二折:"刘大公家菩萨女,招那庄王二做了补代……"(补代指女婿)

莲花受人喜爱,被佛门尊为至洁、至妙、至神、至圣之物,相传释迦牟尼初生时脚下步步生莲,而从佛祖到诸位菩萨座下都少不了莲花宝座。佛门称寺庙为"莲舍"、袈裟为"莲服",《妙法莲华经》也以莲花喻示接引众生的大乘妙法,圣洁的莲花象征着佛门世界的神灵。莲花作为神圣的象征在人类文化史上由来已久,其原型可追溯到远古时期以女性为尊的原始生殖崇拜。古埃及有创世之初太阳神从莲花中诞生的神话,古印度也有创造之神梵天生于莲花的传说。"印度先民以莲花象征女阴"③,多籽的莲蓬在梵文中与子宫共用一词(garbha)。在中国俗文学作品里,混融三教的《封神演义》写剔骨割肉的哪吒太子因莲藕作躯体得再生,从母题看不也是莲花生殖功能的神话复演么?"莲花中的神圣珍宝"指藏传佛教六字真言"om mani padme hum",汉语译音为"唵、嘛、呢、叭、咪、吽",意为:"神圣呵!红莲花上的宝珠,吉祥!"追溯历史,"女神是早期印度极为醉心的主题"④,有种种神异的口头叙事和形象体现,而"前佛教印度的种种神话形式,也附属于佛陀"⑤,为佛门所吸收。早在公元前800年的梵书中,莲花就被用来象征孕育生命的子宫,后来又演变成荷花女神(世界之母)、宇宙莲(创造之源)。因此,莲花作为神性的标志,当其以莲花

---

① 白化文:《中国佛教的四大菩萨——文殊、普贤、观世音和地藏菩萨》,参见《古代礼制风俗漫谈二集》,中华书局1986年版,第216页。

② 陈传席编著:《海外珍藏中国名画·晋唐风韵》,天津人民美术出版社1998年版,第54页。

③ 赵国华:《生殖崇拜文化论》,中国社会科学出版社1990年版,第153页。

④ [美]D.L.卡莫迪著,徐均尧、宋立道译:《妇女与世界宗教》,四川人民出版社1989年版,第37页。

⑤ [美]C.H.朗著,王炽文译:《神话学》,参见《民间文学理论译丛(第一集)》,中国民间文艺出版社1986年版,第88页。

宝座、手持莲花等造型出现在寺庙中的神灵身边时,总是象征着繁衍和创造。

"圆"作为古老的审美原型,其在文化人类学意义上往往是柔美的标志、女性的象征,诺伊曼说:"在其全部现象学中,女性基本特征表现为大圆,大圆就是、并且包含着宇宙万有。"①英国学者卡纳在《人类的性崇拜》中写道:"人类最古老的一种生殖象征,便是一个简单的圆圈。它可能代表太阳,也可能是原始玄牝的符号。……圆的一个隐义是'无限',它可以表示万物之始,也可以代表万物之终。中国有句成语,'如环无端',正可表示万有的无始无终、包罗万象的概念。"②佛教信仰中,"圆"具有重要象征意义,有人认为:"'圆圈'(mandala)这种象征来自印度",而"'圆圈'(或 yantra)是一种尤其可见于印度传统和佛教传统的几何图案,它是一种结合体,由对称地排列在一个中心轴周围的各种圆形、正方形和三角形构成,用来象征宇宙,既象征宏观世界(Brahman),也象征微观世界(ātman)及其组成部分。"③仅仅说"圆"作为象征符号来自印度还不够,其广泛见于世界各地,但该文化符号在佛门世界运用广泛也是事实。梵文"mandala"之音译即"曼荼罗",意译为"坛场"、"坛城"等,含轮圆具足、蕴集精华、辐射光芒之意。佛教徒在诵经和修法时,务必先择清静地方,安置佛、菩萨像,谓之"坛场",后来密宗修法时,所观想佛、菩萨的画像,也称为"曼荼罗"。密教随修法所需的曼荼罗,根据经典、仪轨记载,描绘出各种曼荼罗图像,如两界曼荼罗、尊胜曼荼罗、北斗曼荼罗等。作为东方文化符号,充满神秘意味的"曼荼罗"圆圈经佛教传入中国,影响华土。古典文学作品中,小说《西游记》里孙悟空也划过这种神奇的圆圈,让师傅唐僧坐在圈里,任何妖魔鬼怪都无可奈何。这以大圆为主体构图的"曼荼罗",按照心理分析学家荣格的说法,又是体现心理完整性的原型与象征。自印度传入中土的佛教,历来高扬以圆为贵的文化意识,禅门中那从"见山是山"到"见山不是山"再到"见山是山"的开悟例子,便以西人所谓"蛇头咬尾"式逻辑给我们画出一个螺旋式递升的思维圆圈。翻开佛学典籍,诸如圆悟、圆觉、圆鉴、圆融、圆明、圆通、圆成、圆寂、圆光、圆教、圆道、圆境之类术语迎面而来,比比皆是。释家讲因缘和合,业力轮回,其孜孜以求的真如本性即所谓"圆成",而"发意圆成"正

---

① [德]埃利希·诺伊曼著,李以洪译:《大母神:原型分析》,东方出版社 1998 年版,第 215 页。
② [英]卡纳著,方智弘译:《性崇拜》,海天出版社 1988 年版,第 151—152 页。
③ [英]埃里·J.夏普著,吕大吉、何光沪、徐大建译:《比较宗教学史》,上海人民出版社 1988 年版,第 270 页。

被视为"众生无量功德"(《楞严经》)。佛门之"禅"(Dhyana),看似玄之又玄,渺不可测,归根结底不过是心与物、生命本体和宇宙本体圆融一体的"大圆"境界,所谓"一性一切性,婆娑大圆境"(《碧岩录》载福眼和尚语)。圆的比喻、圆的意象、圆的法则和圆的思维,贯穿在佛门教义中。

如卡莫迪指出,尽管后世佛教由于父权制等级观念染上了某种"厌恶女性的倾向",但上古女神崇拜的原型影响并不是那么容易消除的,发誓普渡众生的"佛陀毕竟向妇女们敞开了佛教的宗教生活的大门"①,佛门并未拒绝女信徒,寺庙中也有诵佛念经的比丘尼,在居家念佛的居士群体中,妇女们亦占有突出比重。在古代中国,较之得到历代官方倡扬的刻板化儒学礼教对女性的钳制,与哲学上的道家相似,佛教也有助于中国妇女抵抗儒家的憎恶女性的情绪。观音崇拜在西藏佛教里也有特色,十一面观音被尊奉为最高保护神,大大小小的寺庙中,其造像极多,如布达拉宫红宫中供奉的银制十一面观音像,是十三世达赖喇嘛花费万余两白银铸就的。九天玄女是地地道道的中国道教女神,佛门仰慕其名也将她请入殿堂,与来自印度的佛教高僧平起平坐、号召信徒,敦煌文献《龙树菩萨九天玄女咒》作为"中西合璧之妙题"②,十分有趣。

三

从深层透视佛教,柔性文化气质亦通过其教义流露出来。有学者称"佛教有心理学的风味",因为对佛祖来说,较之对世界起源、宇宙本质的形而上追问,"他只关心人的状况,关心他们的受苦受难。因此他的教条并不是形而上学的,而是一种心理治疗"③。释迦牟尼创立佛教,意在教导世人如何超脱生老病死的人生苦海,所采取的正是返归自我、内心用力的方法。佛家的基本教义是"四谛"、"八正道"、"十二因缘"等,宣扬世界虚幻不实,人生充满苦难,而苦难是由前生"造恶业"与今生的"惑"、"业"所致,要想摆脱苦难,只有依经、律、论三藏,修持戒、定、慧三学,改变世俗欲望和认识,超脱生死轮回,最后达到身心大解脱的"涅槃"境界。此外,身为佛门弟子,时时处处都要以慈悲为怀,不计善恶,不分人畜,均须一视同仁,连走路踩死一只蚂蚁也要连说"罪过、

---

① [美]D. L.卡莫迪:《妇女与世界宗教》,第47页。
② 高国藩:《敦煌古俗与民俗流变》,河海大学出版社1989年版,第160页。
③ 灌耕编译:《现代物理学与东方神秘主义》,四川人民出版社1983年版,第70页。

罪过"。可见,在中国传统文化中,佛门尚柔倾向即使同儒、道两家相比,也可谓是有过之而无不及。

佛门重"悟",主张通过内在直觉的"悟"去把握最高真理,达到最高境界,所谓:"玄道在于妙悟,妙悟在于即真。"(僧肇《涅槃无名论》)禅宗"因主张以禅定概括佛教的全部休习而得名"①,禅定即静虑,也就是涤除俗念,安静地沉思。达摩面壁,闭目坐禅,功夫在于向内用力。《六祖坛经》又名"摩诃般若波罗蜜",意为"将大智慧到彼岸",其实南禅的"彼岸"就是"此岸",就是自我内心中那一点真如本性,故而慧能说"一切万法,尽在自身中,何不从于自心顿现真如本性"。这种明心见性、见性成佛的观念对中国诗学也有深刻影响,宋人所谓"诗道亦在妙悟"即取自"禅道惟在妙悟"(《沧浪诗话》)。从现代科学看,"悟"是一种直觉思维,这种判断是经长久沉思后飞速闪现的,其作为人类基本思维方式之一,具有"非逻辑或超逻辑"特征,"是感性和理性、具体和抽象的辩证统一"②。从思维特征看,有论者说,"在思维的领域里,阴是复杂的、女性的、直觉的思维,而阳则是清晰的、男性的、理性的思维"③。尽管刻板划分二者未必妥当,但从思维的表现形式看,直觉思维的确跟女性思维多有接近之处。"般若"又称"智母",卡莫迪谈到"佛教智慧女性化"时即说"大乘佛教将这种般若即最高智慧看作是女性的"④。佛门之"悟",讲来讲去,并不是凭借纯粹抽象的逻辑推理达到对事物本质的把握,而是一种不言之言、无言之辩,尤其注重以心传心、灵犀相通,往往通过一种事物或一个比喻在刹那间得到启示,从而使人心领神会,豁然醒悟,如"世尊拈花"、"迦叶微笑"之类。悟者,觉也,释迦牟尼因悟成佛,他是佛门世界最大的觉悟者。佛祖之后,大凡留名于史的高僧都有"悟"的故事,给后世留下许多有趣的龙门阵。据宋僧悟明《联灯汇要》:"世尊在灵山会上,拈花示众,众皆默然,唯迦叶破颜微笑。世尊云:'吾有正法眼藏,涅槃妙心,实相无相,微妙法门,不立文字,教外别传,付嘱摩诃迦叶。'"你瞧,佛祖为了启发众人之悟,偏偏选择的是"拈花"这样静柔优美甚至不免有些女性化的动作,据说他手中的花,是圣洁的莲花。此乃禅门中流传最广的悟道典故,其所展示给我们的审美意象,也明显富于阴柔气息。

---

① 方立天:《佛教哲学》,中国人民大学出版社 1986 年版,第 40 页。
② 周义澄:《科学创造与直觉》,人民出版社 1986 年版,第 193 页。
③ 灌耕编译:《现代物理学与东方神秘主义》,第 83 页。
④ ［美］D. L. 卡莫迪:《妇女与世界宗教》,第 53—54 页。

　　禅宗是佛教东来后中国化的产物。有趣的是,禅学史上不乏跟女性意象联系起来的讲"悟"的故事,而且是正面的讲述。大约公元9世纪上半叶,在世的庐山归宗寺僧人智通,某日半夜三更突然高叫"我已大悟",惊醒了众僧,搞得大家莫名其妙。次日,方丈智常禅师召集僧众问夜里谁在喊叫,智通站出来,师父问"汝见什么道理言大悟",他一脸正经地告诉师父:"师姑天然是女人作。"僧众闻言,哄堂大笑,但智常禅师没笑,他看出了该弟子不同凡俗之处。随后,悟道的智通告别师父,下山云游去了。"师姑"指尼姑,据宋代笔记《鸡肋编》卷上:"京师僧讳和尚,称曰大师;尼讳师姑,呼为女和尚。"又,《清平山堂话本·快嘴李翠莲记》:"夫家娘家着不得,剃了头发做师姑。"原来,智通和尚悉心参佛,终于茅塞顿开,佛理就是如此平常、如此普通,犹如"尼姑原来是女人做的"这句大实话一般,由此恰恰体现出格外看重"平常心"的禅学那高妙之处。这个故事见载于《景德传灯录》卷十,为大家熟悉。又据明代禅书《指月录》卷二十九,五祖法演禅师向人举示艳诗"频呼小玉元无事,只要檀郎认得声",诗句原谓小姐连声呼唤丫环,不过是为了让心上人听见自己的声音,法演借此来暗示佛门中具根器者闻声便可悟道。来自蜀地从其门下学法的圆悟克勤由此开悟,亦作艳诗一首呈法演:"金鸭香销锦绣帏,笙歌丛里醉扶归。少年一段风流事,只许佳人独自知。"法演阅后很高兴,谓"佛祖大事,非小根劣坪所能造诣,吾助汝喜",于是遍谓山中耆旧云"我侍者参得禅也",从此青眼相看。此故事在前朝禅门灯录中已见,知者亦多。克勤这首诗在禅悟上更进了一层,一方面以少女羞于言说风流韵事的沉醉姿态比拟禅心自证自悟、不可言说的喜悦,一方面又借此意象喻说了禅门师徒间特有的心心相印的传承、悟道方式,所以深得法演赞许。借诗喻禅,道心相通,如此文学诗意,这般禅悟心得,为佛门留下一段佳话。禅学世界中,"公案是不合逻辑的套语,人们用它来猛烈震动人心使之摆脱二元对立"[①]。宋初汝州首山省念禅师用"新妇骑驴阿家牵"来回答僧众"如何是佛"的提问(《指月录》卷二十二),即是禅门公案中的著名事例。总而言之,禅门在巧借女性意象为喻体讲述悟道故事方面,可谓行家里手。

　　禅与诗结合,在文学史上对中国诗歌是一大推进。佛教流行于唐,中国古典诗歌的鼎盛时期也在唐代。在洋洋大观的唐诗史上,以王、孟、韦、柳为首的

---

　　①　[美]D. L.卡莫迪:《妇女与世界宗教》,第53页。

"清淡"派名声很大,影响深远。宋人即云,"为诗欲清深闲淡,当看韦苏州、柳子厚、孟浩然、王摩诘、贾长江"(《诗人玉屑》)。明人品评唐诗,把盛唐以来诗歌划分"古雅"和"清淡"两派,也指出后者以王、孟、韦、储、常等人为代表(《诗薮》)。王、孟、韦、柳的诗作多以远离红尘的山水田园为题材,他们都是禅学的热衷者,其中尤以"晚年唯好静"的"诗佛"王维最典型,"在这位冲淡派大师的笔下,或道'我心素以闲,清川淡如此'(《青溪》),或写'人闲桂花落,夜静春山空'(《鸟鸣涧》),或咏'明月松间照,清泉石上流'(《山居秋暝》),或吟'返景入深林,复照青苔上'(《鹿砦》),去浓艳色,无雕琢痕,宛如一幅幅清新淡雅的水墨画,不仅闲、静、淡、清、空之类体现道旨禅心的字眼使用频率甚高,而且时时处处都透露出'冲而弥和,淡而弥旨'的意境之美"[①]。寄情闲淡而禅意盎然的诗歌,在审美追求和艺术风格上明显是富于阴柔色彩的。及至宋代,大文豪苏东坡诗云"静故了群动,空故纳万景"(《送参寥师》),批评家严羽以禅喻诗,主张"羚羊挂角,无迹可求",标举"空中之音,相中之色,水中之月,镜中之象"(《沧浪诗话》),凡此种种,更是把以"空"、"静"为要义的禅学精神参悟甚透,并将其融入到诗歌的创作、批评之中,使诗歌发展进入新的境界。

---

① 李祥林:《论唐代诗歌美学中的贵淡取向》,《殷都学刊》1996 年第 2 期。

中国绘画"逸品"论的历史
考察与观念辨析

张建军*

摘　要：中国绘画中的"逸品"概念，自唐代出现后，其含义多有变化，而且包含道德评价的含义、风格的含义及创作方法、方式上的含义等多方面意义，从李嗣真、朱景玄到董其昌、李日华，不同的批评家和画家对逸品具有不同的理解，"逸"字的本义，对后世逸品论中的风格维度、技术维度起到一种观念定位意义，这种风格、技术的维度也是逸品观念辨析中的核心，而各位不同的批评家和画家对逸品的论述，就构成了我们今天讨论逸品的复杂、深微的学术语境。

关键词：逸品　本义　风格　技术

一、李嗣真的"逸品"

"逸"字引起人们的关注，与孔子对逸民的评述有关。《论语·微子》曰：

> 逸民：伯夷、叔齐、虞仲、夷逸、朱张、柳下惠、少连。子曰："不降其志，不辱其身，伯夷、叔齐与！"谓："柳下惠、少连，降志辱身矣，言中伦，行中虑，其斯而已矣。谓："虞仲、夷逸，隐居放言，身中清，废中权。我则异于是，无可无不可。"[1]

《论语》何晏《集解》中说："逸民者，节行超逸也。"又说："包曰：此七人皆

＊　作者简介：张建军，湖北省楚天学者特聘教授，湖北大学艺术学院教授、博导，荆楚书学研究中心主任，研究方向：艺术美学、艺术史。
[1]　（春秋）孔丘著；杨伯峻，杨逢彬注译：《论语》，岳麓书社2000年版，第179页。

逸民之贤者。"又说:"马曰:清,纯洁也。遭世乱,自废弃以免祸患,合于权也。"刘宝楠《论语正义》说:"是解逸民为隐逸,不谓超逸也。是《集解》前后失检处。"由此可见,从汉代以来对《论语》的解释中,对"逸民"之义就有"超逸"和"隐逸"两解。《说文》则解释为:"逸,失也,从辵兔,兔谩地善逃也。"

"逸"的本义是兔子飞快地逃逸,超逸、隐逸都有逃之义,隐逸是从现实政治生活中逃逸出来,在隐居中求得适意生活;超逸是从全部日常生活中逃逸出来,进入更高的精神境界。超逸与隐逸各有偏重,但超逸对隐逸有包容意义。所以孔子谈逸民,既包括了隐逸之士,也包括了没有隐居的具有超逸人格的人士。徐复观概括说:"由超脱于世俗之上精神,而过着超脱于世俗之上的生活,这即是逸民。"①所以"逸民"之"逸"便具有了一种道德评价的意义。

但书画论中,"逸品"概念初出现之时,却是与道德评价无关的。初唐李嗣真,则是书画史上明确提出"逸品"这一概念的第一人。其《书后品》中说:"吾作《诗评》,犹希闻偶合神交、自然冥契者,是才难也。及其作《画评》,而登逸品数者四人,故知艺之为末,信也。"②今本李嗣真《续画品录》,并无逸品之目,近代学者据此认为其为托名之伪书。而《书后品》对书法家的品评,则确有逸品之目,其列入逸品的书家为李斯、张芝、钟繇、王羲之。逸品五人,李斯居首,被评为"古今妙绝""学者之宗匠""传国之遗宝";次列"张芝、钟繇、王羲之、王献之",评为"旷代绝作";逸品之后,又列上上品、上中品……直到下下品,一共是九品。其评价李斯小篆,说:"李斯小篆之精,古今妙绝。秦望诸山及皇帝玉玺,犹乎千钧强弩,万石洪钟。岂徒学者之宗匠,亦是传国之遗宝。"评张钟羲献说:"四贤之迹,扬庭效伎,策勋底绩,神合契匠,冥运天矩,皆可称旷代绝作也。"最后总评逸品五人说:"仓颉造书,鬼哭天廪;史籀堙灭,陈仓籍甚;秦相刻铭,烂若舒锦;钟、张、羲、献,超然逸品。"

因为李斯的人格历来是被士人所轻视的,所以从李嗣真将李斯纳入"逸品"五人之列,可以看出,"逸品"之义中并不包含人格上的如"高逸""超逸""清逸"的含义;另外李斯的书法也不具备后世风格意义上的"逸气"、"逸笔草草"之类的含义。因此李嗣真的"逸品",既不包括后世风格上如"逸气"、"逸笔草草"之类的意义,也不包括后世逸品中的道德评价方面的意义,而完全是着眼

---

① 徐复观:《中国艺术精神》,华东师范大学出版社 2001 年版,第 191 页。
② 肖占鹏编:《隋唐五代文艺理论汇编评注(下)》(修订版),南开大学出版社 2015 年版,第 1418 页。

于书法水准的一种评价等级。从李嗣真对逸品五人的评价，可以看到，逸品之目，用于书画，含义集中在"超逸"之义上，但此处的"超然逸品"与思想史上的"超逸"人格，却并不是一回事，完全是从书画艺术的水平与影响着眼，指艺术上难以企及的高峰。

二、朱景玄《唐朝名画录》中的"逸品"

唐代朱景玄《唐朝名画录》将画家分为神、妙、能、逸四品，神、妙、能是按照等级来分的，另外对于三品之外的"不拘常法"者，再以"逸品"之目处之。《唐朝名画录》序云："古今画品，论之者多矣。隋、梁以前，不可得而言。自国朝以来，惟李嗣真《画品录》，空录其人名，而不论其善恶，无品格高下，俾后之观者，何所考焉。景玄窃好斯艺，寻其踪迹，不见者不录，见者必书。推之至心，不愧拙目。以张怀瓘《画品》断神、妙、能三品，定其等格上、中、下，又分为三。其格外有不拘常法，又有逸品，以表其优劣也。"①朱景玄列为逸品画家的有三人，即王墨、李灵省、张志和。

考察朱景玄对逸品三人的评述，可以得到三个结论：第一，朱景玄所列逸品三人，不是着眼于水平评价，逸品三人并不比神妙能三品中的画家水平更高，但朱景玄认为，他们与神妙能三品画家，不具有可比性，因此只能单列。第二，逸品三人之所以被归入逸品，根本原因是其绘画的技法、风格，与其他画家有着深刻的区别，非画之本法，即并非来自于绘画界的现有范式与格法，更多地来自于独创性与自发性。第三，逸品三人除了绘画技法、风格与众不同外，其人亦富有个性，并属于隐逸之士②。

现在，必须要回过头来考察"逸"的字义。我们已经知道，逸的本义是兔子飞快地逃逸，那么善于逃逸的兔子，可以给艺术以什么启发呢？还是一个字

---

① 何志明，潘运告编著：《唐五代画论》，湖南美术出版社1997年版，第75页。
② 同上书，第96页。"王墨者不知何许人，亦不知其名，善泼墨画山水，时人故谓之王墨。多游江湖间，常画山水、松石、杂树。性多疏野，好酒。凡欲画图幛，先饮。醺酣之后，即以墨泼，或笑或吟，脚蹙手抹，或挥或扫，或淡或浓，随其形状，为山为石，或云为水。应手随意，倏若造化。图出云霞，染成风雨，宛若神巧，俯观不见其墨污之迹，皆谓奇异也。李灵省，落托不拘检。长爱画山水，每图一幛，非其所欲，不即强为也。但以酒生思，傲然自得，不知王公之尊重。若画山水、竹树，皆一点一抹，便得其象，物势皆出自然。或为峰岭云际，或为岛屿江边，得非常之体，符造化之功，不拘于品格，自得其趣尔。张志和，或号烟波子。常渔钓于洞庭湖。初颜鲁公典吴兴，知其高节，以渔歌五首赠之。张乃为卷轴，随句赋象，人物、舟船、鸟兽、烟波、风月，皆依其文，曲尽其妙，为世之雅律，深得其态。此三人非画之本法，故目之为逸品，盖前古未之有也，故书之。"

"逃",但逃的目的与意义是什么? 自由。野兔见到人,第一反应是飞快地逃走,因为它本能地知道,只有逃走才能保证它的安全与自由,而逃这一行为,既是其自由的保证,又是其自由的体现。

隐逸是从世俗的生活中逃走,世俗生活的主要特征,是责任与义务的不可逃避性。从世俗生活中逃走,就是从责任与义务中逃走,就是成为自由。逸品是从画之本法中逃走,画之本法的特征,是对范式、法则与格法的遵守。这种遵守,保证画家能够按照一定程式生产出绘画作品,但这种绘画作品的创造性艺术性如何,其与人性、心灵自我关系如何,却是没有保证的。而逸品则逃离这种范式、法则、格法,逸品可能成功,也可能失败,但它的可贵之处是在于它忠实于个人的自由,忠实于人的心灵感受与灵感的自发性。

相对于已经成熟的范式与法则,艺术需要一定的自发性,需要一定意义上的"艺术无政府主义"。法伊尔阿本德曾经颂扬科学中的无政府主义①,对于绘画艺术来说,法则永远不能取消自发性,如果只按法则行事,而放弃自发性的话,那么绘画领域就只有匠人,没有艺术家了,绘画就成了一种标准件,而不是艺术品。

竹林七贤之一的阮籍曾挖苦"世人所谓君子",说他们"惟法是修,惟礼是克。手执圭璧,足履绳墨。行欲为目前检,言欲为无穷则",循规蹈矩,以遵从法则,合于范式为最高追求。但在具有超逸人格的阮籍看来,这种人与"处裈中,逃乎深缝,匿乎坏絮,自以为吉宅也。行不敢离缝际,动不敢出裈裆,自以为得绳墨也"的群虱,并没有什么不同,而真正的大人,应当是超越礼法,不为规矩所束缚的自由的灵魂。与政治上的超逸、隐逸人士对循规蹈矩的"世人所谓君子"的不满、不屑与逃离,而向往独立与自由一样,艺术中的逸品画家同样要逃离艺术的陈规陋习,同样是在追求一种自由,努力在自发性追求中创造新的空间,造成新的艺术方法与艺术感受。由尊重人的创造性来支持的艺术创造上的多元主义,既是人类艺术所必须的,也是与人本主义基本教义相容的一种方法。②

法伊尔阿本德颂扬科学中的无政府主义,可能不会被多数人接受,但艺术中的一定意义上的自发性,却确实是艺术创造力的重要组成部分。

---

① [美]保罗・法伊尔阿本德著,周昌忠译:《反对方法》,上海译文出版社 2007 年版,第 1 页。"科学是一种本质上属于无政府主义的事业。理论上的无政府主义比起它的反面,即比起讲究理论上的法则和秩序来,更符合人本主义,也更能鼓励进步。"

② 同上书,第 23 页。"意见的一致对于一个教徒团体,对于某种(古代的或现代的)神话的胆怯的或贪婪的受害者,⋯⋯意见的多样性是客观知识所必需的。而且,一种鼓励多样性的方法也是唯一与人本主义观点相容的方法。"

从王墨等唐代逸品画家的绘画艺术来看,摒弃程式、法则,探索多样性的艺术途径,正是"逸品"绘画的价值所在。

三、张彦远的"自然"与黄休复的"逸品"

徐复观在《中国艺术精神》第七章《逸格地位的奠定——益州名画录研究》中认为,中国画论中首先对逸品加以推重的是张彦远,他认为张彦远《历代名画记》卷二《论画体工用搨写》中所说的画之五等中的第一等"自然"就等同于逸品。他说:"按:张怀瓘《画品》始分画为神、妙、能三品,另加逸品;张彦远五等中之'精',实等于张怀瓘三品中之'能';其'谨而细者',乃'精之为病',实同于能品中之劣者。则除'自然'而外,彦远实亦等于以神、妙、能分品。而他列为'上品之上'的'自然',实亦同于张怀瓘之所谓'逸'。他以自然为上品之上,实同于黄休复列逸格于神、妙、能三格之上。彦远在黄休复前约百年,故画中首推逸品,不始于黄休复,而实始于张彦远。黄休复与张彦远虽时有后先,但在画论上,因黄氏僻处蜀地,看不出他曾受有张彦远《历代名画记》的影响。这说明因绘画向其根本性格的发展成熟,鉴赏者也不期然而然地追溯到这种成熟后的最高境界。"至于说张彦远的自然等于逸的依据,徐复观又解释说:"然则何以见得张彦远的所谓自然,即是张怀瓘、朱景玄、黄休复们的所谓逸呢?这只要用黄休复对逸格所说的'笔简形具,得之自然'的这两句话作证明就够了。'得之自然'便是逸,则逸即是自然,自然即是逸。所用的名词不同,内容却无两样。张怀瓘虽首先提出逸品,但却未特加推重。对此首先特加推重的应算张彦远。不过张彦远的分品,未为后人注意;而休复所定的,则在北宋得到大家的公认,所以他所发生的影响特大。"[①]

徐复观的看法是否正确,为方便考察,兹录张彦远《历代名画记》卷二《论画体工用搨写》部分内容如下:

> 夫阴阳陶蒸,万象错布,玄化亡言,神工独运。草木敷荣,不待丹碌之采;云雪飘扬,不待铅粉而白;山不待空青而翠;凤不待五色而绰。是故运墨而五色具,谓之得意;意在五色,则物象乖矣。夫画物,特忌形貌采章,

---

① 徐复观:《中国艺术精神》,华东师范大学出版社 2001 年版,第 186 页。

历历具足,甚谨甚细,而外露巧密。所以不患不了,而患于了,既知其了,亦何必了,此非不了也,若不识其了,是真不了也。夫失于自然而后神,失于神而后妙,失于妙而后精。精之为病也,而成谨细。自然者为上品之上,神者为上品之中,妙者为上品之下,精者为中品之上,谨而细者为中品之中。余今立此五等,以包六法(六法已具第一卷)。……有好手画人,自言能画云气。余谓曰:古人画云,未为臻妙,若能沾湿绡素,点缀轻粉,纵口吹之,谓之吹云。此得天理,虽曰妙解,不见笔踪,故不谓之画。如山水家有泼墨,亦不谓之画,不堪仿效。……遍观众画,唯顾生画古贤得其妙理,对之令人终日不倦,凝神遐想,妙悟自然,物我两忘,离形去智,身固可使如槁木,心固可使如死灰,不亦臻于妙理哉?所谓画之道也。顾生首创维摩诘像(见第四卷)。有清羸示病之容,隐几忘言之状。陆与张皆效之,终不及矣。张墨、陆探微、张僧繇并画维摩诘居士,终不及顾之所创者也。

张彦远此处思想有几点值得注意:第一,张彦远认为大自然的美,是最高境界的美,所谓"草木敷荣,不待丹碌之采;云雪飘扬,不待铅粉而白。山不待空青而翠,凤不待五色而綷"。大自然的这种美,是自然而然、不需粉饰的美,是美的最高境界。第二,正因为大自然的美是最高的美,所以它其实是不可摹仿的,应当追求的是大自然的那种毫无雕琢的自然之意——"是故运墨而五色具,谓之得意"而不是大自然的具体的色彩与形貌——"意在五色,则物象乖矣",所以用人力去努力地描摹大自然的色彩、形貌,力求达到"历历具足,甚谨甚细",其实是一种很笨拙的表现,这种行为企图以人力胜天工,注定是要失败的。第三,真正正确的做法,是顾恺之为代表的画家的方法,要得自然之意,真正达到绘画的微妙的"理"的层面。

张彦远的说法中,宋代欧阳修、苏轼所重视的"意"与"理",都已经出现,并成为重要的概念,张彦远"夫失于自然而后神,失于神而后妙,失于妙而后精。精之为病也而成谨细。"以自然为最高等级,这一等级的本质在于,画家不是无奈地追逐着自然物的色彩、形貌,而是能够"得意"于自然,即通达于自然的妙理,在绘画中达到"妙悟自然,物我两忘",所以能"臻于妙理哉",最终进入到"道"的境界。

因此对于张彦远来说,自然作为绘画中的最高境界,它高于神的地方在于,神毕竟是在对对象忠实刻画的基础上达到惟妙惟肖的境界,而自然是自然而然的运作,它并不注重对对象的色彩、形貌努力描摹,而是进入到自然造化幽玄、微妙的领会之域,它能够得自然造化之秘,得自然造化的自然而然的"意"和"妙理",通达于自然之道。"自然"作为绘画的最高境界,其实就是"道"的境界,这种道的境界,在张彦远那里,既是技进于道的道,更是妙悟自然的道。

以上对张彦远的"自然"进行了考察,再来看黄休复的"逸格"概念。先将黄休复逸、神、妙、能四格定义征引如下:

> 画之逸格,最难其俦。拙规矩于方圆,鄙精研于彩绘。笔简形具,得之自然。莫可楷模,出于意表。故目之曰"逸格"尔。
>
> 大凡画艺,应物象形。其天机迥高,思与神合;创意立体,妙合化权。非谓开厨已走,拔壁而飞。故目之曰"神格"尔。
>
> 画之于人,各有本性。笔精墨妙,不知所然。若投刃于解牛,类运斤于斫鼻。自心付手,曲尽玄微。故目之曰"妙格"尔。
>
> 画有性周动植,学侔天功。乃至结岳融川,潜鳞翔羽,形象生动者。故目之曰"能格"尔。①

从黄休复的"逸格"定义中可以看到,"逸格"具有以下特征:第一,"逸格"是具有超越性的画格,是绘画中的最高品级。第二,"逸格"是对规矩的超越,"逸格"是自由的画格。第三,"逸格"是具有天才性的画格,"逸格"画家不是凭借"精研于彩绘"——以细致的描绘去追摹实际的自然物象来实现自己的艺术,而是"得之自然",凭借很高的悟性,仿佛自然而然地创造出"笔简形具",能够传达事物本质的艺术形态。第四,"逸格"是不可模仿的绘画艺术,因为它总是超越于一般想象的范围,换言之,只有观者在看到"逸格"绘画时,才能想到画可以是这样的,在此之前,是无法想象出来的,即"逸格"绘画不可能是程式化的,而只能是独创性的。这四点中,第一和第三是相互关联的——正因为逸格是天才性的画格,所以它是具有超越性的。第二和第四也是相互关联的——正因为逸格是自由的画格,所以它是独创的,也是无法模仿的。

对比黄休复的"逸格"与张彦远的"自然",可以看到二者之间相当微妙而复杂的对应与对比关系。首先,从总体上讲,张彦远的"自然"更强调"自然而然"的一种妙悟自然的"道"的境界,而黄休复的"逸格"更强调画家进入到"拙

① 佘城:《宋代绘画发展史》,荣宝斋出版社 2017 年版,第 427 页。

规矩于方圆"的自由的境界。第二,张彦远的"自然"更偏重哲理的层面,自然造化是大美所在,一切绘画都低于自然造化,只有妙悟自然,才能达到绘画中的最高境界。而黄休复的"逸格"则兼顾品评的层面,它给出了逸格在绘画形象上的特征"鄙精研于彩绘"和"笔简形具"。第三,张彦远的"自然"与黄休复的"逸格"的相通之处在于,它们都强调"得之自然",即得到自然造化之秘为绘画的最高境界,而达到这一境界的前提条件是天才。对于张彦远来说,只有天才才能"妙悟自然",对于黄休复来说,只有天才才能在绘画上达到"拙规矩于方圆,鄙精研于彩绘。笔简形具,得之自然"的形态。

总结以上论述,黄休复的"逸格"与张彦远的"自然"具有相通的地方,但其观念核心不同。黄休复"逸格"的重点在自由,张彦远的"自然"的核心在"自然而然"。

从张彦远的"五等"与黄休复的"四格"对比来看:一、"自然"与"逸格"都是最高等级的,不过二者的重心并不一致。二、张彦远的神、妙、精三等与黄休复的神、妙、能三格,是基本对应的。三、"五等"比"四格"多出了一等,即"谨细",而张彦远对"谨细"这一等是持批评态度的。黄休复所列四格都是他认为应当给予正面评价的画家,所以这一差异是无关大局的。

黄休复的"逸格"与朱景玄的"逸品"观念差异是也比较明显的,朱景玄说"逸品""非画之本法",是正常的画格之之外的"格外有不拘常法"的画家,这两个判断都是从否定一面进行的判断,而没有正面对逸品进行定义。而在黄休复对"逸格"的定义中,与朱景玄判断的唯一联系在于两人都强调画家对规矩的超越或疏离。

歌德曾经列过一个图表,以说明艺术家的各种极端倾向,并说明这些极端倾向只有向中点靠拢,才能产生真正的艺术。兹引图表如下①:

纯然严肃	严肃与游戏结合	纯然游戏
个别倾向	一般的形成	个别倾向
特别作风	风格	特别作风
临摹者	艺术真实	幻想者
特征主义者	美	波纹曲线画家
杂艺家	完整化	速写者

① ［英］鲍桑葵著;张今译:《美学史》,人民文学出版社 2010 年版,第 283 页。

如果不过分拘泥于细节的分歧,可以说朱景玄的"逸品"相当于纯然的游戏、个别倾向、特别作风、幻想者、波纹曲线画家和速写者(第三栏),而张彦远的"自然"与黄休复的"逸格"类似于严肃与游戏结合、一般的形成、风格、艺术真实、美和完整化(第二栏),而张彦远批评的"谨细"则相当于纯然严肃、个别倾向、特别作风、临摹者、特征主义者和杂艺家(第一栏)。

不过回顾张彦远对"自然"和绘画的"五等"的看法,及黄休复对"逸格"的定义及"四格"等级的设定,可以看到,如果对照歌德的标准,张彦远和黄休复的标准大概是更倾向于看重第三栏中的画家的。但总的来说仍与歌德态度接近,是以第二栏中的画家为最高。

四、邓椿《画继》对"逸品"地位的论证

邓椿《画继》卷九《论远》云:

> 自昔鉴赏家分品有三:曰神,曰妙,曰能。独唐朱景真撰《唐贤画录》,三品之外更增逸品。其后黄休复作《益州名画记》,乃以逸为先,而神、妙、能次之。景真虽云逸格不拘常法,用表贤愚,然逸之高岂得附于三品之末,未若休复首推之为当也。至徽宗皇帝专尚法度,乃以神、逸、妙、能为次。①

自朱景玄在《唐朝名画录》中列出逸品之目,并具体品评了几位逸品画家之后,"逸品"成为绘画品评中的一个品评观念标尺,甚至可以说成为批评家划分阵营的一个试金石。批评家要么运用它,要么回避它,在运用甚至回避中无不透露出批评家的审美态度与绘画观念上的倾向。

邓椿赞成黄休复将逸格放在绘画品评中的"居先"之位,明确批评以神、逸、妙、能为次的宋徽宗的观念是"专尚法度",即过分关注于技术规范而忽略了绘画真正重要的艺术性的标准。

绘画品评中"逸品居先",其背后所体现的是文人观念对整个绘画领域的笼罩。首先是对规矩、格法的突破。从中唐开始,在绘画领域就出现了一种突

---

① (宋)郭若虚撰;(宋)邓椿著;米田水译注:《图画见闻志》,湖南美术出版社 2000 年版,第406—407 页。

破规矩、格法，挣脱传统的绘画图式对绘画艺术的束缚，以重新感悟自然、描绘自然的潮流。张彦远《历代名画记》之《论画山水树石》有云："魏晋以降，名迹在人间者皆见之矣。其画山水，则群峰之势，若钿饰犀栉，或水不容泛，或人大于山，率皆附以树石，映带其地，列植之状，则若伸臂布指。详古人之意，专在显其所长，而不守于俗变也。国初二阎擅美匠学，杨、展精意宫观，渐变所附，尚犹状石则务于雕透，如冰澌斧刃，绘树则刷脉镂叶，多栖梧苑柳，功倍愈拙，不胜其色。吴道玄者，天付劲毫，幼抱神奥，往往于佛寺画壁，纵以怪石崩滩，若可扪酌，又于蜀道写貌山水。由是山水之变始于吴，成于二李（原注：李将军、李中书）。树石之状，妙于韦鷃，穷于张通（原注：张璪也）。通能用紫毫秃锋，以掌模色，中遗巧饰，外若混成。又若王右丞之重深，杨仆射之奇瞻，朱审之浓秀，王宰之巧密，刘商之取象，其余作者非一，皆不过之。"[1]从张彦远的叙述中可以知道，魏晋以降，画中的山水，"群峰之势，若钿饰犀节，或水不容泛，或人大于山，率皆附以树石，映带其地，列植之状，则若伸臂布指"，完全是图式化的方式，可以说是通过一种固定的图式来"表现"山水，直到初唐的阎立德、阎立本、杨契丹、展子虔等人，"尚犹状石则务于雕透，如冰澌斧刃，绘树则刷脉镂叶，多栖梧苑柳"，仍采取一种图式化的方式来画山水。直到吴道子、李思训、李昭道、韦鷃、张璪、王维等人，才使得山水真正进入了创作的新阶段。董其昌立南北宗论之说，以李思训为北宗的代表，王维为南宗之祖，对后人影响很大。其实从变革前代绘画中山水图式，以创造性的绘画方式来代替图式化的山水这一角度看，吴道子、李思训、李昭道、韦鷃、张璪、王维都是同一思潮、同一进程中的人物。张彦远《历代名画记》有云："初，毕庶子宏擅名于代，一见惊叹之，异其唯用秃毫，或以手摸绢素。因问璪所受，璪曰：外师造化，中得心源。毕宏于是搁笔。"从思潮史角度看，"外师造化，中得心源"正是从中唐开始兴起的以挣脱传统的绘画图式对绘画艺术的束缚，以重新感悟自然，描绘自然为目标的思潮的总宣言。这一思潮一直沿续到北宋，并且发生了进一步的变化。对于唐代的吴道子、李思训、李昭、张璪、王维来说，他们都是接受了绘画的训练，熟悉前代绘画图式的画家，前代的绘画图式，是他们早已掌握的绘画基础，而在此基础上，他们发现这种图式对于自己而言，已经显得虚假，不能得山水真意，于是力图挣脱前代图式，创造直接得自于造化与心源的绘画形象。

---

[1]　张彦远著；俞剑华注释：《历代名画记》，上海人民美术出版社1964年版，第26页。

而对于苏轼、米芾这些宋代文人来说,他们基本没有受过正规的绘画训练,前代绘画图式对于他们来说,本身就从来没有真正掌握过,而他们并不认为应当首先要掌握这种图式然后才能从事绘画,而认为可以不借助于前代图式来直接创作,他们所信赖的资本就是"心"或者说悟性,除了心和悟性之外,他们还有文学的修养,且他们认为,这种修养与绘画修养是相通的,可以帮助他们更好地理解绘画,理解绘画的本质,进而可以轻而易举地就进入到绘画的前沿之地。所以到邓椿所生活的南宋,这种思想已经成为整个思想界的主流,作为其思想的继承者的邓椿当然也不例外。既然最好的绘画是摆脱了绘画的传统图式的创造,那么,当然"逸品居先"。

其次是对简约画风的偏爱。从张彦远开始,文人理论家就不喜欢"谨细",到苏轼更是对谨细画风进行严厉批评:"观士人画,如阅天下马,取其意气所到。乃若画工,往往只取鞭策皮毛,槽枥刍秣,无一点俊发,看数尺许便倦。"(《东坡题跋》下卷《又跋汉杰画山》)所以"鄙精研于彩绘"、"笔简形具"的逸品当然取得越来越高的地位。

邓椿在"逸品居先"思想的指导下,所推重的是文人画家的放逸画风,而对画院画家谨严、细腻画风持批评态度。"图画院四方召试者,源源而来,多有不合而去者。盖一时所尚,专以形似,苟有自得,不免放逸,则谓不合法度,或无师承,故所作止众工之事,不能高也。"合于法度、师承有序,正是当时对画院画家的要求,而从"逸品居先"立场看,这两点都正是画院画家水平不高的根本原因。

五、倪瓒的"逸气"与"逸笔"

(张)以中每爱余画竹,余之竹聊以写胸中逸气耳,岂复较其似与非,叶之繁与疏,枝之斜与直哉。或涂抹久之,他人视以为麻为芦,仆亦不能强辨为竹,真没奈览者何!但不知以中视为何物耳。(倪瓒《倪云林集》,见《佩文斋书画谱》卷一十六)①

瓒比承命俾画《陈于桱刬源图》,敢不承命惟谨。自在城中,汩汩略无少清思。今日出城外闲静处,始得读刬源事迹。图写景物,曲折能尽状其妙趣,盖我所不能。若草草点染,遗其骊黄牝牡之形色,则又非所以为图

---

① 周积寅:《中国画学精读与析要》,上海人民美术出版社 2017 年版,第 316 页。

之意。仆之所谓画者,不过逸笔草草,不求形似,聊以自娱耳。近迁游来城邑,索画者必欲依彼所指授,又欲应时而得,鄙辱怒骂,无所不有。冤矣乎,讵可责寺人以髯也! 是亦仆自有以取之耶? (倪瓒《答张藻仲书》,见《清閟阁集》)①

前人用"逸"字论画,只涉及品与格,涉及人(画家)与画,而倪瓒标出"逸气"、"逸笔"两个词项,对此是一个深化。逸气关涉到人,逸笔关涉到画,逸气和逸笔关涉到画家的气质与绘画中的用笔特征。"气"首先是天地间的气,天地间的气各有不同,人所禀受者不同,这导致了人的气质的不同,人的气质的不同,通过表象显现出来,这就是画中气的不同,说到底,画中气的不同,不仅仅是来自于人的气质,也来自于天地间的气。逸气是画家的气,也是画中的气,归根到底是天地间的一种气。逸笔,是表征这种逸气的一种笔迹,是画家逸气在用笔上的体现。

逸是逃,是自由。天地间的一种不受束缚的自由之气,称为逸气,这种不受束缚的自由之气,体现在人的身上就是自由的人格,在功利型的社会中,这种自由的人格往往会显现出其与社会现实不相融洽的一面,就显现为超逸或隐逸的人格。具有这种自由人格的人做了画家,就成为逸品画家,他们创作的作品就成为逸品画,这是逸气与逸品的逻辑关联。而逸笔是逸气在用笔上的体现,是连接"逸人"与逸品的中介环节。

但是这里就出现了一个问题,逸品画家早在唐代就出现了,而逸气和逸笔之说却是到元代才出现,唐宋的逸品画家的品格与逸气和逸笔无关吗? 答案当然是否定的。

如王墨"凡欲画图障,先醺酣之后,即以墨泼",为什么要先饮酒至醺酣然后才画,就是需要以酒壮气,通过饮酒,使自己脱离日常生活的庸常心态,找回自己自由不羁的本质之气——逸气。李灵省同样是"以酒生思",而在绘画过程中王墨"或笑或吟,脚蹙手抹,或挥或扫,或淡或浓,随其形状为山、为石、为云、为水",似乎在不经意中,达到了"应手随意,倏若造化"的效果,从根本上是因为在这种充满逸气的创作状态中,画家通达了,或者说感应到了天地之间的那种自由不羁的自然之气,才能同自然造化一样,于不经意中,得自然造化之

① 周积寅:《中国画学精读与析要》,上海人民美术出版社 2017 年版,第 316 页。

神、之理、之意——"俯观不见其墨污之迹,皆谓奇异也",奇异之处在于在逸品绘画的本质精神中有一个秘密,即不是人在画,而是造化自己在画,是天地间的自由不羁的逸气在创造。法国超现实主义思潮领袖布勒东说到超现实主义的自动写作:"钢笔在机械地写,铅笔在机械地画,没有事先想好的目的,而织出来的却是一件无价之宝。"①自动写作的秘诀是放任自己的想象与联想,不要用理性去控制思维,而任由潜意识自由不羁地进行创造。王墨、李灵省的逸品绘画创作与之有相通之处。但在中国古代人的观念中,强调的不是潜意识,而是自然,是自然造化的自由不羁的创造,成全了逸品画家。前面也提到,张彦远的"自然"概念,强调"自然而然",而黄休复的"逸品"概念更强调画家的自由,从中国哲学的更高层面来理解,自然与自由是圆融无碍的,任随自然才能得到自由,自由不羁才可探赜自然的真谛,这也是后人往往会认为张彦远的"自然"就是"逸品"的原因。

李灵省的画"一点一抹,便得其象,物势皆出自然",这里既表明其中得到自然造化的逸气,也说明共用笔本身是具有逸的品质,是逸笔。又黄休复评逸格画家孙位画:"两寺天王部众,人鬼相杂,矛戟鼓吹,纵横驰突,交加戛击,欲有声响。鹰犬之类皆三五笔而成,弓弦斧柄之属并掇笔而描,如从绳而正矣。其有龙拿水汹,千状万态,势欲飞动;松石墨竹笔精墨妙,雄壮气象莫可记述:非天纵其能,情高格逸,其孰能与于此邪?"文中谈到"鹰犬之类皆三五笔而成,弓弦斧柄之属并掇笔而描"都是讲其笔法,而其笔法之所以如此,也是因为其有自由的人格之气,体现在画中就是那掩抑不住的"雄壮气象",从人格上讲,是情高格逸,这种情高格逸的背后,是其人的逸气——自由不羁的雄壮之气,体现在用笔上是"笔精墨妙"。

倪瓒所谈到的"逸气"和"逸笔",对于逸品内涵的理解,具有重要意义。逸气与逸笔概念的出现,沟通了画家、作品和用笔三个因素,连接起了精神层面与实践层面,使得逸品的内涵层次更加丰富。

六、董其昌、李日华对逸品绘画的反思

画家以神品为宗极,又有以逸品加于神品之上者,曰:失于自然,而

---

① [意]里奥奈罗·文杜里著,迟轲译:《西方艺术批评史》,江苏教育出版社2005年版,第289页。

后神也。此诚笃论，恐护短者窜入其中。士大夫当穷工极妍，师友造化，能为摩诘，而后为王洽之泼墨，能为营丘，而后为二米之云山，乃足关画师之口，而供赏音之耳目。（引自董其昌《画旨》）①

　　古者图书并重，以存典故，备法戒，非浪作者，故有《建章千门万户图》，晋张茂先犹及见之。汉成帝视《纣踞妲己图》，班姬因进忠言。又有图蜀道山水归献，而将帅藉以成功者。自顾虎头、陆探微专攻写照及人物像而后绘事造极。王摩诘、李营丘特妙山水，皆于位置点染渲皴尽力为之，年锻月炼，不得胜处，不轻下笔，不工不以示人也。五日一山，十日一水，诸家皆然，不独王宰而已。迨苏玉局、米南宫辈，以才豪挥霍，备翰墨为戏具，故于酒边谈次率意为之，而无不妙，然亦是天机变幻，终非画手。譬之散僧入圣，啖肉醉酒，吐秽悉成金色。若他人效之，则破戒比丘而已。元惟赵吴兴父子犹守古人之法而不脱富贵气，王叔明、黄子久俱山林疏宕之士，画法约略前人而自出规度。当其苍润萧远，非不卓然可宝，而岁月渲运之法，则偷力多矣。倪迂漫士，无意工拙，彼云："自写胸中逸气。"无逸气而袭其迹，终成类狗耳。本朝惟文衡山婉润，沈石田苍老，乃多取办一时，难与古人比迹，仇英有功力，然无老骨。且古人简而愈备，淡而愈浓，英能繁不能简，能浓不能淡，非高品也。（李日华《恬致堂集》，见《佩文斋书画谱》卷十五）②

　　董其昌首先承认逸品居于神品之上"此诚笃论"，但又指出，逸品之目容易有"护短者窜入其中"，董其昌强调，对于士大夫画家来说，尤其应当注意，不要以"逸品"的名目来掩盖绘画功力的缺陷。"穷工极妍，师友造化"，要求画家以巨大努力投入于绘画事业，不能浅尝辄止。逸品应当是在充分地掌握了绘画技法的基础之上的一种创造，逸品高于神品，是因为逸品相对于神品而言，要更加自由，同时也更加"自然"，因为自由是在充分掌握了规律的基础上的自由，掌握了规律，就会得心应手，出入于无间，似乎是"自然而然"地在进行创造。

　　李日华则从绘画史的角度对这一问题进行考察，指出顾恺之、陆探微在人

---

① 参见陶小军：《中国书画鉴藏文献辑录》，南京师范大学出版社2017年版，第44页。
② 参见潘运告编注：《中国历代画论选》下，湖南美术出版社2007年版，第106—107页。

物画上做出了巨大努力,在"写照及人物像"方面达到了登峰造极的水准,之后王维、李成等人在山水画领域同样以巨大努力,刻意求工,"以位置点染渲皴尽力为之,年锻月炼,不得胜趣,不轻下笔,不工不以示人也",也达到了山水画的最高水准。但在此之后,苏轼、米芾等人,凭借文人才华,以绘画为游戏,因为他们的悟性较高,所以在绘画中也创造出了妙境,但这种画法更多的是靠悟性,而非绘画的功力,所以其成功不具有可复制性。元代画家只有赵孟頫仍然遵守着古代绘画的规范,而王蒙、黄公望都对古代画法进行了变革,其"画法约略前人而自出规度",其优点是趣味、风格上相对于古人更加"苍润萧远",缺点是放弃了古代画家那种严谨的绘画作风,有过于轻易的毛病,倪瓒的画与苏、米相似,凭借的是其胸中的逸气,这种胸中的逸气体现在绘画中成为画中的逸气,由此保证了其绘画的品格,其成功同样不具有可复制性。明代画家中文征明、沈周都有风格上的优点,但在画法上都有取巧、轻易之病,不能如古人那样以严谨的态度、坚实的技术来进行创作,仇英虽有功力,但问题是品格不够高,其缺陷是风格上的,即不能很好地进行艺术提炼,"能繁不能简,能浓不能淡"。

董其昌、李日华的论述,展开了逸品问题的另一个维度,即绘画的技术问题。这一问题从逸品概念一开始出现时就很突出,但一直能够得到掩蔽,直到明代才开始被认真地考虑。

在朱景玄的绘画品评体系中,神、妙、能基本上是按技术的等级来划分的,神品既是一个技术等级,又超越了一般技术的概念,但仍有技术上的可辨认性——它的技术品质要高于妙品、能品,但逸品之目,不是从技术等级上来划分的,所以它无法被归入神妙能的等级体系中,只能列在三品的体系之外。

在张彦远的体系中,如果我们把"神"理解为技术上的臻于神化,即已经达到顶峰,那么,"自然"这一等级,其高出于"神"这一等级之处只能在于画家对造化之秘的体认要更为深刻,"神"是以人力描绘自然,"自然"是以自然观照自然,以妙悟通达自然。

黄休复的体系,同样是以神格为技术上的登峰造极,而逸格与神格的差异在于逸格是"拙规矩于方圆,鄙精研于彩绘"的,即在技术高峰之上,对技术的超越与忽视,达到更加自由也更自然的境界。这里有一个悖论,没有技术,如何超越技术?没有技术如何去主动地"做减法",放弃一些刻意人工的技术,而达到更加自由的境界?所以,黄休复的逸格体系中,没有专门讨论,但暗含的前提是:逸格是在技术上甚至更高于神格,因为逸格超越了技术,它甚至还部分地放弃了技术,但这一切,都是在最高的技术的平台之上创造的,所以可以说逸格是神格的更上一级,这一定义是从境界上说的,但从技术上我们也不能不这样理解。

现在需要考虑邓椿所提及的宋徽宗赵佶的体系和邓椿的体系。宋徽宗的体系是以神、逸、妙、能划分等级,邓椿对其的批评是"专尚法度",可见神、逸、妙、能是按技术的等级来划分的,也就是说赵佶把逸品视为技术上的不及神品而不是相反。邓椿竭力要把这种等级体系扭转回来,坚持逸品居先,但邓椿只是简单地说逸品在品格上要更高,所以不能放在神品之下,技术问题被回避了或者说被有意无意地掩蔽了。邓椿之所以敢明确地说逸品比神品的品格更高,其观念上的根据是邓椿本人对绘画本体"画者文之极"的理解。在邓椿看来,画的本质是文,博学多文则识画,识画者,通画之理,或"评品精高"或"挥染超拔",要皆悟性高,能得画之气韵,所以画的本体是"文",而不是画技,因此绘画的评价体系的首要因素是画家之"文",即要看画家是否多文,而不是看画家是否精通画技,"文"在画中的体现是气韵,因此"画法以气韵生动为第一",反过来说,只有多文者有悟性,只有悟性高者才能得气韵,因此绘画中最高境界是由具有很高悟性的文人创造的,"若虚独归于轩冕、岩穴,有以哉!"——郭若虚把绘画中的最高境界归属于文人,是完全正确的。可见邓椿逸品居先的评价体系是不重技术,而是以"文"、"悟性"为标尺的体系。

到倪瓒,在其文章中提到逸气、逸笔,这又带出一个新的问题,即逸品绘画有自己的独特的"气",也有自己独特的用笔。从倪瓒的原意来看,首先他认为自己的画是排斥形似的,"余之竹,聊以写胸中逸气耳,岂复较其似与非",第二自己的画也是排斥技术的:"仆之所谓画者,不过逸笔草草,不求形似,聊以自娱耳。"倪瓒说自己的画"逸笔草草",暗含的潜台词是社会上公认的画应当是讲究技法的,而这种技法又是为形似服务的,是强调写物要似物的"要物形为改"的,而自己不追求这样的技法,所以在用笔的技法上是"草草"的,即不讲究的。

所以在绘画品评中,有三种不同观念或思考方式:

第一,绘画应当按逸、神、妙、能来分等级,逸品相对于神品来说在技术上更为超越,或者说更高、更自由也更自然。

第二,绘画应当按神、逸、妙、能来分等级,逸品相对于神品来说,其技术上是有缺陷的,要低于神品,逸品的好处是品格不低,但在缺少技术支持的情况下，品格并不能得到完全保证，因此无论从技术还是品格上逸品都低于神品，但因其品格的优点，又高于妙品和能品。

第三，逸品与神妙能品属于不可通约的两个不同的评价体系，神妙能的等级，既是境界上的，又是技术上的，技术对境界要起保障、支持任用，因此这三品的技术是一个共同体系中的技术，它是具有可比性的，可以区分出高下等级的，而逸品从本质上讲，是破坏（或曰不遵守）一般的技术规范的，是从现有技术规范中逃离而凭借悟性进行重新创造的一种方式，所以按照现有技术规范是无法评价逸品的。逸品的价值就在于它是对现有规范的违反或曰超越。

对于董其昌来说，一方面，他是坚持逸品居先的原则的，即赞同逸神妙能的等级排列。董其昌说："画家以神品为宗极，又有以逸品加于神品之上者，曰出于自然而后神也"，认为这一看法是完全正确的——"此诚笃论"，另一方面他又说"士大夫当穷工极妍，师友造化，能为摩诘，而后为王洽之泼墨，能为营丘，而后为二米之云山"，如果从第一种观念来看，那就是说逸品无论从品格上还是从技术上都应当是高于神品的，但是董其昌又说"恐护短者混窜入其中"，这就需要加以深入思考了，既然逸品无论从品格上还是从技术上，都是高于神品的，这种品格和技术又是具有可比性的，那么又怎么会有"护短者"能"窜入其中"呢？可见董其昌的观念表面上是第一种观念，其实是第一种观念和第三种观念的混合。或者说董其昌实质是提出了第四种观念，即逸品高于神品，但逸品是容易被假冒者混入的，所以今后需要加强对逸品画家的审核，必须以技术上达到神品水平为标准，技术上达到"穷工极妍"之后，再变而为王洽之泼墨，变而为二米之云山，才是可以的，如果没有这种技术上的前提，则被视为"伪逸品"。但是董其昌的审核计划注定是要失败的，因为它是自相矛盾、模棱两可、自我解构的。王洽是否具有达到神品标准的技术，而后才为"泼墨"，我们不知道，但我们知道二米本身显然就不符合董其昌的要求，他们并不是先有了画家达到神品的技术水准，而后变为"米氏云山"的，即以董其昌自己，也达不到他所树立的这一标准。

我们可以从人们心目中逸品画家情况来看一下这一问题的由来与实质，唐朱景玄所说的三位逸品画家王墨（王洽）、李灵省、张志和，我们基本上不知道他们的社会身份、社会地位，除了王洽据说曾经在顾况手下任职，可能担任过下层官员，没有可以了解其他人的身份的材料。黄休复所说的唯一一位逸格画家孙位，是唐末职业画家，他既擅道释画，又擅山水、树石画，并特别擅长画龙水。而自北宋苏轼、米芾等人之后,逸品这一概念就成了文人画家的专利。苏轼、米芾所创造的文人画,缺少技法而更多诉诸悟性与书法、文学之助,这一画法在苏轼、米芾那里,本来是"反图式"的,即更多凭个人创造,属于外师造化,中得心源的,但在后来的文人画家那里,这一"反图式"被模仿、继承、改造成了文人画的图式,并被认为是"逸品"图式,这是一个充满悖论的大变局——逸品本来是反图式的,但现在逸品自己也有所谓"逸品"图式了。这一"逸品"图式再发展到元四家和吴门四家,成了山水画的主流,在这一情况下,逸品本来含义的重点"反图式",已经不复重要,"逸品"概念基本上成为一个文人画概念下的子概念,成了一个风格与技法上的具有倾向性的概念,被指称那些在技法上不具有职业画家的技法训练,而诗文修养更高的画家。一方面逸品的概念丢弃了"反图式"这一基本义,另一方面,逸品的概念与"隶家"(即业余性)概念、文人画概念混同。总之,逸品不再是"反图式"的,而成为"逸品图式",逸品图式特点是技法上的业余性和审美趣味上的文人性,还有绘画形式风格上的趋于简化。

逸品既然失去了其反图式的意义且本身也成为一种图式,那么这种图式的缺陷自然也就暴露了出来,其技法上的薄弱,难免受到攻击,逸品的危机,已经出现。董其昌是从文人画内部来谈的,其目的是对逸品画增加技术门槛,通过技术门槛重新恢复逸品的声誉,以拯救已经徒有其名的逸品。李日华则是从大的绘画史范围来谈的,认为古代画家都讲究技术的精益求精,刻意求工,逸品不能居于绘画史的主流,当下(明代)这种逸品占据绘画主流的情况是应当得到改变的。

董其昌和李日华并没能改变一般文人画家对逸品的基本认识,也无法改变已经成形的建立在文人画观念基础上的绘画的品评标准。以董其昌的朋友陈继儒为例,他对逸品的看法,仍然是以强调"悟性"与"反图式"为其逸品的核心内涵的。他说:"倪迂画在胜国时,可称逸品。昔人以逸品置神品之上,历代惟张志和、卢鸿可无愧色。宋人中米襄阳在蹊径之外,余皆从陶铸而来。元之能者虽多,然率承宋法,稍加萧散耳。吴仲圭大有神气,黄子久特妙风格,王叔明奄有前规。而三家未洗纵横习气,独云林古淡天然,米痴后一个而已。"陈继儒心目中的逸品画家只有张志和、卢鸿、米芾和倪瓒,之所以如此,是因为"宋人中米襄阳在蹊径之外,余皆从陶铸而来",即宋代画家除米芾是"反图式"的,其他画家都有图式来源。陈氏这样讲也是有一定道理的,宋代其他画家自不待言,即以典型的文人画家如李公麟、文同来说,其画法也都有来自于前人的图式与技法规范,苏轼如果从他的枯木怪石图看,可以说是在蹊径之外的,但其墨竹等,并不是完全无所师法,而是学自其表兄文同的。元四家中,陈继儒认为吴镇、黄公望和王蒙都"未洗纵横习气",这里的"未洗纵横习气",既有技术上的原因,即他们都是有来自前代的图式的,也有风格上的原因,即他们还不够"古淡天然"。可以看出,陈继儒的看法,仍然把"反图式"当作"逸品"的基本内核,但相较于唐代朱景玄等,陈继儒的"逸品"是有风格限定的,即风格上是"古淡天然"的。

这里有一个新的问题,在明清画论中常出现这样一种论点:职业画家是有"纵横习气的",他们的画风是不够平淡天真,或者"古淡天然"的,技术的高水准,反而成了绘画境界上的负面因素或者说一种局限,影响其绘画境界,使其境界不能像米芾、倪瓒这样的画家那么高。

钱锺书在《中国诗与中国画》中曾指出,中国画中的最高格是王维,而诗中的最高格是杜甫,画中的最高格相当于诗中重"虚"的神韵派,但是诗中的最高格却是重"实"的杜甫。①

钱锺书所谈问题表面上看与我们谈的是两个问题——钱锺书谈的是风格问题,我们谈的是技术问题,但实际上,在中国画史中,这是一个问题的两面,在元明清的以文人画观念为主导的绘画批评里,职业画家的技法精严,造型上更加"似"的风格被认为是不够平淡天真的,也是缺乏缥缈神韵的,而文人画家技法上不十分到位,在造型上不求形似,这种风格被认为更有韵味,更加平淡天真。看来,在中国绘画的讨论中,技术问题与风格问题总是纠结在一起的。

---

① 参见钱锺书:《七级集》,上海古籍出版社 1994 年版,第 27 页。"总结起来,在中国文艺批评的传统里,相当于南宗画风的诗不是诗中高品或正宗,而相当于神韵派诗风的画却是画中高品和正宗。我们首先得承认这个事实,然后寻找解释、鞭辟入里的解释,而不是举行授予空洞头衔的仪式。"

蒋孔阳对中国古代诗画的研究

李子群*

摘　要：蒋孔阳对唐诗和中国古代绘画美学特点的研究，值得仔细研读。他以诗歌和音乐、建筑的相通分析唐诗的美，以个性说和以意境说为理论依据分析唐诗的美；他在中西比较中揭示中国绘画的基本特点，以辩证思维概括中国绘画中的美学思想。蒋孔阳对唐诗美学特点、对中国绘画美学特点及美学思想的归纳，是从文明互鉴中促进我们建立既适应中国民族化的传统、又符合世界现代化潮流的美学体系这一角度出发的。他依据唐诗和中国绘画的特点，对莱辛关于画与诗的区分进行了反思，认为莱辛的区分，并不完全适合于中国艺术。从表面看，蒋孔阳根据受众的特点，弱化了马克思主义美学的立场，但实际上，马列主义依然主导着蒋孔阳对问题的讨论与解决。虽然蒋孔阳作为美学家的地位是在若干年后才确立的，但在他对中国诗画的研究中，未来美学家思想的锋芒已经显露出来。

关键词：蒋孔阳　唐诗　绘画　美学特点

蒋孔阳对中国古代诗歌和绘画美学的研究，主要体现在《唐诗的形成及其美学特点》和《中国古代绘画中所表现的美学思想》这两个文稿中。蒋孔阳于 1980 年 9 月 23 日到日本，在神户大学进行为期一年的讲学。他在该校的中国语言文学系担任客籍教授。这两个文稿是他在神户大学的讲课稿。[①]《中国古代绘画中所表现的美学思想》中的部分内容曾以《外师造化中得心源——中国古代绘画美学思想学习笔记之一》和《"形似"与"神似"——中国古代绘画美学思想学习笔记之二》为题名发表，分别刊载于上海美学学会编的

---

　　* 作者简介：李子群，云南大学政府管理学院讲师，主要研究方向：近代西方哲学、马克思主义美学。

　　① 蒋孔阳著，濮之珍、朱志荣编：《蒋孔阳全集(6)》，上海人民出版社 2014 年版，第 554 页。

《89′美学文集》和复旦大学出版社 1991 年出版的《中国语言文学研究的现代思考》中。发表时,对原稿中的相应内容有所调整,但改动不大。这两个文稿是比较完整的,被收入《蒋孔阳全集》第 5 卷,并注明是蒋孔阳的遗稿。《唐诗的形成及其美学特点》和《中国古代绘画中所表现的美学思想》的篇幅都不是很长,两个文稿共计有十多万字,但写得很精当,有不少真知灼见,值得仔细研读。下面,我们就谈谈蒋孔阳这两份遗稿的学术价值。先谈蒋孔阳对唐诗美学特点的研究,次谈蒋孔阳对中国古代绘画美学特点的研究。

一、蒋孔阳对唐诗美学特点的研究

蒋孔阳喜欢唐诗,并能背诵许多诗篇。他对唐诗美学特点的研究,是以丰富的审美经验为基础的。蒋孔阳的研究,有一个明显的特点,即非常自觉地以美学理论为指导,而这些美学理论,是美学家蒋孔阳美学思想的重要组成部分。换言之,蒋孔阳对唐诗美学特点的研究,与一般的美学史或文学史学者的研究不同,这是美学家所做的研究,虽然蒋孔阳作为美学家的地位是 1993 年 9 月在人民文学出版社出版《美学新论》之后才确立的,但在对唐诗美学特征的研究中,未来美学家思想的锋芒已经显露出来了。

(一) 以部门艺术的相通分析唐诗的美

艺术是一个大系统,涉及各种内容。对艺术进行分类,"在近代美学中极重要"。① 音乐、建筑、诗是艺术大家庭中不同的成员,是"艺术"这一"母项"下包含着的"子项",是部门艺术。它们在表现方法、创作手法、载体或器材、所依赖的感觉器官、造成的效果等方面都有显著的差别。我们不能把它们混淆起来,搅成一锅粥,这是一方面。另一方面,音乐、建筑、诗同为艺术,它们的区别不是绝对的,它们在艺术这一大系统中,不是彼此孤立的。它们是相通的,有一些相类似之处。蒋孔阳认为,唐诗虽然不是音乐、建筑,但唐诗具有音乐美和建筑美。

蒋孔阳说唐诗具有音乐美,是从语言的角度说的。蒋孔阳指出,一般语言与诗的语言有着很大的区别。一般语言遵循思维的逻辑,注重语法结构,它主要关心的不是语言的声音,而是语言的含义、内容,主要服务于人们对事物的

① 宗白华著,林同华编:《宗白华全集(第一卷)》,安徽教育出版社 2008 年版,第 560 页。

认知及相关信息的传递。诗的语言遵循的是感情的逻辑,语法结构不是完全固定的,它随着感情的起伏行止而变化,它主要不是为认知及信息的传递服务的,而是为感情表达服务的,出于感情表达的需要,它主要关心的不是语言的含义、内容,而是语言的声音。唐诗是中国古代诗歌艺术的最高结晶,唐诗的语言是诗歌语言的典范。唐诗充分地体现了诗歌语言的音乐美。蒋孔阳从唐诗与唐代吟咏歌唱活动的关联,从唐诗的对偶、平仄、押韵、节奏等方面,细致分析了唐诗的音乐美。

蒋孔阳说唐诗具有建筑美,是从意象创造的角度谈的。蒋孔阳认为,建筑是空间艺术,它用砖、瓦、木、石等实体性的物理材料,可以持实为虚、化实为虚。建筑中的门、窗、房间、走廊、院子等都是虚的部分,通过它们,建筑提供了饮食起居的活动空间,发挥了实用的功能;通过它们,建筑的内部世界与外部世界联通了,与天地、宇宙联通了,与整个宇宙一道吐纳呼吸,融为一体。很多唐诗,所用的词大部分是实词,虚词、抽象概念很少甚至没有,它们有如建筑中的砖瓦木石,所呈现的意象都是实在的、具体的,有如建筑中的台阶、墙壁、房间。很多唐诗,它们的具体意象,有如一幅幅照片,接二连三地以蒙太奇的方式被呈现出来,也像建筑工匠把房屋一幢幢地建造出来。读者通过联想把具体意象串联起来,从而去体会、欣赏诗的美,有如游览者、客人环绕着房子漫步,或踱步进入房子内部观赏流连。

诗是时间艺术,建筑是空间艺术。前者是线性的,后者则是有前有后,有上有下,是立体的。蒋孔阳认为,在高超的艺术处理中,时间性的东西可以变得具有空间意味,空间性的东西也可以变得具有时间意味,二者在一定程度上是可以相互转化的。唐诗"善于把时间搏入空间当中,让时间的流逝,随着空间的排列,尽可能让每一个意象延长其静观的一刻,从而使意象和意象重叠交织起来,形成一个令人有建筑感的诗歌形象"①。蒋孔阳认为,唐诗对事物的描写,主要不是分析性的或者说演绎推理性的,而是把物象罗列出来。物象在空间中各自独立存在,它们是并列的,但诗人通过一些具有动作意味的或运动意味的词,把空间上并列的物象"搏入到时间的对比关系中"②,以此打动读者。

---

① 蒋孔阳著,濮之珍、朱志荣编:《蒋孔阳全集(5)》,第123页。
② 同上书,第124页。

蒋孔阳认为,唐诗既能以大观小,也可以通过小反映大。唐诗的以大观小是借鉴了中国画的方法,在旷远广大的空间中,把诗歌的意象变成了画,获得建筑般的空间立体感。唐诗的以小反映大,与建筑的特征相通。建筑把小空间与大空间,即把房间、院落与天地宇宙贯通,把天地宇宙浓缩到小空间中,用小空间反映大空间。唐诗字数少,用笔俭省凝练,却能反映出广大的时间与空间,令人感到充满无限诗意。蒋孔阳说:"唐诗中的绝句,有如中国建筑中的亭子。亭子的结构只有几根柱子和一个顶,然而它却吞吐着整个宇宙的气息。"①

蒋孔阳反复强调,唐诗不是音乐,也不是建筑。他论述唐诗的音乐美、建筑美,是立足于唐诗所用语言和唐诗所创造的形象与音乐、建筑的相同性,是通过对音乐美、建筑美的参照,来说明唐诗的声音美和立体美,说明唐诗的艺术感染力和美学特征,说明中国古人的审美意识。所以蒋孔阳的落脚点不是作为艺术体裁的诗的技艺,而是作为理论的美学。他在论述中所解析的那些诗,只是他的理论的一个个例证。

(二)以个性说为理论根据分析唐诗的美

马克思在《1844年经济学—哲学手稿》中对异化劳动进行了尖锐的批评,认为与异化劳动相对的自由的劳动、创造性的劳动才能创造美。蒋孔阳认为,自由的、创造性的劳动是指劳动者以具有个性的、自觉的身份进行的劳动,在这种劳动中,劳动者体现出了自由意志,并凭借他的意志,去作自由的判断和选择。个性是在人生阅历中形成的,是以人生经验为基础的,它是鲜明的、独特的,因而是确定的,但它不是固定不变的,是随着环境的变化、生命的绵延而不断发展、变化的,是处于不断的生成之中,是向未来敞开的,因而也是复杂的、丰富的。个性是人内心中独特的、最足珍贵的东西。只有当我们对自己的个性有所自觉、有所认识时,我们才会对事物产生美感。因为,人总是置身于一定的环境中,这个环境在他心灵的成长过程中,要经历从沉睡到苏醒的变化。环境不会自己苏醒,是由人唤醒的,当人的心灵具有个性时,用于观察周围环境的眼睛也是有个性的,通过打量,通过以同情或移情的态度来观察、体会,他就能从熟识的环境中发现新鲜的东西,从别人觉得普通的事物中发现独特的东西,让周围世界中的事物捕获他的心灵,他与周围环境中的事物相互交

---

① 蒋孔阳著,濮之珍、朱志荣编:《蒋孔阳全集(5)》,第126页。

融、契合无间，这时，他就发现了周围现实世界中的美。蒋孔阳说："美和个性是分不开的，愈是美的东西，愈是富有个性。"①又说："凡具有'广阔久远'影响的，常常根植于个性当中。唯有真正具有个性特征的，才能具有永恒的生命。"②

蒋孔阳在讨论唐诗的个性美时，既指诗人的个性，也指作品中体现出的个性。在蒋孔阳看来，唐朝诗人的心灵是有个性的，他们观察事物的眼睛是有个性的，他们对事物的描写是有个性的，他们的想象是有个性的，他们的情感是有个性的，他们所创造的意象是有个性的。正因为诗人和诗是有个性的，他们就不再是个别的、特殊的东西，而被提炼了，升华了，成为了包含一般的、普遍的哲理的东西。

蒋孔阳认为："李白、杜甫、王维、孟浩然、高适、岑参……这一系列唐诗中灿烂的群星，他们都是高度有个性的人物，因此，他们都写出了高度有个性的诗。他们的诗，没有例外的，都具有个性的美。"③蒋孔阳结合时代背景、人生际遇等方面，重点分析了李白、杜甫、李商隐诗歌的个性美。他以三位诗人的诗为个案，阐明唐诗如何闪耀出独立个性与自由意志的光辉。蒋孔阳在此表达了他美学思想中的一个重要观点：文艺创作需要个性的独立与自由，社会只有容忍文艺工作者的这种独立与自由，文艺才会繁荣。蒋孔阳经历了万马齐暗、百花凋零的文革时代，对政治干扰、破坏文艺创作有切肤之痛。在新的历史时期，他通过对唐诗个性美的揭示，热情呼唤社会、政治的民主，呼唤文艺创作的自由。

（三）以意境说为理论根据分析唐诗的美

意境是中国古代诗歌美学的一个重要范畴。它既是诗歌创作的理想，也是诗歌品评、鉴赏的标准。蒋孔阳指出，虽然从中国古代美学思想发展史来看，唐代的美学理论家青史留名的并不多，他们的才力也算不得突出，理论贡献比较单薄，但佛教在唐代社会生活中占有重要地位，理论家们把佛教的"六根""六识""六境"等观念与中国本土对于境界、心物感应的认识相结合，与唐代丰富多彩、蔚为大观的诗歌创作实践相结合，提出了意境说。

蒋孔阳用意境说来分析唐诗的美。也就是说，意境说是他的工具、武

---

① 蒋孔阳著，濮之珍、朱志荣编：《蒋孔阳全集（5）》，第 127 页。
② 同上书，第 130 页。
③ 同上书，第 127 页。

器。"工欲善其事,必先利其器",对意境说进行阐明,应是他从意境的角度
对唐诗的美进行分析的逻辑起点。蒋孔阳是这样做的,他通过梳理意境说
产生的历程,通过澄清意境说与言志说、缘情说、形似说、神韵说的关联,通
过细致地辨析"意""境""物(象)"、心物感应等的含义,概括出了意境的
内涵。

蒋孔阳指出,"意境"包括"意"与"境"。"意"是诗人主观方面的因素,如
诗人的动机、情感、思想、修养和精神品质等,它是内在的,不具有具体形象,
只是抽象的存在。"境"是诗人所面对的事物,它是客观方面的因素,如自然
环境、社会环境、生活习俗等,它是外在的,是外显的现象,具有具体形象。
现实世界中的"境"被诗人观照之后,变成了心灵中的"境",这是由实到虚的
转变。而诗人的"意",融入到外在的"境"中,获得了形体,成为客观的具体
艺术形象,这是由虚到实的转变。"意境"是"意"与"境"的相互作用、相互交
融,是二者的统一,是精神升华后所得的成果,是主体的心灵所开辟出的新
世界,它不是物质世界,但又离不开物质世界,它要以物质世界为基础,并反
映着物质世界即"境"。

蒋孔阳还借鉴亚里士多德和黑格尔的美学思想来阐释意境。亚里士多德
在《诗学》第七章讨论悲剧时说:"一个完整的事物由起始、中段和结尾组成。
起始指不必承继它者,但要接受其他存在或后来者的出于自然之承继的部分。
与之相反,结尾指本身自然地承继它者,但不再接受承继的部分,它的承继或
是因为出于必须,或是因为符合多数的情况。中段指自然地承上启下的部分。
因此,组合精良的情节不应随便地起始和结尾,它的构合应该符合上述要
求。"①《诗学》第二十三章又说:"和悲剧诗人一样,史诗诗人也应编制戏剧化
的情节,即着意于一个完整划一、有起始、中段和结尾的行动。这样,它就能像
一个完整的动物个体一样,给人一种应该由它引发的快感。"②亚里士多德在
《政治学》中还说:"美与不美,艺术作品与现实事物,分别就在于美的东西和艺
术作品里,原来零散的因素结合成统一体。"③亚里士多德提出了艺术作品是
有机整体的思想。黑格尔在讨论自然美时认为,一个有生命的自然事物之所
以美,就在于该事物显现给我们的形象是生气灌注的,形象的各个部分"融化

① [古希腊]亚里士多德著,陈中梅译注:《诗学》,商务印书馆 1996 年版,第 74 页。
② 同上书,第 163 页。
③ 朱光潜著,许振轩编:《朱光潜全集(第六卷)》,安徽教育出版社 1990 年版,第 394 页。

成为一个整体,因而显现为一个个体,一个把这些特殊部分既作为差异的,又作为协调一致的,而包括在一起的统一体"①。在讨论艺术美时,黑格尔认为,艺术作品的"灵魂"或"神"通过展开为外在的形象而"得到客观存在和真实性",艺术作品的"肉体"或"形"所包含的"并立的部分是结合为统一体而且都包含在这统一体里的,所以这展开为外在现实的每一部分都显现出这灵魂,这整体"②。"正如人体所不同于动物体的地方在于它的外表上无论哪一部分都可以显出跳动的脉搏,艺术也可以说是要把每一个形象的看得见的外表上的每一点都化成眼睛或灵魂的住所,使它把心灵显现出来。"因此,"艺术作品通体要有生气灌注。"③亚里士多德和黑格尔都认为艺术作品是有机整体,甚至把是否体现为一个有机整体作为衡量艺术作品的基本尺度。"有机整体"原本是自然哲学的范畴④,亚里士多德和黑格尔把这个范畴移用到美学中,用以说明艺术作品不能是片段、细节的机械堆积、拼凑,而必须是各个部分相互依存、严密完整、协调一致、生气灌注的。蒋孔阳认为,"意境"不能被分解为若干点或归纳为若干条,它就是一个有机整体,即它是有生命的、完整的,是丰富而多样的细节围绕着主题思想而展开,通过主题思想而贯穿起来,统一起来,因而不是混沌的而是有秩序的,从而是有深度和感染力的。

在蒋孔阳看来,诗歌与小说、戏剧一样,要致力于塑造艺术形象。小说、戏剧有完整的动作、情节,有完整的人物性格。诗歌中的艺术形象,与它们不同。诗人受到外物的感触,产生了思想感情,不具有形象的思想感情与外物交融后,构成了具体可感的画面,艺术形象由此形成。除了意境之外,诗歌的形象性特点再无别的体现渠道或途径。因此,诗歌的艺术形象就是意境,诗歌的美就是从作为整体的意境当中体现出来。就诗歌而言,"'意境'实在可以说是经过诗人的创作过程,把本来是矛盾的主观和客观、理性和感性、心与物、情与景等方面,统一起来,在一首诗中形成的一个完整的、独立自主的艺术形象"⑤。

在阐明了何为意境、意境对诗歌的重要性之后,蒋孔阳接着指出,唐诗最为明显的美学特点是构造出了美妙的意境。他从唐诗的情景相生、生意盎然、

---

① [德]黑格尔著,朱光潜译:《美学(第一卷)》,商务印书馆版 1997 年版,第 155—162 页。
② 同上书,第 197 页。
③ 同上书,第 155—198 页。
④ 朱立元:《黑格尔美学引论》,天津教育出版社 2013 年版,第 403 页。
⑤ 蒋孔阳著,濮之珍、朱志荣编:《蒋孔阳全集(5)》,第 141 页。

韵味无穷三个方面对此给予说明。蒋孔阳认为,与前代诗歌相比,唐代诗歌真正达到了情景相生、交融的境界。诗人们写景叙事时,思致、情感依靠景、依靠事而得以产生,并依靠景、依靠事而具体体现出来。诗人的"意"是个性化的"意",诗人面对的"境"也是某种特殊的景或事。诗人主观的"意"与"境"的物理特征契合无间,它们相互交织,相互生发,"情因景而发,景因情而深"[①]。所写的句句是"境",却又句句是"情"。一首诗,就是一个完整、独立、自足、和谐的艺术天地。在这个自成一统的天地里,有秩序,有深意,有韵味,说不尽,道不完,让我们盘桓、回味不已。

二、蒋孔阳对古代绘画美学特点的研究

在《中国古代绘画中所表现的美学思想》中,蒋孔阳主要回答了三个问题:中国绘画从远古到明清,经历了哪些发展阶段? 从总体上看,中国绘画有些什么特点? 中国绘画的美学思想,可以归纳为哪些? 第一个问题是铺垫性的,是为解决后面的问题提供一个历史的参照框架。后两个问题是蒋孔阳关注的核心,也是在今天看来最有学术价值的部分。因此,我们着重考察蒋孔阳对后两个问题的回答。

(一) 在中西比较中揭示中国绘画的基本特点

要弄清中国绘画的基本特点,首先要知道什么是中国绘画。中国绘画艺术的历史悠久漫长,画家数不胜数,绘画作品浩如烟海,画法争奇斗艳。因此,在中国古代绘画艺术的遗产中,确定哪些是其代表,就是非常重要的了。在扼要考察中国古代绘画艺术的早期萌芽和创造、汉代的壁画和人物画、魏晋时期专业画家和专门绘画理论著作的出现、唐代文人画和水墨画等的空前繁荣、宋元时代文人画和水墨山水画的高峰、明清两代绘画的新面貌之后,蒋孔阳作出这样的总结:就载体而言,中国画有壁画和卷轴册页画两派,卷轴册页画是中国绘画的代表;就题材而言,中国画有人物画、山水画、花鸟画、竹石画等,山水画是中国绘画的代表;就画法而言,中国画有着色画、水墨画,水墨画是中国绘画的代表;就画师的身份角色而言,中国画有工匠画、文人画,文人画是中国绘画的代表。以扎实的历史材料为基础,确定中国绘画的代表之后,蒋孔阳就以

---

① 蒋孔阳著,濮之珍、朱志荣编:《蒋孔阳全集(5)》,第144页。

这些代表为分析对象,在中西比较中提炼中国绘画的基本特点。蒋孔阳认为,中国绘画是笔墨的艺术、线条的艺术,用"以大观小"的方法来塑造形象,是不受时空限制的综合艺术。

在蒋孔阳看来,西方绘画注重对客体的摹仿,注重对客体本来面目的真实反映,要求精确描绘客体的形象,它的用笔主要是描,而中国绘画虽然也要描绘客体的形象,但中国绘画更注重通过点、撇、纵、横和浓、淡、明、晦的笔墨艺术抒写主体的情感和意趣,它的用笔主要是写;西方绘画受希腊雕刻和建筑影响,追求造型的美,用油彩和毛刷画出块状的面,讲究光线的明暗,即便是使用线条,也是为了勾出客体的轮廓,而中国绘画受书法影响,它用文房四宝画出的是线条,它用流动、灵活、风格各异的线条来表现客体的姿态、气势、节奏与神韵,以线条塑造形象;西方绘画采用焦点透视法,注重客体物理位置的远近、光线的明暗及形体的大小比例,在平面空间中获得立体、真实的效果,而中国绘画用散点透视、"以大观小"的方法把万里江山收入立轴或横幅中;西方绘画是严格的空间艺术,不留空白,而中国绘画突破时空限制,可在同一幅画中表现不同的时间,可抛开光学原理把白天和夜晚画得没有分别,可把不同的空间并列呈现,可以根据情感意趣缩放外物的比例,可把现实中没有空白的空间变成绘画中的大片留白;西方的绘画与文学、雕刻等部门艺术有非常明确的界限,绘画就是绘画,不能是别的,它是单一、纯粹的艺术,而中国画"直接把书法、诗歌、题款、钤印、装裱等结合在一道,形成一种以画为主的综合艺术"①。

蒋孔阳对西方美学下过很大的功夫,他曾受教育部委托翻译李斯托威尔的《近代美学史评述》,曾翻译西方美学论著中经过精心选择的不少篇章②,曾撰写《德国古典美学》和一些关于西方美学的论文。可以说,对西方美学思想,蒋孔阳是有非常精深的造诣的。而对于中国古代美学,蒋孔阳也是有深入把握的,这可以从他在许多文艺理论和美学著述中对中国古代美学资源大量恰切的利用,以及写于1970年代中期的《先秦音乐美学思想论稿》中看出来。中国绘画艺术的基本特点是什么,回答这个问题,从中西比较入手是正确的。而蒋孔阳是具备进行中西比较的基础和能力的。

---

① 蒋孔阳著,濮之珍、朱志荣编:《蒋孔阳全集(5)》,第180页。
② 这些译文以"西方文论和美学译文"为总题编入《蒋孔阳全集(5)》。

比较的方法,并不是什么新的东西。在我国,历朝历代的诗论家,对《诗经》与楚辞、李白与杜甫、唐宋诗文等就进行过许多比较研究。在西方,学者们对柏拉图与亚里士多德、希腊与罗马、奥古斯丁与阿奎那、经验论与唯理论、古典主义和浪漫主义、英国传统与法德传统,也进行过许多比较。在解放前,王国维、蔡元培、鲁迅、宗白华、朱光潜等就曾经对中西方的美学思想进行过比较,取得了一些成绩。但在极左年代,历史被拉向倒退,我们的物质文明和精神文明建设相当封闭,视野狭窄。1980 年代以来,中国的政治、经济、文化等发生了很大的变化,日新月异的新时代向学术研究提出了促进文明互鉴的要求。没有比较,就没有鉴别,蒋孔阳顺应时代潮流,不断倡导从中西比较的视野中开展美学研究,如积极支持中西美学艺术比较的学术会议,并就中西美学比较进行理论探索,1984 年撰写了《对中西美学比较研究的一些想法》,出版于 1993 年的《美学新论》一书中的第六编,就是"中西艺术和中西美学"。① 可以说,在中西比较中推进美学研究,是蒋孔阳的重要学术理念。我们通观蒋孔阳的一系列论著,可以发现,比较研究,是蒋孔阳学术研究的重要方法,他的比较研究,是逐步推进的,经历了同一文化系统中的"西—西"比较到跨越文化系统的"中—西"比较的过程。他完稿于 1965 年的《德国古典美学》就大量使用了比较的方法,但那只是在西方美学系统内部进行的比较,不是中西方的跨文化比较。而从中西比较的角度看,对中西绘画的比较,并不是他进行跨文化比较的第一次尝试,因为他在 1970 年代中期所写的《先秦音乐美学思想论稿》中,就将中西美学思想进行了许多比较。虽然如此,中西比较只是《先秦音乐美学思想论稿》这部著作所采用的众多研究方法中的一种,而在讨论中国绘画的基本特点时,中西比较成了他最核心的方法。可以说,《先秦音乐美学思想论稿》只是他进行中西比较的萌芽,《中国古代绘画中所表现的美学思想》才是中西比较的真正展开,而上面提及的在 1980 年代之后推出的论著,是他对中西比较实践的理论反思。有趣的是,蒋孔阳对中西绘画的比较,是在日本讲学期间进行的。或许,置身于日本这一异域文化中的际遇,促进了他进行中西比较的决心,也增进了他对中西比较的自觉,为他后来不断倡导中西比较奠定了生活和学术方面的基础。

蒋孔阳在比较时,不犯文化本位主义的错误,对西方一概排斥,也不盲目

---

① 蒋孔阳著,濮之珍、朱志荣编:《蒋孔阳全集(3)》,第 371—444 页。

推崇东方,瞎赞一通。他不抱有较量、对抗的心态,他是冷静的、平和的。他的目标,不是要判定中西绘画孰优孰劣,不是直接为增进中国人的文化自信服务,而是要在比较中,找出中国绘画与西方绘画的差异,总结出中国绘画的真正特点。他所说的那些特点,不是胡乱标榜,而是科学的结论。他所揭示的中国特色,对于西方绘画的未来发展,也是有借鉴价值的。蒋孔阳的比较,是典范性的。

(二) 以辩证思维概括中国绘画中的美学思想

蒋孔阳在讨论中国古代绘画美学思想时,和他在讨论中国绘画的基本特点时一样,运用了中西比较的方法,只是与矛盾分析法相比,中西比较的方法在此没有那么突出罢了,中西比较的方法,已被融入到矛盾分析法之中。蒋孔阳曾翻译过奥斯本(Harsld Osborne)的《美学与艺术理论》(*Aesthetics and Art Theory*)中的第四章[①],即"中国绘画艺术中的美学思想"。[②] 他对奥斯本在该书中就中西艺术所进行的对比是熟悉的。奥斯本认为,西方绘画是自然主义的,注重对客观现实的摹仿,而中国绘画是非自然主义的,注重表现艺术家与道契合的人格。蒋孔阳吸收了奥斯本的部分观点,并把我们对中国绘画美学思想的认识,提到了新的高度。蒋孔阳从中国古人关于绘画的理论中,清理出了这么几对范畴:"形似"与"神似","师造化"与"法心源","个体"与"整体","道"与"自然"。他既坚持两点论,又坚持重点论,深刻把握了中国古代绘画美学思想。

在讨论绘画时,和讨论唐诗时一样,蒋孔阳极为重视中国古人的意境论。诗和画毕竟是两种不同的艺术,在运用意境说时,他充分考虑到了两种艺术的特点,在分析唐诗时,他主要使用的是"意境"一词,而在分析绘画时,主要用的是"境界"一词。蒋孔阳认为,中国早期绘画强调形似,文人画出现之后,虽然画师和画论家们也讲形似,但他们要求在形似的基础之上进一步达到神似,神似成为绘画的主要目的;中国画强调要向自然学习,即"师造化",但也强调"法心源",要求在二者的统一中,画家以自己的性情、人格、修养等主观方面的本质力量为山川写照,为山川传神;中国画讲究个体与整体的统一,要求把个体即画中人、事、物的个性特征相互联系起来,烘托、渲染出情景交融的艺术境

[①] Harold Osborne (1970), *Aesthetics and Art Theory*, New York: E. P. Dutton Press.
[②] 蒋孔阳著,濮之珍、朱志荣编:《蒋孔阳全集(4)》,第100—106页。

界,在整体境界中表现个体;道与自然,分开来看,前者是本质,后者是现象,但合起来看,本质即现象,现象即本质。中国古人总是把二者联系在一起理解,倾向于从感性直观的角度把握道,重视"天人合一",强调笔墨的简、淡、雅、拙,强调自然而然,反对人工雕琢。

讨论中国绘画中的美学思想,最简便的做法就是直接到中国哲学史论著中去寻找素材、资料,这些素材、资料可以为绘画美学思想提供形而上的支持。冯友兰的《中国哲学史》、张岱年的《中国哲学大纲》都是公认的杰作,另外中国科学院哲学研究所中国哲学史组、北京大学哲学系联合编写的《中国哲学史资料简编》(全七册)也都是很好用的资料。这些资料是随手可得的。但蒋孔阳不是一般的学者,他没有走这样的"捷径"。他所征引的材料,主要不是中国古代哲学家的,而是画家和画论家的,因而他的讨论更具有针对性。在讨论中,蒋孔阳对中国哲学与绘画关系的处理,是非常谨慎的,这尤其体现在他对于中国绘画如何形成注重"传神"、"神似"的传统这一重要问题的回答上。蒋孔阳从中国古代哲学中的形神之辩考虑这个问题。佛教传入东土之后,引发了"形"与"神"的大辩论,先后有范缜撰写《神灭论》、沈约撰写《形神论》、刘勰撰写《灭惑论》参与到这场大辩论中。蒋孔阳一方面指出,"形、神的辩论,主要是中国哲学思想史中的问题,它与绘画中所说的'形似'与'神似',不仅没有直接的关系,而且各自对问题的提法也不同。"[①]另一方面,蒋孔阳也指出:"思想上的影响,不同于物理上的影响,它不是直接的,像母鸡孵蛋一样,而是间接的,曲折的,像打弹子一样,注目在 A,结果却打到了 B,甚至是 C 或 D。正是在这个意义上,当时形、神的争论,引起了画家们对于'神'的问题的重视。"[②]蒋孔阳还辩证地看待了哲学中所说的"理"与绘画艺术所追求的"神"。"理"是哲学家尤其是宋明理学家讨论得非常多的一个范畴,而在绘画等艺术中,"理"讲得少,讲得多的是"神"。在蒋孔阳看来,哲学中所说的"理"与绘画艺术中所说的"神",既有差别,也有深刻的联系。他说:"'理'是抽象的道理,原则规律。而'神'则是具体化的、生命化的。"[③]因此,我们不能把二者混同。但是,"理具体化、生命化,融入形中,通过形表现出来,这时就成为神"[④]。

---

① ② 蒋孔阳著,濮之珍、朱志荣编:《蒋孔阳全集(5)》,第 186 页。
③ ④ 同上书,第 188 页。

结　语

　　蒋孔阳对德国启蒙运动时代的著名美学家莱辛关于画与诗的区分进行了反思,认为莱辛的区分,并不完全适合于中国艺术。莱辛撰写了一本著作——《拉奥孔》,该书有一个副标题,即"论画与诗的界限"。拉奥孔是希腊传说特洛伊战争中的著名人物,古典时代的雕刻和诗歌对拉奥孔遭到大蛇绞杀的故事都有过反映。莱辛通过比较古典雕刻中的拉奥孔与古典诗歌中拉奥孔的不同,总结出了画与诗的分别。他认为,画与诗在媒介上不同,空间中的形体和颜色是绘画的媒介,而时间中发出的声音是诗的媒介[1];画与诗所依赖的感觉器官不同,欣赏绘画要用眼睛,眼睛适宜接受在空间中并列的、静止的物体,欣赏诗要用耳朵,耳朵适宜接受在时间中流动的、发展的事物[2];因此,画与诗在题材上不同,在空间中并列的物体及其可以用眼睛看见的属性是绘画的特有题材,在时间中前后承续的动作或情节是诗所特有的题材[3]。莱辛的看法是重要的,因为他通过对画与诗的比较,从理论上阐明了空间艺术和时间艺术的根本区别。在分析唐诗的美学特征时,蒋孔阳认为,唐诗善于把时间搏入空间,把空间搏入时间,体现出了音乐美和建筑美。但蒋孔阳也指出,"这音乐美和建筑美,只是一种象征性的比喻",因此,唐诗和音乐美、建筑美"之间只具有比喻的关系而并不具有实质性的关系"[4]。蒋孔阳在此是继承了莱辛关于空间艺术和时间艺术的区分思想的。而在研究中国古代绘画时,蒋孔阳发现,不能用莱辛的理论硬套中国的绘画,他尖锐地指出,莱辛的讲法,"对于西方的画来说,完全是正确的。对于中国画来说,有其正确的一面,……但是,又有其不正确的一面"[5]。中国画也是表现空间的,这是莱辛正确的一面,但中国的文人画是写意的,它可以超脱时间和空间的限制,这是莱辛错误的一面。我们从蒋孔阳对唐代诗歌的讨论到对中国绘画的讨论中可以发现,由于研究对象的不同,他对莱辛《拉奥孔》所进行的反思也是不同的。

　　在 1949 年后,蒋孔阳认真学习马列主义,并以马列主义为指导,撰写了许

---

[1][3]　［德］莱辛著,朱光潜译:《拉奥孔》,人民文学出版社 1979 年版,第 84 页。
[2]　朱光潜著:《西方美学史》,人民文学出版社 1979 年版,第 303 页。
[4]　蒋孔阳著,濮之珍、朱志荣编:《蒋孔阳全集(5)》,第 121 页。
[5]　同上书,第 177 页。

多关于文艺理论和美学的论著,产生了较大影响。虽然从 1958 年的"拔白旗"运动开始,他就受到很大冲击,但他对马列主义的信仰从未动摇。"文革"结束后,蒋孔阳继续运用马列主义的观点、原理、方法从事文艺理论和美学的研究,逐渐在学术界确立了马克思主义美学家的地位。从 1951 年出版译著《从文艺看苏联》到 1999 年《西方美学通史》出版,在近半个世纪的学术生涯中,蒋孔阳所写的主要论著,除了《唐诗的形成及其美学特点》和《中国古代绘画中所表现的美学思想》,都具有浓厚的马列主义色彩。正如前面所说,《唐诗的形成及其美学特点》和《中国古代绘画中所表现的美学思想》是蒋孔阳在日本讲学期间的讲稿,考虑到它们的受众都是日本学生,而马列主义是中国的官方意识形态,中日两国政治、经济制度不同,主流话语方式有别,只有不搞意识形态输出,求同存异,扩大共识,才能更好地与日本的学者、学生进行学术文化的交流,蒋孔阳一反往常的做法,他的讲稿很少直接引用马列主义经典,马列主义经典作家的名字也很少出现在讲稿中。从表面看,蒋孔阳弱化了马克思主义美学的立场,但深入细读后,我们会发现,马列主义依然主导着这两个讲稿对问题的讨论与解决。蒋孔阳对唐诗产生背景的分析、对中国古代绘画艺术发展历程的梳理,就贯穿着历史唯物主义的基本原理。而他对中国古代绘画美学思想的归纳,就娴熟地运用了矛盾分析法。他以对立统一的思维发现和处理中国古人绘画的审美意识中的一系列矛盾,他运用唯物辩证法的造诣,令人叹服。

蒋孔阳对中国古代诗论、画论中的名词、术语有准确的理解,既能保持它们的本来含义,又能把它们与西方的美学术语也就是现代的美学术语融通。他对唐诗美学特点、对中国绘画美学特点及美学思想的归纳,是从通过中西美学相互交流、相互比较促进我们建立"既适应中国民族化的传统、又符合世界现代化潮流的美学体系"这一角度出发的[1],是从唐诗和中国绘画乃至西方艺术的总体面貌着眼的,因而不能绝对化地去理解这些结论。我们可以说,无论是唐诗还是中国古代的绘画,它们的倾向和特征的体现,在历史发展过程中,是有先后的,但也是交叉并行的。诗人、画家、理论家的艺术追求,是有变化的,他们给我们留下的艺术作品、理论作品,也是有多种面目的。蒋孔阳提醒我们,在寻求一般的、普遍的结论时,不能忘记具体的、特殊的丰富性、复杂性。

---

[1]　蒋孔阳著,濮之珍、朱志荣编:《蒋孔阳全集(4)》,第 71—72 页。

论诗中的真与画中的真

——以中国艺术形态为例

张思桥 *

摘 要： 自从苏轼提出"诗画本一律"、"诗中有画、画中有诗"的主张之后，诗与画之间的艺术同一性与美学互通性被渐次发掘。然而，在对"同"的关注过程中，其"同中之异"的内在肌理则尚有进一步生发的余地。其实，在"诗画一律"的大前提下，涉及"诗中真"与"画中真"的逻辑规律是迥然相异的。要言之，约有两端：首先，在形似与传神之间，诗往往体现出由"形似"而"传神"的规律，而画则反之。其次，画之"乱真"更重视的是模仿的技法与"起死回生"的本领，而诗之"乱真"则常常要借助"无中生有"、"化虚为实"等手段来实现。通过这种"分—合—分"的解析，中国固有之艺术原理或可凭之而开显。

关键词： 诗中的真 画中的真 形似 传神

从先秦以迄六朝，人们对于诗艺的讨论或聚焦在体与用，或聚焦在缘情与言志，或聚焦在"自然"（芙蓉出水）与"雕琢"（错彩镂金）等。而在彼时的历史语境中，对于诗中是否表现艺术真实、如何表现艺术真实的问题却鲜有涉及。虽如《文心雕龙·明诗》中也提到了"情必极貌以写物，辞必穷力而追新"的说法，但它实际上仍只是一种魏晋以来"自然"哲学观的投射，并不是关于艺术表现与艺术真实之间的有效探索。相反，在同时期的画论中，如顾恺之《论画》、宗炳《画山水序》等，反而是在基于艺术自律性的基础上，出现了一些涉及"形"、"神"问题的阐述。至唐代，在题为王昌龄所撰的《诗格》中，始出现了有关于"物境"的诠释。其中说道："欲为山水诗，则张泉石云峰之境，极丽绝秀者，神之于心。处身于境，视境于心，莹然掌中，然后用思，了然境象，故得形

---

* 作者简介：张思桥，华东师范大学中国语言文学系博士生，主要研究方向：中国诗学。

似。"同时作者又在"意境"的解释中说："亦张之于意,而思之于心,则得其真矣。"王氏的观点,可以说是对诗艺中有关"形神"问题的较早讨论。再之后,在苏轼的《书鄢陵王主簿所画折枝二首(其一)》中,苏轼如是说道："论画以形似,见与儿童邻。赋诗必此诗,定非知诗人。诗画本一律,天工与清新……"同时他还在《书摩诘〈蓝田烟雨图〉》中提出："味摩诘之诗,诗中有画。观摩诘之画,画中有诗。"这可以说又在学理层面上对艺术表现与艺术真实的关系进行了一个形象的概括与总结。自此以后,"诗"与"画"的畛域渐被打通,二者之间的同质性亦被大力发掘。但是,所谓"诗中有画"、"画中有诗",绝不意味着两种艺术规律的简单等同,而是在二者之间存在着同中见异的逻辑关系。因此,就如何表现艺术真实这一点而言,"诗中的真"略不同于"画中的真"。

一、诗中有画,画中有诗:诗、画与"真"的照面

一般认为,中国的诗画比较论、同质论是在宋代确立的,近年的研究也多以宋代为中心展开。[①] 自苏轼明确提出"诗画本一律"、"诗中有画、画中有诗"的观点之后,可以说诗、画这两种艺术形态真正从理论上实现了贯通,不再是一种直觉感悟式的经验状态。然而在这两种不同艺术形式的互通、互融中,难免还会存在着一个"连接中介",而这个中介实际上就是艺术表现中的"真"。

诚然,就整个文学艺术史来说,诗论的出现要早于画论。早在《尚书·尧典》中,就已有了"诗言志"的说法。可是在唐宋以前,诗更多关注的是情感真实,而对诗中表现对象自身的真实与否并不甚看重。故从《诗经》《楚辞》开始,种种有悖于客观真实的意象、意境都是作为"背景图"而被边缘化处理的,是以《楚辞》中各种光怪陆离的意象也不曾受到訾议。而自从诗艺与画艺触通后,它迫使人们开始思考这样一个问题——诗歌作为一种语言艺术,这种艺术形式自身与"表现真实"之间究竟存在着一种什么样的逻辑关系?对此,最迟至宋代,文人们已开始尝试回应这一问题。如严羽的"夫诗有别材,非关书也。诗有别趣,非关理也。而古人未尝不读书、不穷理。所谓不涉理路,不落言筌者,上也"(《沧浪诗话》),是言不可因理而妨诗。再如陈岩肖说道:"姑苏枫桥

---

① 〔日〕浅见洋二:《距离与想象——中国诗学的唐宋转型》,上海古籍出版社 2005 年版,第110—111 页。

寺,唐张继留诗曰:'月落乌啼霜满天,江枫渔火对愁眠。姑苏城外寒山寺,夜半钟声到客船。'六一居士《诗话》谓:'句则佳矣,奈半夜非鸣钟时。'然余昔官姑苏,每三鼓尽四鼓初,即诸寺钟皆鸣,想自唐时已然也。"(《庚溪诗话》)是又从其是否符合逻辑真实的角度界定其"艺术完整性"。

宋人关于诗与"真"之间的态度,我们断不可将其简单地视作一种"考究"之风,而应从中看到其背后蕴含的深刻的时代心理之变化——从唐的主"情"到宋的主"理",诗家对艺术本身的体认更为完善、精深,其"格物"之精神亦愈发充实。实际上,虽然诗只是文学门类的一种,但同时它的内质又是极其复杂的。在很大程度上,它已经突破了文体甚至文学本身的意义,而成为表现人类精神、情感的一种特殊形式,故有"诗言志"、"诗缘情"等说法。同理,绘画亦然。虽然绘画是一门艺术,但同时它自身又承载了更多精神性的内容。如中国画论中提到的"卧游"、"外师造化,中得心源",再如西方哲人海德格尔在《艺术作品的本源》中所提到的:"在艺术作品中,存在者的真理已被设置于其中了。"①在这一点上,我们可以认为,绘画往往会纳入诗歌的"可—想象"功能,而诗歌则会吸收绘画的"可—再现"功能,二者之间相互渗透、相互观照。但是,它们彼此之间又均是建立在人们心理的趋"真"倾向之上,实则只是完成了一种"欣赏置换"。具体来说,两者关系如下:

首先,"诗中有画"中的"画",本不是指画艺、画作,而是指画面、画境,因此诗中开显的是一种"存在"的真实之境,是一种普遍的逻辑真实。正如亚里士多德所说:"历史学家和诗人的区别在于前者记述已经发生的事,后者描述可能发生的事。"②所以,诗人的创作不是信马由缰、罔顾真实,而是要像画家一样,"应物象形"、"传移模写",将抽象的语言艺术转化为形象的"心理视觉"艺术,进而构成其作品自身意境的完整性。如,当我们品读王维的《竹里馆》时,"独坐幽篁里,弹琴复长啸。深林人不知,明月来相照",首先呈现在读者脑海之中的,不是语言艺术自身所关涉的修辞、语法,而是基于一个"整体性"的画面。正如德国学者莱辛在其《拉奥孔》一书中所说的那样:"一幅诗的图画并不一定就可以转化为一幅物质的图画;诗人在把他的对象写得生动如在眼前,使我们意识到这对象比意识到他的语言艺术还更清楚时,他所下的每一笔和许

---

① [德]海德格尔著,孙周兴编:《海德格尔选集(上卷)》,上海三联书店 1996 年版,第 256 页。
② [古希腊]亚里士多德著,陈中梅译注:《诗学》,商务印书馆 1996 年版,第 81 页。

多笔的组合，都是具有画意的，都是一幅图画，因为它能使我们产生一种逼真的幻觉。"①从这一方面来讲，中西诗歌艺术之间具有一种"共通性"，它不是来自于文学外部的观照，而是就艺术形式自身特质而言。

"画中有诗"，则是指绘画艺术中须体现出诗意、诗境，而不仅仅是一种"摹仿的摹仿"，故钱锺书先生在《管锥编》中说道："绘画不特似真逼真，抑且乱真夺真。"②亦如朱利安所说："中国原本并未设想摹仿论，从而并未提出一种想法把绘画作为再现，它思考的是（作为自然而然的）自然（le naturel），而非作为先建客体的、由知觉法则构建起来的'自然'（nature）……中国古典绘画则从未将图像的身份安置在摹仿基础之上，而是让它基于一种有效性。"③确实，对于中国古典绘画来说，它从来不是一种简单的再现，而是一种再现与表现的统一，所以唐岱在其《绘事发微》中说道："有气则有韵，无气则板呆矣。"所以无论是《清明上河图》、《富春山居图》一般的巨笔，还是小到一枝墨竹、墨梅，都不仅仅是一个纯粹的艺术品，而是包涵着创作主体及表现对象的生命精神。中国绘画的"似与不似之间"，看似矛盾，实则并不难理解——它既要展示出一种再现的真实，也要表现出一种诗意化的灵境。故"似与不似之间"，在某种程度上也可说是"真与不真之间"。

二、形似与传神：诗、画"体真"的不同策略

在体现艺术真实这一点上，诗与画既有同，也有异。其相同之处即是均看重"形"、"神"关系对作品自身的影响；而其相异之处则在于对"形"、"神"关系的具体把握上。

关于"形"、"神"这一问题，其实在很早就已经开始出现。它本是经历了由玄学到画论、然后再到诗论这样一个渐变的过程。而还原到文学艺术领域，在南朝宗炳所撰的《画山水序》中，就曾提出了"山水质有而趣灵"、"以形媚道"等主张。其后，诗论中对这一问题亦多有涉及。如在司空图的《二十四诗品》中，作者即有"脱有形似，握手已违"、"离形得似，庶几斯人"等论述。可以说，在中

---

① ［德］莱辛著，朱光潜译：《拉奥孔》，人民文学出版社 1979 年版，第 79—80 页。
② 钱锺书：《管锥编（二）》，生活·读书·新知三联书店 2007 年版，第 1124 页。
③ ［法］朱利安著，张颖译：《大象无形——或论绘画之非客体》，河南大学出版社 2017 年版，第 250 页。

国古代,诗与绘画皆重"传神"而轻"形似",正如画家抬写意而抑工笔,诗家重抒情而轻叙事。可是尽管如此,二者之间的逻辑关系又是不尽相同的。

对于诗而言,更重视的是由"形似"而"传神"。大凡诗歌,未有不"形似"而可传神的。试看"飞流直下三千尺,疑是银河落九天"(李白《望庐山瀑布》)、"蝉噪林逾静,鸟鸣山更幽"(王籍《如若耶溪》),尽管李诗中运用了夸张的修辞,王诗中运用了想象的成分,但诗中再现的画面是极为真实的,且它不仅表现了静态的语境,而且表现了真实的、动态的语境,不仅"似",而且"极似"。我们从来不会因为诗人对描写对象的"变形"而想象不出那种画面。从读者心理上来讲,无论是"飞流直下三千尺"也好,还是"鸟鸣山更幽"也好,作者都是将画面整体的"真"予以强化了,据于此,它方能活起来、方能够更为传神。换言之,诗是一种想象艺术,对于诗中的"画"而言,人们是看不到的,故只能从想象中获得一个完整的意境。就其表"象"这一层面而言,诗歌可谓是以"言"明"象",故愈"形似",愈可呈现出语言艺术的高妙,即愈加传神。

而对于绘画来说,更重视的则是由"传神"而"形似"。大凡绘画,多讲"遗貌取神",未有不传神而可"形似"的。正如齐白石所说:"我所画的虾并非如人们日常所见的样子,我所探寻的并非'形似',而是'神似',这就是为什么我笔下的虾是'活'的。"[1]齐白石的虾未必完全符合对象的真实特征,然而这却从来不会妨碍它的"栩栩如生",这是因为,"传神者,气韵生动是也"(杨维桢《图绘宝鉴序》)。对于绘画艺术而言,可以说"神韵出则形极似"。虽然自五代、尤其是北宋以来,画家在山水画的写实技法上空前提高(如"皴法"的渐趋完备、郭熙"三远法"的提出等),但推考其源,它们无不是以"传神"为前提条件和创作目的。絮言之,一幅"无神"的画,即便其自身高度"形似",人们亦可轻易明辨其为假而非真。就作品的表"象"功能而言,绘画是以象摹象,故愈"形似",愈板滞,愈无法将艺术之精神体现出来。据唐代张彦远《历代名画记》记载:"张僧繇于金陵安乐寺画四龙于壁,不点睛。每曰:'点之即飞去。'人以为妄诞,固请点之。须臾,雷电破壁,二龙乘云腾去上天,二龙未点眼者皆在。"事或虚妄,但它却传达了一种"通性之真实"——即便一幅画作是百分之百"形似",倘若无神,也终究得不到观者心理的认可。

进一步讲,重视"写意传神",本是由工匠画向文人画过渡中的一大转捩,

---

① 参见王振德、李天麻编:《齐白石谈艺录》,河南美术出版社 1988 年版,第 266 页。

亦可以说是绘画艺术向诗歌艺术靠拢的一种具体表现。但说到底,诗与画毕竟是两种不同的艺术——绘画是直观的视觉艺术,诗歌是间接的想象艺术。正如浅见洋二所说:"绘画具备线条与色彩等物质条件,映像作为可以感知的内容直接展现在接受者(鉴赏者)眼前。而诗歌则是以语言为表现工具的,其中需要接受者(鉴赏者)想象力的介入。"① "似与不似之间"用之于画则可,用之于诗则不可。因绘画是一种空间艺术,故无须借助想象,亦可以直接通过视觉的"组合经验"获取其中的真实。而诗则是一种时间艺术,追求的是一种"极似",诗中的"真"是建立在"串联经验"的基础之上,故中间倘有一环"失真",整个作品的神就要被打散。如在《红楼梦》第四十八回中,香菱笑道:"据我看来,诗的好处,有口里说不出来的意思,想去却是逼真的。有似乎无理的,想去竟是有理有情的。"黛玉笑道:"这话有了些意思,但不知你从何处见得?"香菱笑道:"我看他《塞上》一首,那一联云:'大漠孤烟直,长河落日圆。'想来烟如何直? 日自然是圆的:这'直'字似无理,'圆'字似太俗。合上书一想,倒像是见了这景的。若说再找两个字换这两个,竟再找不出两个字来。"这里,香菱先是对诗中画面的真实性产生了质疑,所以无从进入诗境之中;其后忽然又通过想象与回味领悟到了诗中"极真"的画面,于是这首诗便倏然产生了十分"传神"的效果。这一抑一扬,一失一得,充分说明了"诗中有画"的"画面",必须要以"形似"为基础。再如,王安石对"春风又绿江南岸"中"绿"字的锤炼,与其说是在"炼字",不如说是在"炼真"——用语言艺术极生动、极形似地传达出目遇心合之画面,这正是诗家孜孜以求的至高境界。

三、夺真/乱真:诗、画不同的创构要求

在古希腊旧闻中,曾传两画师竞技事,此画葡萄,鸟下欲啄,彼画垂帷,此来欲揭,方知非实。乃自失曰:"吾艺能欺鸟,渠巧竟能惑我耶!"此言绘画之至境,不唯逼真似真,更能夺真乱真。② 故钱锺书先生言"以乱真为贵"。实际上,不独画有"乱真",诗亦有"乱真"。但是,从读者期待视野进行考察,读者对诗、画两种艺术的心理期待是有所差别的。

---

① [日]浅见洋二:《距离与想象——中国诗学的唐宋转型》,第121页。
② 钱锺书:《管锥编(二)》,第1124页。

我们知道,绘画"传神"的生成起点是视觉,是由视觉而经验,是以象味象,而后方在"视觉—心理"的幻境中达到"畅神"的目的。正如黑格尔所言:"往日单是艺术本身就可以使人满足。"①虽然此处黑格尔针对的是西方古典艺术,但对照于中国古典绘画,情况亦大致吻合。而诗歌"传神"的生成起点是想象,是由经验而想象。故梅圣俞云:"作诗须状难写之景于目前,含不尽之意于言外。"(欧阳修《六一诗话》)正是基于此,读者常常能够在诗境与经验的契合中实现"神游"的效果。所以,同样是以"夺真"、"乱真"为鹄的,诗、画两种艺术的创作要求是截然不同的。

画之"乱真",往往重视模仿的技法,要能够让"死"的对象变"活"。在《韩非子》中,曾记载了这样一则故事:"客有为齐王画者,齐王问曰:'画孰最难者?'曰:'犬马最难。''孰最易者?'曰:'鬼魅最易。'夫犬马,人所知也,旦暮罄于前,不可类之,故难。夫鬼魅,无形者,不罄于前,故易之也。"画艺直观地表现"真实",故传神必从"形"中来。对于虚构之事物,人们无从凭经验作比较,故往往不存在所谓乱真一说。相反,对于实在之对象,画家不仅要摹仿它的静态,还要摹仿它的动态;不仅要摹仿它的"死"的形,还要摹仿它"活"的神。而在这一创构过程中,则有时会通过牺牲局部的"真"来达到整体的"乱真"。正如我们上文所言,其必能先"传神",而后方可极"形似"。莱辛在《拉奥孔》中说道:"诗的图画的主要优点,还在于诗人让我们历览从头到尾的一序列画面,而画家根据诗人去作画,只能画出其中最后一个画面。"②但在中国画里不然,中国画讲究整体性,往往是通过局部"失真"的手段,突破时空的心理限制。正如王维《山水诀》中所说:"肇自然之性,成造化之功。或咫尺之图,写千里之景。东西南北,宛尔目前;春夏秋冬,生于笔下。"张彦远在《历代名画记·评画》中亦言:"王维画物多不问四时,如画花往往以桃、杏、芙蓉、莲花同画一景。"王维曾有一幅极负盛名的画叫作《袁安卧雪图》,画上有雪中芭蕉一景。众所周知,芭蕉断然不会开于寒冬深雪之中,这明显是违背了生活真实。但是,这却并不妨碍它整体意境的"夺真"、"乱真",正如释惠洪在《冷斋夜话》中所说:"诗者,妙观逸想之所寓也,岂可限以绳墨哉? 如王维画雪中芭蕉,诗眼见之,知其神情蛰寓于物,俗论则以为不知寒暑。"石涛在《画语录》中曾提到:"写画有蹊径

---

① 这句话本为黑格尔与"思考型"的现代艺术相对比而言。参见[德]黑格尔著,朱光潜译:《美学(第一卷)》,商务印书馆1979年版,第15页。
② [德]莱辛著,朱光潜译:《拉奥孔》,第79—80页。

六则"，其中第一二则即是"对景不对山，对山不对景"，并解释道："山之古貌如冬，景界如春，此对景不对山也。树木古朴如冬，其山如春，此对山不对景也。"大抵画家皆重"写实"，如墨竹虽笔墨草草，然一枝一叶皆要从生活细微观察中来。然而在此基础上，大画家往往又会突破"写实"，以诗人之眼运画家之笔，进而达到"夺真""乱真"的效果。其原因恰恰在于，中国绘画所追求的并不是客观摹仿，而是道与器、生命与自然的浑然统一。

而对于诗之"乱真"，则常常须有"无中生有"的本领，即要让"虚"的对象变"实"。具体来说，从作者的角度来讲，一首好的诗作要能够有"化实为虚"的高超技巧；而从读者的维度而言，一首好的作品则要有能够"化虚为实"的表现能力。就像乐府双璧《孔雀东南飞》《木兰辞》，人们关心的往往是作品中主人公、事件到底是不是真实的存在，而不是关心她们在诗中的言行举止描写是不是符合生活之真实。这是因为，诗中展示的画面实在太过象真（假如是虚构，则已然达到了"夺真"、"乱真"的效果），早已将读者吸引并代入到了作者预先设定的场域之中，使沉浸于其中的读者深信不疑。同样的，对于杜甫的"三吏三别"、《佳人》诸作，白居易的《琵琶行》，等等，作者或许并非是忠实地纪实，而只是从共相中塑造出了一个具象而已。但无论如何，读者业已无暇顾及人物、事件之真伪，而是在心理上将其视为一幅真实的历史画面。再比如以岑参为例，其"北风卷地白草折，胡天八月即飞雪。忽如一夜春风来，千树万树梨花开"（《白雪歌送武判官归京》）或许是实写；而"将军金甲夜不脱，半夜军行戈相拨，风头如刀面如割"（《走马川行奉送封大夫出师西征》），则明显是凭以往之真实而预测未来之画面。然而尽管如此，它却丝毫不影响其真实而形象的接受效果。引申来说，在诗中，很多场景的勾勒都并非是一时一地之实见，而是作者通过将零碎的过往"真实"进行艺术化的串联，从而达到一种整体的真实效果。正所谓"身虽未至，如在目前"，这或许正是诗中所追求的"乱真"境界。

四、小　　结

在对文学与艺术的体认中，我们往往强调一种"关联"思维及"打通"思维。但是"打通"之后，并不意味着一种认知形态的完结，而是要继续延伸出新的思考——即经历"异—同—同中见异"这样一个螺旋过程。就"诗"和"画"而言，它们本是两种截然不同的艺术形式。然而由于中国人"长于直觉"、"偏向综合"的传统心理，二者"同质"的一面被逐渐开发并重视起来，且此"同质"之根源往往是基于"他律性"的因素——如哲学思维、文化精神、审美趣味等。但倘若我们翻转一层，回归到艺术本体上来，这种"同质"背后，则又可以离析出一些"异质"的原理与规律。正如上文所说，同样是表现"真"，"诗中的真"与"画中的真"便有许多肌理上的相异之处。当然，不独"诗—画"如此，"赋—画"、"诗—乐"等领域皆有如是一面。这或许可以说是一种"文化意义"上的解构，但同时也不失为一种"科学意义"上的重构。

当代美学

生态美学视角下的我国
乡村振兴战略探索
——从上海崇明岛世界级生态岛定位说起

庄志民 *

摘　要： 1960 年代，国际学术组织"罗马俱乐部"提出的"全球问题框架"虽曾给人以深深的警醒，但在当时世界整体的工业化浪潮方兴未艾，环境污染严重的形势下，人们的关注点主要集中在自然生态环境危机上。几十年过去了，原本的生态概念已经逐渐从"自然"拓展到"社会"，生态治理的视域也得以拓展，成为一个兼及自然、社会乃至生产的复合系统。在特定的生态美学视角下，我国的乡村振兴，也必须与时俱进，注重系统思维，改变通常单向度从产业熔铸切入而忽视其他的做法。由是观之，乡村生态文明就不仅仅是经济视角下的青山绿水治理、维护和管控，而且是涉及社会整体发展的系统方略，其中，包括乡村文化审美价值的认知及启蒙、乡村社会架构的审美化重塑和调整。本文在文献研究的基础上，结合崇明世界级生态岛的发展定位以及湖州荻港古村的保护、利用和开发，尝试对生态美学视角下有关乡村振兴的路径提出一些建设性想法，以求推进生态文明进入新时代。

关键词： 生态美学　自然生态　社会生态　复合生态系统　生态文明
乡村振兴

一、引　言

颇受各界关注的《上海市崇明区总体规划暨土地利用总体规划

---

　*　作者简介：庄志民，华东师范大学旅游学系教授，主要从事旅游文化、旅游规划和战略管理研究。

(2016—2040)》(以下简称《崇明规划,2040》)将崇明的未来发展定位于"生态岛"①,对于这一点大家的认同度很高,然而,对于"生态岛"所给定的前置修订词"世界级",其内涵和外延是否还存有探索的空间? 此外,按照《崇明规划,2040》,"世界级"意味着其具有"全球引领示范作用",这是一种自洽的解释,好像没有问题,但,所"引领"的范围,除了"生态环境、资源利用"之外,还有哪些不可或缺的重要选项?

笔者认为,从当时尚待批复的上位规划《上海市城市总体规划(2016—2040)》所提出的城市之"卓越"(顶级)上来理解"世界级"(国际性)已经不够了。我们亟需从环顾全球、通贯古今的时空全视角上,对崇明岛未来发展的"生态"走向做出更为合理的诠释。②

在"生态文明新时代",上海崇明的发展及其未来走向,有着重要的示范引领意义。崇明,从原先的"现代化生态岛"③之定位,到如今经调整形成"世界级生态岛"之发展目标,可以看到的是,中国从对世界发达国家亦步亦趋,到力争与世界生态文明前沿取得统一步调的巨大转变。

其中,有两个站在世界"地球村"的视角鸟瞰中国上海崇明岛的问题值得提出来探讨:其一,生态岛之"生态",仅仅指的是"自然生态"吗? 其二,生态岛的"世界级",仅仅是中国公众通常理解的出类拔萃的"现代化"吗?

笔者认为,崇明三岛的未来"生态"文明建设需要改变"见物不见人"和唯经济/产业为上的单向度思维:首先,需要在跨文化交流、沟通和融通上,基于开放和发展的生态美学视角,从"道法自然"的老庄哲学等中国传统文化,到世界思想先贤卢梭、梭罗们"回到自然去"等振聋发聩的近代呐喊,以及现当代的生态批评、生态伦理和生态社会学等学说当中汲取养分,以圆融的方式奠定生态文明新时代的思想基础;其次,将生态美学思想与注重自然(道理)、经济(事理)和社会(情理)三者相协调、与充分体现价值理性的复合生态系统结合起

---

① 《上海市崇明区总体规划暨土地利用总体规划(2016—2040)》草案公示公告,上海崇明政府官网,http://www.cmx.gov.cn/cm_website/planning/,2017年7月20日—2017年8月19日。

② 2017年12月15日,《国务院关于上海市城市总体规划的批复》[国函〔2017〕147号]公开发布,该规划的正式定名和时限为《上海市城市总体规划(2017—2035年)》;与上位规划做对接,2018年5月30日,沪府〔2018〕40号文件原则同意《崇明区总体规划暨土地利用总体规划(2017—2035)》并作出批复。本文主要部分是于2017年9月写就,在上述国务院和上海市政府对相应总体规划的批复下达之前,故发表时行文一仍其旧,未做相应改动,特别说明。

③ 《崇明三岛总体规划出台　崇明建设目标:现代化生态岛区》,上海市人民政府网,http://www.shanghai.gov.cn/nw2/nw2314/nw9819/nw9822/u21aw128660.html,2005-11-16.

来,从而科学而艺术地构筑"美丽中国"麾下的崇明生态岛发展定位,乃至构筑我国乡村振兴战略推进的操作性范式。

二、关于"生态"的内涵和外延解析

世界各国的工业化进程,大抵都走过"先发展,后治理"的弯路。"二战"之后整个世界处于"和平与发展"的时代,从而促进了 1950 年代至 1960 年代工业革命的高度繁荣。但与此同时,也付出昂贵的环保代价,一系列极为严重的公害事件令整个世界感到极大的震惊。为环境质量急剧恶化的严峻形势所逼迫,逆向催化出一个非正式的国际协会,这就是由诸多国家的科学家、教育家、人类生态学家、经济学家和社会活动家所组成的"罗马俱乐部"。该跨国协会将人口激增、环境退化、粮食短缺、富足中的贫困等纳入"全球问题框架"当中进行综合研究,开启生态系统思维取向下尝试解决人类所面临困境之先河。基于对全球问题成堆的悲观估量,当时的"罗马俱乐部"主席奥尔利欧·佩奇专门著书,寄语人类未来的唯一希望——青年或思想年轻者:"未来再也不是过去想象的未来",因为"人类已奔向灾难的道路"。① 这种对人类未来发展的悲观预测,与罗马俱乐部 1972 年发表的著名报告《增长的极限》有关。此报告是基于客观存在的问题框架梳理而建立的全球分析模型,由此推论,到 20 世纪末 21 世纪初,全球经济将达到增长的极限——零增长。因为,经济(国民生产总值)所带来的增长,并没有将资源消耗内容以及环境所付出的代价(作为负数)计算在内。某种意义上说,经济发展水平的传统指标 GNP——即国民生产总值增长与资源环境质量水平呈反比。甚至有人宣称 GNP 是"国民总污染"! 但人们发现,在贫富悬殊的地球上,到了"增长的极限",而要选择"零增长",对于发展中国家来说是不公平的。对于中国这样的发展中国家,设若在"零增长"的"极限"框架下,注定是没有出路的。发展才是硬道理,关键在于发展方式的调整。在国际社会作为利益相关者的多种力量博弈过程当中,罗马俱乐部顺应大势,对原有观点做了适度修正。经济学和生态学和谐结合的"协

---

① [意]奥尔利欧·佩奇著,王肖萍、蔡荣生译:《世界的未来——关于未来问题的一百页》,中国对外翻译出版公司 1985 年版,第 3—86 页。

调发展观"应运而生①，进而助推 1992 年的联合国环境与发展会议通过《地球宪章——21 世纪议程》，可持续发展观提上议事日程。作为积极响应，我国政府也于 1994 年通过了《中国 21 世纪议程》（即《中国 21 世纪人口、环境与发展白皮书》），与世界统一步调，开启以"发展绿色产业为标志"②的生态文明新时代。

在我国，政治、经济、社会、文化与生态，一环扣一环，渐次呈现于改革开放过程当中，从而层叠累创，动态的"历史"演化凝结成相对固定的发展"逻辑"。如今，上述五个方面已经从系统协调意义上被总体确定作为国家战略。尤其是中国顺乎潮流，提出了绿色 GDP 等概念，通过经济能级提升和产业转型，彰显风行全球的生态文明。由此而上下一致达成共识：生态亦关乎政治，关乎国计民生，关乎华夏族群可持续发展的未来。"罗马俱乐部"当年提出的"全球问题框架"当中，自然生态环境危机是人类所面临的最大挑战。我国作为发展中国家，由于可以理解的原因，对于"生态"的通常理解最初也停留在狭义的自然生态范畴。因为发展经济的需要，曾经忽视了对自然生态环境的保护和治理，这一现实在可持续发展的视角下得到高度重视。"绿水青山就是金山银山"理念深入人心，绿色发展方式和生活方式渐成风尚，有关生态文明的表述，已经超越自然生态观，开始注重在自然生态和社会生态上建构某种平衡关系。③

"罗马俱乐部"基于"全球问题框架"的预警式研究促使经济与生态联袂，推动世界经济朝着"有机增长"的方向发展。可持续发展越来越成为共识，作为一种超越 19 世纪以来的世界工业文化时代的人类选择，无疑是正确的，但毕竟是一种权宜之计。值得注意的是，学界更进一步提出了"从可持续发展到生态文化"的构想④：如果说，工业文化对于自然所采取的态度是居高临下的轻视，基于"主客两分"哲学观，人类主体理应主宰和征服作为客体的自然，那么，后工业时代的人们理应在"可持续发展"观作为中介环节的基础上，更进一步，走向"一种全新的文化类型——生态文化"。称 21 世纪是"生态世纪"其实也意味着，这是一个生态文化旗帜高扬的世纪！

问题是，作为文化旗帜高高举起的"生态"，从价值理性角度上看，应当是

---

① 徐崇温：《全球问题与人类困境——罗马俱乐部的思想和活动》，辽宁出版社 1986 年版，第 203 页。

② 周鸿：《文明的生态学透视——绿色文化》，安徽科学技术出版社 1996 年版，第 205 页。

③ 参见：庄志民：《超越自然生态观》，《社会科学报》，2018 年 12 月 20 日。

④ 陈泽环：《功利·奉献·生态·文化——经济伦理引论》，上海社会科学院出版社 1999 年版，第 142—146 页。

怎样的呢？如何对其内涵和外延做出科学而艺术的界定呢？

笔者以为，生态，顾名思义，乃"生"之"态"。人类赖以生存并可持续发展的"地球村"之"态"势，核心的一个字就是"生"！

在汉语里，由"生"构成的词汇很多，其与诸多字搭配，有着多样化的表达方式：除了生态，便是生命、生气、生动、生机、生计、生产、生物、生日、生意、生存、生理、生成、生涯、生怕、生育（殖）生活……

对上述列举的词汇，我们有意做了序列安排：在"生态"之麾下，以"生命"引领，以"生活"殿后。因为生态化的"生活"，在理想的意义上是与"生命"同构的。中国古典哲学对生命有着"形散意聚"的结构性分析，诚如朱良志教授的专著《中国艺术的生命精神》所做的三点概括：生之谓性、生生之德和生之谓仁。[①] 笔者对此的理解是：其一，万物之"性"，以"生"为本，此乃"生之谓性"；其二，"生生之德"，融于宇宙之中的这本"道德经"，其天地万物之"道"在于其生命系统拥有生生不已之"德"；其三，"生之谓仁"，所谓"仁"，体现的是一种"二人"（群体）关系，彼此相互呵护和担待，是自然作为外宇宙和道德作为内宇宙在与"死"气沉沉相对立的"生"机勃勃中达到同构。

基于生态美学视角，按照朱良志教授的研究，我们需要特别关注"达生"、"卫生"和"赏生"等道家生命哲学的价值理性取向。《庄子》所提出的"达生"说，是要恢复人的真实生命。《庄子·庚桑楚》借助老子之口，列出了一系列"卫生"之方，旨在葆有生命、守护灵台和持守宁静专一之心灵。老庄哲学由于过多强调对道的体认，对生命的感性形态注目不多，这一缺憾在相辅相成的魏晋玄学中得到一定程度的弥补。以何晏和王弼为代表的"以无为本"思想和郭象对"无能生有"的阐发，使得天地万物生于"无"所隐含的弘大浩渺，在落到实处（生活）面对物自身时得以体悟"自性"之理、"独化"之理乃至"无为"之理。这就是后代诗人所拈出的"山水即天理"、"寓目理自陈"之"理"。本来指向于"无"之"理"融于落实于"有"的自然感性之美当中，由此而为两晋自然生命意识高扬、山水诗创作蔚然成风奠定思想基础。同时，为中国古代文论的发展铺就坚实的文化生态地基。当代思想文化界流行的生命美学，其思想渊源亦部分植根于此。[②] 陈伯海先生的有关研究在回归生命本原的美学取向当中，通

---

① 朱良志：《中国艺术的生命精神》，安徽教育出版社 1995 年版，第 3—52 页。
② 陈伯海：《回归生命本原——后形而上学视野之中的"形上之思"》，商务印书馆 2012 年版，第 24—90 页。

过东西方跨文化审美比照,创造性地继承中国道家生命哲学的价值理性取向,从华夏诗学诸多概念当中,剔抉出"生"之"态"的审美文化底蕴。比如,以人的"情志"(内在生命体验)为诗性生命的本根,以"感兴"(心物交感)为诗性生命的发动,以"意象"(生命体验的对象化和意象化)为诗性生命的显现,以"意境"("天人合一"的生命本真境界)为诗性生命经自我超越后所实现的境界,等等,进而证明审美其实是人类对生命的一种不无"自我超越"意味之体验,作为自然世界组成部分的人类之"肉身"也能"证道",从而进入"天人合一"的生态美学境界。[①] 这种诗化哲学(生态美学)研究对于我们理解"生态"的含义非常富有启发意义。

在对历史文化典籍哪怕挂一漏万的历时性检视当中,我们可以瞥见,从"生命"本位出发又回归"生活"的"生态",其基本内核是与死寂衰败作抗衡的"生生不已"。对接如前所述的"可持续发展",但又超越外向追求层面的发展,更注重生命本体的价值提升。其涵盖范围则包括人(及其社会)在内的活力四射之天地万物。如此自然—经济—社会复合构成的生态系统,虽然间或遇到天灾人祸等因素的干扰(挑战)而阶段性地陷于非稳态失衡,但总体倾向于可持续的化育、绵延和升腾之协同(和谐)过程。

由此可见,生活,乃"生"之"活"。就人类社会而言,度日如年、备受煎熬、生不如死地"活"着,不能叫本源意义上的"生活",只能被视作"苟活"。

因此,在宇宙(乾坤)的视域当中,被人类尊称为"母亲"的地球,是让我们安身立命、赖以生活的"地球村",作为"生态圈"系统,其圈内各层面的诸要素,必须总体上处于彼此耦合、相互协调的状态。即便存有不断的局部冲突和矛盾,但这样的不和谐因素不至于影响总体系统的稳态。如果这样的总体稳态被打破,生生不已的可持续发展进程就有可能被迫中断。即如医学上的断指可以再植,但断指离体时间太长,组织肌体坏死,断指的活性(生命)就难以为继。同样,生态的要义就在于维系空间上的生态圈系统总体上处于时间流程上的生生不已状态。

当然,对于生态文化(美学)时代的地球村内各个族群来说,实现其生命价值不仅需要生态圈中的自然界(以"绿水青山"为拟代)处于生生不已状态,还需要生态圈中社会领域(以"乡愁"为拟代)有位置来安放回得去的"故乡",在

---

① 陈伯海:《生命体验与审美超越》,生活·读书·新知三联书店 2012 年版,第 17 页。

留下深刻族群文化记忆的"外婆家"能够享受亲情的和睦。按照中国人的"家国天下"之传统理念,在国际社会能够促成"人类命运共同体",各个国家和地区能够共同高举"和平与发展"的国际主义大旗。

所谓"道法自然",天道(自然生态之道)和人道(人文社会之道)本身是相同的,是彼此相连的。有无数事实可以做例证,古今中外,都是如此!从西方格式塔心理学"异质同构"概念,到中国古代文论的"情景交融",从我国唐代文豪柳宗元的散文名篇《小石潭记》,到英国河畔派诗人华兹华斯、柯勒律治和骚塞对自然的由衷讴歌,以及梭罗名著《瓦尔登湖》所描述的在纯自然环境中独处之体验,都从不同视角揭示了自然和社会所包孕的生态美学之和谐圆融意义。

同时需要特别指出,按照已故中国工程院院士、著名生态学家王如松研究员所创立的"复合生态系统"理论,"生态"之内涵丰富,除了包括自然和社会,还有生产(经济)。《王如松论文集》之扉页,开宗明义,便是一首作者所撰的《生态之歌》,由对自然的审美化书写开篇兼及社会人文——"蓝天、天蓝,天是梦、是道、是神;白云、云白,云是气、是德、是能。蓝天深遽、浩瀚、豪爽、犀睿;白云自由、超脱、飘然、清纯",别开生面地描述了生态美学所蕴含的时空系统境界,非常有助于我们拓展思路。有鉴于此,本文对生态的解析以生产(经济)的向度作为暗线,明确聚焦于自然和社会的相关性阐释,使"复合生态系统"概念的内涵与注重整体协调的生态美学理论相契合。

总之,我们有必要与文明世界所普遍认同的"生态"乃至于生态美学(生态批评)统一理解的口径,去探索将标准定在"全球"的"卓越"尺度上的上海城市未来发展。在生态美学视角下,作为生态岛的崇明,是个"诗意栖居"之所在:既要让人们"望得见山,看得见水",还必须让人们"记得住乡愁"。自然生态之统称的"山水"和作为"社会生态"之统称的"乡愁",两者别无选择地融为一体。换句话说,崇明生态岛理想的未来发展愿景,必须是自然生态与社会生态的有机融合;以此融合为平台,睿智导入相应生态化产业。

三、在"拯救"中得以"逍遥"——
走向未来之生态美学

面向未来的生态文化抑或生态美学所推崇的生态伦理,必须是有利于天地万物在"生"之"态"上可持续的，它未必以"发展"为归宿。有时候，回归自然、回归传统，就像中国传统的老庄哲学那样，力主"道法自然"，推崇"无所为而为"，也是一种睿智（科学）且有情调（艺术）的生态观。这种看起来有点复古倾向的非人类中心主义所推崇的，恰恰是与工业化时代"人为自然立法"（自然向人生成）相反的"自然为人立法"，哲学上将此称做"人向自然生成"。大自然归根到底在决定着人类的命运，因为即便没有人类，纯粹的大自然照样生存。在人类出现之前，大自然已经存在于世多少亿万年了。有科普视频向我们展示，如果哪一天人类在地球上彻底灭绝，人造的一切，将逐渐在地球上灰飞烟灭，大约2.5亿年后，地球将又会是一片原生态的模样。老庄所处的春秋时代，绝对没有当代人类的科技文化认知水平，但，"天人合一"的浑沌观念会让他们——作为当时最为智慧的人士，做出人必须顺应自然的选择。经历"人定胜天"的工业时代的文化熏陶后，过往的这一切好像渐被人类淡忘。客观上看，人类是生物世界进化的最高端，在"物竞天择"的"丛林法则"下，再凶猛的野兽也不是人类生存竞争的对手，珍稀动植物的生存遇到严峻的挑战。所以，当代人类才需要把文艺复兴时期莎士比亚对人类的伟大讴歌——宇宙之精华，万物之灵长——有条件地暂时性搁置，相反，推崇"图腾与禁忌"层面的"万物有灵"，推崇生态伦理学上的"人为自身立法"。换而言之，"人"的"类"的特性在这时候，必须包含严格管束自己的内容。诚如专家所言，"人为自己立法的前提是，人必须首先成为人，只有首先成为作为人的人，他才能按照自己的人性为自己制定普遍的道德法则"。①

现代社会中的个体，要成为始终走在时代前列的文明人，必须摆脱一己私利之窠臼，突破粗糙的乃至于精致的利己主义重围。按照《易经》中所指引的"与时偕行"方向，努力对在工业化时代已经被扭曲的人性进行改塑。如同被称做人类"良知"的爱默生在《自然沉思录》一书中所说的那样，"应合着自然的律动"，使得"星星能唤起人的一种独特的崇敬感"，在谈论自然时，出乎本心地"油然而生一种清晰而富有诗意的感觉"。②

国家和地区的发展，也必须与注重整体协调的生态美学统一步调，除了关爱自身，同时兼爱自家的"一亩三分地"之外的"他者"（范围延及整个世界）。

---

① 曹孟勤：《人性与自然：生态伦理哲学基础反思》，南京师范大学出版社2004年版，第311页。
② ［美］爱默生著，博凡译：《自然沉思录》，天津人民出版社2009年版，第3、7、8页。

即以"三农"(农村、农民和农业)而言,之所以"问题"成堆一时难以解决,主要症结在于,农民以及与农民构成利益相关者的族群,由于可以理解的原因,还多少存有"自顾自"的利己主义,由此造成与生态美学观的"生生不已"底蕴背道而驰的思维局限和现实困惑。这是个解决难度极大的生态伦理问题,需要引起我们的充分重视。

实事求是地说,中国人的文化心理,有注重道德和谐的儒家观念的一面,另一面,则是注重人性之"逍遥"的道家思想。老庄诗化哲学的社会化浸润,转化为本土色彩很浓的大众化"自由"观。即,将本来形上况味极为浓郁的"逍遥"作与价值理性相悖的自说自话之片面理解。用不无挑剔的自我反省眼光审视,"逍遥"在世俗化的理解(甚至从某种程度上作为华夏族群的集体无意识)当中,往往被活生生的现实诠释成为漫不经心的随意草率、自以为是的无法无天、漠视自然法则的我行我素,乃至于夜郎自大式的固步自封和极端个人主义。所谓"明哲保身",所谓"老子天下第一",所谓"拔一毛而为天下不为也",所谓"各人自扫门前雪,不管他人瓦上霜",中国俗语中存有不少对做"人"之缺陷的批评!

马克思所指出的"人"的"类"特性——"自由"和"自觉"[①]及其制导下的自律文明——与人类尊严及信仰麾下的自我拯救(意识和行为)有关。没有"为自身立法"的自律文明意识,很容易导致严格意义上的人性沦丧。这就涉及刘小枫教授同名著作《拯救与逍遥》[②]的关系了。

《拯救与逍遥》一书基于跨文化比较视角,通过对中西文化精神所存在的巨大差异进行分析,得出西洋化的"拯救"与中国式的"逍遥"两者各擅其胜,但它们彼此并不能互译。

在这本著作的研读中我们得到很多启迪,其中之一便是"拯救与逍遥"作为两条道上跑的车,桥归桥,路归路,彼此并不形成正面撞击。我们并不会从本书中得出哈佛教授萨缪尔·亨廷顿的结论,即因世界"地球村"各族群间文化类型的差异,形成威胁世界和平文明的"文明的冲突"。亨廷顿所著《文明的冲突与世界秩序的重建》[③]一书认为,冷战后世界冲突的基本根源不再是意识

---

① 马克思著,刘丕昆译:《1844年经济学—哲学手稿》,人民出版社1979年版,第50页。马克思指出:生活活动的性质包含一个物种的全部特性,它的类的特性,而自由自觉的活动恰恰就是好人的类的特性。

② 刘小枫:《拯救与逍遥》,上海人民出版社1988年版。

③ [美]塞缪尔·亨廷顿著,周琪等译:《文明的冲突与世界秩序的重建》,新华出版社2010年版。

形态,而是文化方面的差异,主宰全球的将是"文明的冲突"。与之不同,和合九州的人们所坚守的中国传统文化智慧,在于相反(辅)相成,和而不同!

另一方面的启迪属于"接着说",即在"拯救与逍遥"的比较分析基础之上,从历时性视角切入,以"正—反—合"的逻辑思维方式,借题发挥,对包括中国人"国民性"通过调整而日臻完善在内的文化未来发展战略做出预设性构想:

正题:坚守"文化自信",继续倡扬国学,发掘包括庄子"逍遥"以及老子"无为"哲学在内的中国传统文化精髓。

反题:崇洋不媚外,采用鲁迅"拿来主义"态度,学习西洋"拯救"哲学麾下兼容价值理性和工具理性的科学和人文精髓。

合题:传统东方文化("乐惠"主义的国学)的复兴和现代西方文化("原罪"和"救赎"的西学)的汲取并重,把"自由和自觉"(马克思语,1844)作为"人"的"类"特性进行到底,在公民社会意义上进行人格精神的当代重塑,走"家国天下"[①]的思想路线,完成"文化与中国转型"[②]任务,真正实现中华民族伟大复兴的强国梦!

这就意味着,我们可以设想通过自我"拯救"以"自律",从而成为真正意义上的大写的"人",在此基础之上,螺旋型上行性回归自然、回归传统,获得写下传世春秋的老庄时代的那种"随心所欲而不逾矩"的"逍遥"。也许,这是一条构筑后现代生态美学的探索路径!

进化论意义上,超越于动物的人站了起来,视野比匍匐在地的动物更宽阔,但,要"神与物游"并不容易,心胸和襟怀的逼仄是固疾,以至于(按照"性本恶"或"天生自私"的说法),往往倾向于盯着鼻子尖下的一己之利,不太会关心除了自己(有"小我"和"大我"之别,但都属"很自我"范畴)以外的"他者"(包括花鸟鱼虫,包括相邻族群,包括乾坤宇宙)。这是人的自私天性所使然,谁也不可能生而为圣人。

西方主"原罪"说,因此,人活着就要设法拯救自己,于是产生教化的种种方式:或乞援于上帝,或求助于先知,或向圣贤求教,或沉浸在超凡脱俗的"瓦尔登湖"之类的本真自然环境当中以图自省修炼。我们的中国传统文化当中,

---

① 许纪霖:《家国天下:现代中国的个人·国家与世界认同》,上海人民出版社2017年版。作者在该著作当中特别指出:"家国天下,乃是一个认同问题,而且是中国人独特的认同方式。"

② 袁伟时:《文化与中国转型》,浙江大学出版社2012年版。作者基于上篇的"透视文化传统"以及中篇的"追寻现代文化",给出下篇的"转型的路径",属于一家之言,可作为探索时的参考。

有自己的一套教化方式。春秋战国时期的诸子百家编织起支撑华夏民族文化舞台的集体无意识之网,秦汉以降,优选出了"三教合流"的圆融整合结构:儒的"仁者爱人"以践行的社会和谐,释的"相由心生"于修炼的性灵和谐,道的"物我两忘"而归一(道)的宇宙和谐。

问题在于,和谐梦想的实现大都依赖于经验理性制导下的内修,如果内修未果,且成普遍社会现象,便可能导致系统在外力(通过内因)作用下陷于崩溃。于是须要重整旗鼓,东山再起,进行新一轮发奋图强而促使系统向"生生不已"方向发展。中华民族曾一而再、再而三地抵达辉煌境界,鼎立于世。于是,由安祥、逍遥及恬淡作为集束心理表征的中国文化整体处于"乐惠"而"达观"的状态。

但问题依旧存在。颐养性情的"鸡汤"再有营养,替代不了治病的"汤药"。旨在"拯救"的治病(消毒)救人,这时候,与"乐惠文化"(李泽厚语)相对应(并非对立)的西洋"原罪"文化便显现其价值理性(及与其相联系的工具理性)的长处。

如此时弊对"自然—经济—社会"复合生态系统所可能造成的不良影响,在遇到系统重大危机时会被放大,其危害性不可小觑!因此,我们必须意识到,"梅花香自苦寒来"、"吹尽狂沙始到金",自有其道理在!结合"不经风雨,哪得彩虹"的俗谚,笔者不禁想说,要通过"风雨"中的"拯救",方才得以在"彩虹"下享受"逍遥"。

人自身如何得到"拯救"?笔者的意见是需要乞援于灵与肉的双重拯救:人的肉身出了问题,需要乞援于自然科学才能得到"拯救";人的灵魂出了问题,需要乞援于社会科学(人文)才能得到"拯救"。人体免疫力对人的肉身健康或因病而要恢复健康至关重要。这是个自然科学问题,也是个社会科学问题。同时有专家指出,自身免疫力与心理卫生状况有很大关系。心胸狭窄,情绪极端,郁郁寡欢,时间久了,容易生病。如是,则更说明,个体的文明定性会影响人的身心健康状况。

人类必须依仗科学而获得"拯救",尤其在自身的生态系统性功能失调的严峻形势下。这时,人就不能指望站起来就能看得远了(俗话说,人无远虑,必有近忧:因食野味而患病者,稍有远见便不会贪一时口舌之欲),必须要有科学的生活方式,要借助科学的望远镜或登山梯。而这时就需要教育的介入。2004年4月笔者随旅游规划团队赴湖北考察神农架自然保护区,莽莽原始森林就是一个自然学校,通过生态学家的现场介绍,让我们懂得应当尊重大自然,不用说参天大树,即便是斑驳的青苔也是千百年的生物新陈代谢过程中顽强延续种系的生命,人类不能破坏。

教育,从其本原意义上审视,理应是由文化精英为引领的注重系统协调的生态美学教育。这种文化倾向,在纵向上,与宣扬精英主义的儒家"贤能政治"以及科举考试制度之传统相对接,在横向上,与主张精英治国的新加坡新权威主义有同工之妙。历史经验证明,凸显精英作用的文化形态,大都取得了突出的社会发展成果。

其实,推崇精英文化,并非将精英与普罗大众隔裂,自鸣得意地凌驾于普通百姓之上,而是高扬负有社会责任感的价值理性,让经历科学理性的淬炼、同时不乏人文素养修炼的文化之人引领社会风尚,在民族危难之际而有所担当,在和平时期能成为"诗意栖居"的典范。人的自然基础都是肉身凡胎,必须经历"苦其心志、劳其筋骨"的"风雨"之磨砺以"拯救"自身平庸,才能实现从本我向自我乃至于超我的境界的人格提升。

因此,我们要对迎合社会的低智化风潮勇敢地说"不",努力杜绝"精致的利己主义",从而,尽可能避免人为地酿就"自然—经济—社会"三元一体的复合生态系失衡,尽可能阻止世界生态向逆审美化的方向野蛮生长。

生态文化是人类文化发展的新阶段,①以"可持续共存"作为最高道德准则。有专家指出,正在推进中的第四次工业革命,包含"新文化复兴"的内容,即,需要发掘人的智慧性潜能,来创造一个为所有人共享的未来。所谓"共享",其本质是"共生",在地球的社会生态圈中处于智力进化最高端的人类,尤其需要具备兼爱"他者"的情怀,对人,你我他彼此呵护,相互关爱和担待;对人以外的整个生物世界,乃至于整个乾坤天地,更需要抱有景仰、崇奉、感恩和爱戴的态度。要而言之,为自己立法的人类社会,要义不容辞地担负起"天地人神"②融合的主要责任。当这种共存、共荣中共享的和谐美学作为内核的生态文化被确立、被认同、被知行合一地践行,生态文明新时代的系统建设就获得了最为坚实的社会基础。

四、如何对崇明世界级生态岛建设
进行科学且艺术的定位?

回头来看,我们的崇明国际级生态岛建设规划,是否存有值得进一步推敲

---

① 余谋昌:《创造美好的生态环境》,中国社会科学出版社1997年版,第215—218页。
② 王茜:《生态文化的审美之维》,上海人民出版社2007年版,第284页。

的地方呢？

我们目前看到的《崇明规划，2040》，多少存有自然生态（更多涉及硬件）治理分量重，社会生态（更多涉及软件）的维系、培育和升华的分量轻的缺憾。也就是说，我们注意到彰显"现代的文化"，而现代文化"在其基本原则上是技术型的"；目前的规划，对于运用技术手段治理崇明的自然环境有着比较细致缜密的规划措施，且有明确的定量管控的指标。其实，还要注意的是，后现代视角下的前现代（游牧农耕社会）中国社群中根深蒂固的传统文化属性，作为"人格化"的后现代的文化①，必须引起更多关注。

技术型的现代文化是"双刃剑"，所推崇的是实用至上的工具理性，可以导向于善，为人类提高生活品质服务，也可能导向于恶，因为过于趋利的欲求造成生态伤害。当工具理性和基于爱的人格精神相联系时，化生态世界将得到美化，反之，与"精致的利己主义"相混合，则可能成为生态世界非审美化的噩梦！关键是，工具理性是否与价值理性相对接。不妨类比一下，如同祁志祥教授所创立的"乐感美学"②所说，美是一种有价值的乐感对象。爱美之心，人皆有之，乐感对象是谁能愿意接受的。但是，若此对象失却"价值"的正向定位，或许也会给个中人带来"乐感"（快感），但如此体验可能让人走火入魔。同样的道理，近代以来的整个世界现代化过程当中，工具理性对人类构成了一种挡不住的诱惑，其间潜沉着失却价值理性定向的危险。在全球范围内，以科学技术为支撑，所被改造、再造和创造的物质世界，其发展速度远远超过人类社会的认知和伦理水平；相比之下，人自身的文明定性的提升赶不上物质化环境变迁的速率，精神力量远远落后于物质力量。因此，知识界有预感，如此态势下，未来的发展走向以及发展是否真正可持续，几乎难以被乐观期待。然而，可以肯定的是，人类的工具理性超级发达，脱离价值理性牵引和管辖，将走向一条打开了"潘多拉魔盒"之后的不归路。因为，工具理性可以通过技术手段（比如当下受到普遍青睐的人工智能）快速迭代，而价值理性却是需要人在反省、思考和探索过程当中涵养自身，才能破茧而出。人生修炼并不是那么容易做到的一件事情，因此，虑及如前述的并不太讨人喜欢的"罗马俱乐部"之悲观论研究思路，包括人在内的世界物像在膨胀，与物像世界相对应的智慧（不等于知

① ［德］彼得·科斯洛夫斯基著，毛怡红译：《后现代文化——技术发展的社会文化后果》，中央编译出版社 1999 年版，第 36 页。

② 祁志祥：《乐感美学》，北京大学出版社 2016 年版。

识）人之思如果陷入萎缩僵局，地球村的生态前景堪忧！技术之上的工具理性可以提供自然层面的环境保护方案，但，并不能解决人类迷失可持续发展方向时遇到的难题，其最大的难题就是人类自身的内在文明定性的结构性缺失。即以崇明东滩的鸟类保护区为例，违法捕杀鸟类的行为屡禁不绝，原因之一，就是猖狂的捕猎者毫无生态文明的基本素养；原因之二，没有市场，就没有伤害，有唯利是图者冒天下之大不韪，利用精心制作的器具，捕杀鸟类，破坏生态，那是因为存在一个热衷于"野味"的愚昧市场群体。所以，对自然生态怀有"深厚感情"的"人格化"之社会群体，才能将传统的"天人合一"观内化为自身的内在价值理性世界，才能真正科学和艺术地驾驭以"技术"为手段的工具理性（当工具理性走火入魔，其实已经沦为"非理性"：借助理性化的科学知识和工具性的技术手段，走上毁灭自身的不归路，其结果，势必是"趋利"而没能"避害"），超越当下的现代化热潮，走向未来的生态文明新时代。

2009年，在上海陆地主市区经长兴岛抵达崇明本岛的长江隧桥开通之际，曾经掀起一股"崇明游"的热潮，但没多久，热潮消退，"留下一地鸡毛"，没有创造多少产出，反倒是一些文明素质不高的游客乱丢垃圾、破坏植被，对本岛生态造成非常不利的影响。有鉴于此，有关部门曾经针对崇明的未来发展，组织过相应的生态文明宣传活动。比如，华东师范大学、市科协和《新民晚报》社联合主办了第91期新民科学咖啡馆，华东师范大学的曾刚教授和笔者作为嘉宾参与由热心市民参与的主题演讲和对话座谈活动。[①] 我们的主题发言，引起在场市民的积极反响。由此可见，社会生态伦理观念的确立，需要多管齐下。指望普通民众自发萌生并拥有自然与人相和谐的情怀，也许需要漫长的时日，而生态岛的建设已经提上议事日程，时不我待。民间在生态方面的自我"拯救"需要更为强劲的第一推动力，那就是社会知识界精英的积极介入。有识之士对与美学相伴的生态文化之播扬负有不可推卸的责任。而在这方面，我们的工作还做得非常不够。

因此，必须防微杜渐，防患于未然。设若纯为"天灾"，只能听天由命（当然，我们为人的生态伦理水准高一些，也许会降低自然灾害的危险程度，比如，控制碳排放以延缓因气候变暖造成的极地冰川融化的速率）；如果纯为"人

---

① 马丹：《新民科学咖啡馆专家为崇明岛未来发展提醒——生态岛建设不等于"封闭"岛》，《新民晚报》2009年12月1日。

祸"，则在人为的生态灾难有可能降临之前，包括中国古代老庄哲学、西方近代以来的卢梭、梭罗等为代表的浪漫派诗化美学，乃至于因为倡扬"生物多样性"被誉为"最后的博物学家"和"社会生物学之父"的爱德华·威尔逊等众多人类中精英群体的生态美学观念，必须得到充分的播扬。否则，后果不堪设想！

《崇明规划，2040》基于价值理性考量，具体论述工具理性的管控措施，无疑非常重要且正确。问题是，如何更加科学而艺术地落到实处？

在崇明，风景、风物和风情（所谓乡野三"风"）本身就涉及复合生态系统。如果说，在自然生态（尤其是自然环境治理以及质量评价）方面，有很多国际通用的衡量指标和科学范式，而在社会生态上，中国的很多传统文化元素的薪火相传，与西方世界很不一样，在这里，世界级的生态岛，在涉及社会群体的文化生态之"和而不同"上，拥有很可以拓展和发掘的阐释空间。

崇明的植物和动物学意义上的绿色生态保护和建设有着相当不错的基础。以东平森林公园、东滩湿地鸟类保护区以及大片基本农田为存量，以曾经形成相应规划的生态城等为预设中的增量，进而形成生态岛项目架构的基础（本底）。如今，哪怕普通百姓，也都意识到"青山绿水"对于人类的生存，尤其是享受充溢着幸福感的生活具有的重要性，更不用说我们的政府主管部门。生态环保出问题必须追责的严厉管控态度，也会让相关职能部门不敢轻易造次随意触碰生态"警戒线"。宁愿慢一点，也要在生态环保工作上做得好一点，这也是崇明改革开放以来相对于上海的其他区在经济发展上相对滞后的客观原因。

但同时，我们也看到，当长江隧桥修通之时，工商业曾经涌动起一阵狂热，很有点将从浦西到浦东的上海以往的二轮发展建设高潮引向崇明的意向。当时曾流传这样一种说法：上海自开埠至今已经有了两轮跨越式发展，即，第一轮跨越，上海开埠，跨越一个太平洋，成就一个十里洋场；第二轮跨越，浦东大开发，跨越一道黄浦江，成就一个浦东神话。随着 2009 年长江遂桥开通而拉开序幕，这第三轮跨越，将成就一个千年孤岛的上岸梦。

据当时报载，崇明是上海地区唯一的国家级生态示范区，是上海 21 世纪可持续发展的重要战略空间。把崇明建设成为"现代化生态岛"，是上海市委、市政府从全局高度做出的重大战略决策。按照这一定位，崇明县委、县政府提出了"三岛联动、三次产业融合发展、经济社会民生三管齐下"的发展战略。[①]

---

① 佚名：《80 亿元"投资大单"落户崇明》，《解放日报》，2009 年 11 月 19 日。

看到上述报道,我们的直觉反应首先是受鼓舞后的无比兴奋,其次是在沉思中的些许忧虑。崇明有着中国沿海地区难得一见的湿地、滩涂、农场以及森林,乡土民俗气息也非常浓厚。从这一个层面上看,将拥有国家级生态示范区桂冠的崇明定位为"生态岛",确实是以资源为基础、以市场为导向的睿智之举、上佳之策。的确,崇明的发展是上海长远发展的希望所在,是上海下一步构建国际化大都市的后劲之所在,因此,目前非常有必要对"卓越城市"愿景框架下的崇明岛屿的发展定位作一番高瞻远瞩和脚踏实地相结合的科学探索。但当时的政府规划指向,被以盈利为目的的工商界做了实用主义的指引,抓住未来大"发展"的硬道理,却撇开"可持续"的限定词,借用"生态"的概念外壳,把传统"城"区建设的经验挪移到上海这最后一片上千平方公里面积的绿色原野上。要不是国家严格的建设用地管控规定,房地产商极有可能贸然上岛,铺开大规模城市化片区建设的战场。当然,客观上,休闲旅游市场前景看好,这方面的基础设施建设规划也因此显得非常宏大。当时曾有报道,较为全面地介绍了崇明的未来发展蓝图[①]:

> 以岛内的陈家镇地区为例,将作为崇明的东部开发重点小镇,建设目标为"休闲运动、会务旅游区":这里将崛起一座21世纪生态城。就目前已确定的规划方案看,正在建设的滨江休闲运动区,将形成以户外运动、马球、游艇码头、五星级酒店、滨江别墅构成的"海岛休闲港"。
>
> 目前已规划10个五星级酒店,其中金茂凯悦度假酒店和北郊宾馆已开工建造;启动了"马球基地"的建设,带动当地的马球休闲运动。
>
> 正在建造的占地1850亩的自行车主题公园内,曲折起伏的自行车道的设计,将与郊野森林公园水系环通进行有机的融合,它将是亚洲规模最大、功能最齐全的自行车主题公园之一。发挥"长寿之乡"的品牌效应,这里将建成一个大型、高端的老年居住和护理社区,其主打产品是由太保与上实集团联合打造的2000亩"太保高端养老基地",同步发展老年医疗护理、老年咨询保健和老年文化娱乐等服务业。
>
> 上实集团将在东滩投资数亿元打造"科旅一体化"主题湿地公园,东

---

① 《"生态游"和"农家乐"吸引沪上游客蜂拥上岛》,凤凰网,http://news.ifeng.com/gundong/detail_2013_06/24/26744531_0.shtml,2013年6月24日。

滩鸟类国家级自然保护区与东滩湿地公园合并管理。

东滩湿地公园将改建自行车、慢跑、游船线路,兴建观鸟设施,新建青少年野营基地,增加和提升公园的体验、健身、休闲、餐饮、会务等功能。更通过水域改造,推出皮划艇项目,增加游客的趣味性。

目标在 2016 年前后完成东滩科旅一体化,申报国家湿地公园、国家 5A 级景区。

文化时空观告诉我们,时间是空间价值的唯一尺度。几年过去了,如今回头来看,上述宏伟规划蓝图当中的相当一部分并没有落地。崇明岛必须要发展,但在生态文明新时代,所要求的是复合生态系统旗帜下的科学和艺术相结合的发展。对崇明以"协调"为基准的自然生态和社会生态的精心守护,以此为前提,导入绿色、环保、低碳的产业,比如休闲旅游业、文化创意产业和信息科技产业,等等。

如果这样分析有其内在的合理性,接下来要思考的就是,我们的经济—产业生态如何配置才更为合理? 按照与生态美学相联系的复合生态系统观念,作为建设的基础,绿色自然生态还有很多值得发掘的元素,比如饮食文化上的老白酒、甜包瓜、金瓜、白扁豆、山药、老毛蟹、鳗鲡、刀鱼和凤尾鱼等,当然,还有很多当年农场留下的大片为人工排水渠所分割的田垄。此外,不能撇开在中华传统医药学中有一席之地的崇旋复(草药)。与经济建设以及旅游休闲产业要素配置相关联,还需要特别关注体现"生生不已"力量的绿色社会生态。崇明的社会民俗文化系统中包含着符合绿色生态协调法则的巨大价值。栖居文化方面,用江边芦苇作为主要建材搭建的环洞舍式民居、一窗一阖式民居,尤其是三进两场心四厅头宅沟式民居等,其所构成的传统"土著"栖居环境,可以作为遗产元素融入生态审美化的休闲旅游吸引物系统当中。艺术文化方面,崇明派瀛洲古调琵琶以及民俗文化上的崇明扁担戏和崇明灶花等,也需要做保护性发掘和利用,导入文创产业使之薪火相传,甚至使之"涅槃重生",华丽转身,促进传统与时尚的接轨。崇明的诸多农场知青垦拓文化形态,虽然已成历史篇章,但那面"知青记念墙"表明,对此记挂者不在少数,仍然需要做拓展利用和开发。如此等等,均可设想作为复合生态系统中不可或缺的乡土元素,经过整合而纳入生态美学的视域当中,精妙地镶嵌在崇明的绿色地格上,从而构筑华夏"人文山水"崇明生态岛特色版图。

此外,我们需要改变那种一挂上"卓越"层级,就想到利用大投资的项目,在硬环境方面大兴土木。必须科学而艺术地坚守生态美学理念,改变经济建设方面大手大脚的思路,想方设法"四两拨千斤",充分利用如上自然生态和社会生态方面的历史"存量"元素,用最少的钱,做最好的事情。有时候,物尽其用、人尽其用,天时地利人和,才会更接地气,才会符合"绿色、低碳"原则而使得发展更加符合"可持续共存"的生态美学潮流。

以"卓越的世界城市"为发展标杆的上海,其所拥有的崇明生态岛,所具有的"现代"抑或"后现代"的国际性,无论最终呈现的面貌是怎样的,有一个特点也许会表现得更加突出,那就是"海纳百川","博采众家之长"而"自成一家"。十多年前,有个时长在 60 秒之内的上海城市宣传短片,其配图的解说词是这样的:"浪漫,不只在巴黎;活力,不只在东京;创意,不只在纽约;时尚,不只在伦敦;韵味,不只在威尼斯;海纳百川,尽在上海。"能够兼容并蓄地汲取世界各国一切值得学习的经验,上海的"卓越"图景中内蕴的"精气神"就在于这种注重系统整合的高协调性生态美学大观。

从世界范围内来看,各个国家和地区在岛屿旅游发展过程中积累了许多宝贵的典型经验。按照相似类比、择善而从的原则,我们不妨选取美国纽约的长岛、韩国的济州岛等岛屿作为标杆,对其发展岛屿旅游的经验进行分析,然后择其要而取之,融会贯通,形成带有高度统摄性的发展规划。

首先是长岛。该岛位于美国东部哈得孙河河口和东河以东,面积为 4356 平方公里,被称为纽约的"世外桃源"。长岛发展旅游的特色在于自然生态健康、人居生态和谐、产业生态高端,以及便捷发达的立体化交通网络。在自然生态健康方面,长岛以其自然保护区、森林等营造自然美景;在人居生态和谐方面,长岛多为富人集聚区,有着便利的生活基础设施和发达的医疗、社会教育等产业服务体系;在产业生态高端方面,长岛在科学研究以及工程技术中占有重要的地位,分布有工业园区和科研院所等。

其次是韩国的济州岛,位于朝鲜半岛南部海域 70 公里处,总面积 1845 平方公里,是韩国最大的海岛。它具有得天独厚的自然环境,有蔚蓝的大海、峭壁、瀑布、沙滩组成的绵延 253 公里的秀丽海岸线,与位于岛中央的海拔 1950 米的汉拿山水相依、相得益彰。此外,岛上还保留着济州独特的民俗文化,旅游资源中以城邑民俗村博物馆最为典型。济州岛发展旅游的特色经验有两点特别值得关注:一是除了发展一般的观光旅游和休闲度假旅游之外,通过实现会议经济、影视和旅游的相结合等,不断培育新的经济增长点。会议旅游和影视旅游为其带来了可观的经济效益。二是走国际化道路,将自身定位为"国际自由城市",采用经济特区的开发模式。这就为济州旅游业的发展提供了诸多政策优惠,有利于其不断拓展海外客源,吸引外国资金、技术对旅游业的投入。

第三是巴厘岛,这是印度尼西亚群岛中的一个小岛,面积 5560 多平方公里,人口约 280 万。巴厘岛发展旅游的主要特点在于它特色鲜明的印度文化以及作为"热带天堂"的自然之美。它发展旅游的特色经验表现在:一是注重对民族传统文化的保护。巴厘岛通过塑造和保护地方特色保持自己在全球旅游业发展中的竞争力,尽量降低过度商业化和全球化带来的冲击。比如政府规定:巴厘岛上所有新的城市建筑必须符合"巴厘岛特征"。二是以政府为核心,进行旅游地整体形象的全方位宣传促销活动。

第四是享有"泰南珍珠"美誉的泰国的普吉岛。它面积为 570 平方公里,是一个由阳光、碧海和沙滩(典型的世界级 3S 旅游地)组成的休闲度假乐土。经过多年的发展,普吉岛旅游服务业已经积累了相当成熟的经验,被认为是"东南亚最具代表性的海岛旅游度假胜地"。

第五是我国的海南岛,该岛位于我国雷州半岛的南部,长轴呈东北—西南向,长约 300 余公里,西北—东南向为短轴,长约 180 公里,面积 3.39 万平方公里,是我国唯一的热带岛屿。海南岛发展旅游主要依托其作为"热带宝岛"的地域特色和复杂的地貌所构成的资源禀赋。它的自然旅游资源和人文旅游资源都极为丰富。海南岛发展旅游的特色经验主要是保持自身的自然和生态优势,提出了建立生态省的战略目标,进而提出创设国际旅游岛等设想,引起各界高度关注。

我们的崇明究竟要向整个世界学习些什么?美国长岛、韩国济州岛、印尼巴厘岛、泰国普吉岛以及中国海南岛等,有哪些值得我们学习的经验?回答这些问题完全可以按照"历史和逻辑相统一"以及"从未来看现在"的决策分析取向,做进一步的认真研究和仔细推敲,最终敲定将上述愿景付诸实施的操作性方案。

经过初步分析和探索,目前可以得到的融贯而成的崇明国际性生态岛发展定位的"逻辑"也许应当是:发达的基础设施建设和高端物业(长岛),建基于生态环境的民俗文化遗存保护和开发(济州岛),注重彰显本土文化特征(巴厘岛),成熟的休闲旅游服务业(普吉岛),国际旅游岛的定位(海南岛),以及 x(未知或待生成的要素)。

作为华夏"人文山水"的崇明岛版的"生态",理所当然地要求我们在自然和社会的复合概念上得到合理诠释,前瞻地梳理符合价值理性定位的"后现代"睿智理念,巧妙利用"前现代"的存量资源,合理汲取"现代化"(尤其是高版本的工业发展模态)的工具理性套路,从而走出一条独特的做增量的创新和创业之路,进而成为"别现代"意义上的①可持续发展模本。这样的话,到了规划期末,作为"卓越的世界城市"的上海,其崇明生态岛的"世界级"才可能名副其实。要而言之,《崇明规划,2040》在执行过程中,如何更注意睿智处理生态美学意义上的物与人、经济与社会、科技与情感、自然与文化等诸多复合关系间的系统协调和综合平衡,也许是规划落地过程中需要逐渐得到解决的问题。

五、怎样在生态美学视角下科学而 艺术地推进我国的乡村振兴?

如前所述,中国顺乎"生态世纪"的世界潮流,把生态文明建设纳入制度化、法治化轨道,旨在实现可持续发展。

与生态美学观作无缝衔接的复合生态系统观念引导我们对当今中国内地与城镇化发展国家战略相关联的旅游策划和规划予以深刻反思:当下的城镇化发展,是有助于化解有识之士提出的自然生态和社会生态危机,还是相反?有良知的旅游策划和规划者应当怀有这样的追问意识。

在古村落保护、利用和开发方面,目前国内有三种倾向有别的意见值得关注:

其一,坚决保护派。例如,冯骥才先生多年来致力于我国古村落的保护,坚决反对"破旧立新",坚持将古村落的老树老街老房子当作文化遗产予以严格意义上的保护。②

其二,动态保护派。吴必虎教授 2016 年 11 月 30 日在其微信公众号"虎

① 王建疆:《别现代:空间遭遇与时间跨越》,中国社会科学出版社 2017 年版。按照作者的观点,"中国的别现代属性"在于"时间的空间化",意思是说,在中国,当下的现实就是"现代、后现代与前现代共时存在"。因此,有关崇明的区域定位之睿智选择就是要在"时间的空间化"的多元(前现代、现代和后现代)并举语境下,催化和孕育出一条真正具有中国特色的"别现代"路径。

② 冯骥才:《为紧急保护古村落再进一言》,《中国艺术报》2012 年 4 月 13 日。

说八道"中，直接以《光靠情怀缺乏逻辑，冯骥才老先生你是无法留住乡愁的》为题发表文章，所持的观点是只有科学规划、合理开发和利用，古村落才能得到更为有效的保护。

其三，"破旧立新"派。此派声势实在太浩大，以至于很难推选出代表人物，其总体倾向是非常粗鲁地将饶有诗意的古村落夷为平地，开发成旅游地产，或者缺乏深谋远虑地建设成"千村一面"的新农村。

凡此种种，我们暂先不做是非判断，姑且继续从学理上作一番辨证和反思。生态文明旗帜下，我国乡村振兴中的自然环境保护之重要性自不待言，作为"乡愁"之感性载体，为乡野环境所环绕的古村落民居格局，也不宜大动干戈地拆或迁。有故事的老树老街老房子，寄托着生于斯、长于斯的人们难以言尽的"乡恋"情愫，是社会文化之"生生不已"的重要载体。但是，如此对于古村落老房子的价值体认，仍然不能阻挡向往"新"生活的人们，无所顾忌地与"过去"说再见。正确的价值观如要不至于沦为好听不中用的说辞，就必须实施必要的文化启蒙。生态美学意义上的乡村振兴要真正导向于诸多利益相关者彼此协调的可持续共存，需要"知音"，需要一大批有着长久生活历练和深厚文化涵养的支持者。

中国近百年来历经磨难，却没有能够经历较为彻底的文化复兴启蒙。四十年来的改革开放，以经济建设为中心的思维仍然具有强大的惯性，从总体上，尚未完全转移到以经济和文化为圆心所构成的"椭圆的社会"发展形制上来。这就让我们不由滋生与进入"文化经济时代"[①]的世界相脱节之隐忧。

以近年来的热门话题特色小镇建设为例，纵览如今铺天盖地的相关词的资讯，大都从产业维度生发开去，鲜有从文化（社会）立论，更少见以生态美学观作为审视取向。这又潜伏着一种脱离当今世界"生态文明"主潮的危险。

笔者曾撰文，从八个方面对特色小镇建设如何更具有复合生态系统意义上的协调性，提出自己的看法。[②] 其中很重要的一点就是：小镇如何以一己之长补足单纯意义上的"三农"和城市的短板？研究结论是：要避免误入"夹在中间"之"陷阱"，对"三农"和"城市"，需要取其长而避其短，走左右逢源的第三条道路，创造符合生态美学原则的第三种生活，让真正能感悟其奥秘的人们为

---

① 庄志民：《旅游经济文化研究》，立信会计出版社 2005 年版，第 12—14 页。
② 庄志民：《建构性问题导向下的中国特色小镇发展初探》，《中国旅游报》2018 年 4 月 24 日第 3 版。

之沉醉，并甘愿为之付费。

这种在乡村振兴思路下的小镇规划，表面上看属于文化设计，而文化设计一般被认为是文人的事情，可有可无。即便如今文化概念铺天盖地，大都将产业与文化挂钩，还是不可避免落入单向度经济的窠臼当中。其实，在"软力量"盛行的生态（美学）时代，文化（尤其是本文的关键词：生态文化）也是生产力，甚至是更具战略意义的生产力。

生态文明不仅是一种经济建设方略，抑或社会发展的方略，同时也是一种与跨文化交融中的生态美学相关的文化启蒙系统工程。毋庸置疑，乡村振兴，离不开社会领域的乡村文化振兴。在如前所述的王如松院士所创建的"复合生态系统"的三维理论架构当中，夹在"社会"和"自然"中间的是"经济"（生产）。有鉴于此，一些地方的乡村振兴往往以"产业振兴"为中心，并将其作为予以重力推进的抓手。这种做法虽然取得了不少成功的经验，但是，复合生态系统的关键，在于"复合"和"系统"上，单向度地以"经济"为圆心画圈圈，因为缺乏系统的整合性支撑，往往欲速而不达。有时候，花费大量钱财，效果不尽如人意。前些日子，曾经看到一个专业朋友圈内在流传的帖子，题目是《投资110亿的9个小镇破产警示！情怀不能当饭吃》。稍加审视，便会发觉，若干亿元投资打水漂，却让与文化沾边的"情怀"受罚打板子，实在有些说不过去。其实，问题恰恰出在其推动特色小镇建设的方略是失却系统协调的逆生态"乱弹琴"，究其原因，与对真正意义上的乡村生态审美文化缺乏必要的深刻认知有关，对乡村文化价值发掘缺乏复合生态系统把控能力有关。

在乡村振兴过程中，许多地方非常热衷推进"生态文明示范区"建设。这是个值得充分肯定的好现象。曾经听到一个振奋人心的消息：湖州南浔已被纳入"全国首个生态文明先行示范区"[①]。从学理上我们所想到的一件必须要做到事情就是：务求对"生态"作睿智解读。思路决定出路，把握分寸和尺度很重要。

笔者认为，仅仅在自然生态环境上做文章的现象，在国内不能说已经蔚然成风，但可以认为大家都会想到这样去做，孰不知这样的做法是有失妥当的。睿智的做法是，从广义的生态观切入，围绕自然生态和社会（精神）生态，紧扣

---

① 钱祎：《湖州成为全国首个地市级生态文明先行示范区》，浙江在线网，http://zjnews.zjol.com.cn/system/2014/06/25/020103635.shtml，2014年6月25日。

二元一体的社会生态圈构筑,结合产业生态的协调性导入,做顶层文化设计,然后,自上而下,落到实处,形成具体的策划思路和规划图景。只有这样,才有可能先行一步,真正"随心所欲而不逾矩"地贯彻党中央国务院提出的"生态文明"建设方略。"随心所欲"是一种自由创造的境界;"不逾矩"是一种实践操作的"尺度"(规则)。

湖州古村荻港为个例进行的调研使我们认识到,该古村的系统整合性保护、利用和开发,有必要实行导向于我国乡村振兴战略的生态文明建设三部曲:(1) 以已经入选"全球重要农业文化遗产保护名录"的桑基鱼塘为"逻辑起点";(2) 以已经形成良好口碑的湖州市和孚镇荻港古村为"中介环节";(3) 以经过研究论证的"知性小镇"①作为荻港"适销对路"的生态文明建设的理想愿景。作为"思想实验室"意义上的预设构想,笔者曾经为题为《知性荻港》的视频短片度身打造一份解说词,其中,对这部基于田野调查采风所得的短片进行不无理想化的生态美学发掘,旨在为科学和艺术兼顾的乡村可持续发展提供参考,具体参见本文附录。

至于如何形成具有操作性的策划和规划方案,有待于进一步具体细化。当务之急,是让已经挂上 4A 景区头衔的荻港古镇旅游区形成具有一定规模的达产景区。当下指向于围栏式景区的荻港古村开发的所有举措,务求"瞻前顾后":所谓"瞻前",意思是说使得古村与作为"逻辑起点"的桑基鱼塘做初步对接;所谓"顾后",意思是说古村与作为"发展愿景"的知性(生态文明)小镇做初步对接。如此"左右逢源"之举或许是该古村成为生态文明示范区中独特风景的关键?!

将如上个例变成可复制、可推广的"逻辑"就是:立足于存量(历史)核心资源潜力的发掘,在当下"三农(农村、农民和农业)"的现实图景中打造可以作为"中介"(桥梁)环节的抓手性项目,"立足于未来看现在"并制定五年、十年、二十年乃至更为久远的未来之理想愿景。

这就将特定时空范围内具有黑格尔思辨哲学意味的"这一个"②(具有独特个性品格的)具体乡村振兴之个例,建立在科学而艺术的决策基础之上。根

---

① 庄志民:《小镇(古村)知性美学品格初探——基于田野调查的思考》,《旅游科学》2018 年第 1 期,第 26—27 页。

② 黑格尔的"这一个",见于他的《精神现象学》一书(上卷)第一章《感性确定性;这一个和意谓》。他的意思是说:任何个别的东西都是"共相"和个性的统一。他把自己"这一个"的思想,作为一个艺术创作的原理提出来以反对概念化和公式化。但其基本内涵,已经超越艺术哲学,具有战略管理理论当中的"标歧立异"意味。

据研究,当下决策需要建立在过去(存量)资源潜力与未来(增量)愿景召唤二极对应和博弈的基础之上。涉及形而上的智慧韬略的内容参见笔者相关研究①,具体发挥则有待于续文,在此就不作赘述了。

附录:

《渔桑之源　知性荻港》②的视频短片解说词

小序

大运河边,芦荻洲,渔港生,一衣带水有古村……

【画面:运河,汽笛声声,芦荻森森】

驰名中外的中国京杭大运河旁,有个古村,在说不尽、道不完的众多江南水乡中,显得相当出挑:渔桑之源　知性荻港(片名浮现)

【画面:水光潋滟中的秀水桥……】

第一章　乐活的古村

从通往运河的闸口廊桥,摇橹行船,或者沿着以里巷埭廊棚小街踱步,往村里悠悠走来,一个快乐生活着的古村,将一轴鲜活立体的民俗长卷,在我们面前缓缓展开。

岁月在腾腾热气中蒸发的老虎灶,以及"一元茶馆"主人老潘,兼做理发师,诚待天下客……

诗书传家的礼耕堂、弥漫着文化光辉的荻港名人馆,一个不大的村落,历史上曾经出了两位状元、五十位进士,章、朱、吴三家,名门望族,在中国政界、商界和文化领域都留下不可磨灭的浓重一笔。

更为重要的是,以此为引领的荻港文化生态,薪火绵延相传,缅怀过去,承应着孔孟之道,同时,通过一代又一代人的教育,生生不息向未来伸展。

【画面:中国大运河支流上,连接里巷埭和外巷埭的廊桥上飞檐翘角

---

① 庄志民:《本土选择:前现代、现代、后现代抑或别现代——以崇明生态岛发展定位解析为例》,《上海师范大学学报(哲学社会科学版)》2018年第3期。

② 该视频短片摄制于2017年,为浙江湖州丝绸小镇投资管理有限公司出品,王志强任编导。在成片当中本篇解说词有所改动。

和长脊灰瓦,以及仍在忙碌的货船】

　　文化积淀深厚的荻港人,从古村的小河里,走向运河,走向外面精彩的世界……

第二章　"这一个"古村,根扎在桑基鱼塘

　　年年有余(鱼),年年有余(鱼),这句中国传统文化当中讨口彩的吉祥语,在"这一个"荻港,有着精深的生活注解。

　　如今盛名远播的荻港,从鱼文化生发开去,以河鲜为主要食材,经过几代人的努力,自成一家,构筑荻港古村落里不可多得的美食天堂。

　　以晶莹剔透的原香鱼圆为招牌菜,形成色香味形俱佳的陈家菜品:香丝饼、桑叶炒蛋、凉拌桑芽、桑叶面、蒜泥桑叶、桑叶鱼圆、桑叶鱼饼;以桑叶与荻港传统特色小吃相结合的产品:桑叶酥饼、桑叶馒头、桑叶饼干、桑叶踏饼、桑叶蛋糕……

　　荻港,用"民以食为天"的方式,点化出荻港古村生态文明根基。

　　这就是国家农业部认定的中国重要农业文化遗产①,空中鸟瞰,网格状的浙江湖州桑基鱼塘系统尽收眼底。

　　自古以来,中国长江和珠江三角洲地区的乡村,通过实践摸索,形成一整套被称作"桑基鱼塘"的人工生态循环系统:养蚕产生的蚕沙(蚕粪)作为鱼粮,鱼排泄物沉于塘底,成为肥沃的腐殖质塘泥,这样的塘泥成为桑树及其他经济树的肥料,桑树上的桑叶自然是蚕宝宝的口粮……

　　随着现代科学技术的发展,桑基鱼塘的传统农业生产方式逐渐衰弱;但是,湖州荻港古村的桑基鱼塘却仍然充满生机……

　　蓝天下,依傍着运河旁的河溪湖漾而生存的荻港桑基鱼塘,成就了荻港渔庄那一整套鱼桑味儿十足的美食,名副其实地成为荻港人的"衣食父母"。

　　江南水乡,泽被天下,由此而催化出湖州的丝绸小镇、孚镇的荻港古村。

　　浸润于鱼桑文化之中的荻港自然环境和社会环境,自然而然地弥漫

---

　　①　据报道,北京时间 2017 年 11 月 23 日,"浙江湖州桑基鱼塘系统"在意大利罗马通过联合国粮农组织评审,被正式认定为"全球重要农业文化遗产"。《浙江湖州桑基鱼塘系统入选全球重要农业文化遗产》,http://news.gmw.cn/2017-11/25/content_26899813.html.

着一种泛生态象征情韵。

如此情韵笼盖下的荻港,从过去经由当下向未来走去,在人们的"心眼"当中,留下"看得见山,望得见水"的"乡愁",作为充分生态化的人文关怀,并未在遥远的地平线上消失,相反,如同高悬于夜色苍穹的一轮圆月,将温馨的清澈光辉洒满古村的大地,变成看得见摸得着的生活现实图景,然后,触景生情,转化为人世间不绝如缕的暖暖情思,荡漾于胸臆,成为不仅仅属于年轻人的那种用心的"爱"……

【画面:一对青年男女的故事画面……】

第三章 生态文明新时代的古村文化奇葩

改革开放以来,我国的国家发展战略,分别从政治、经济、文化和社会切入,现如今,已经进入社会主义特色的生态文明新时代。

荻港古村的精彩看点正在于,呼应如上所述的国家战略,历史地形成以"桑基鱼塘"为落地起点的泛生态文明建设新常态。

在荻港,自然生态环境是和谐的,社会生态环境也是和谐的……

到荻港一年一度的"开渔节"上去看一看吧。

在那里,我们收获祥和,我们收获快乐,我们收获自然与人的和谐交融。

尾声:知性况味,尽在荻港……

【以字幕的形式快速打出如下文字】

编辑手记:

在生态文明新时代,品味生活,"中庸"的知性格调很走俏。所谓知性,介于感性与理性之间……

荻港不正是这样吗:与天堂相比,更接地气显得家常亲切;在尘世沧桑当中,又更具淡泊的超越感。

也许,我们可以这样期待,在生态文明新时代,知性况味,尽在荻港……

介入生活:"生活美学"在
当代中国的演进轨迹*

江 飞**

摘　要: 美学既要坚持哲学品格,也要坚持实践品格。当代马克思主义美学作为一种科学性的、开放性的理论形态,不能回避美学、艺术的生活论转向,必须回应和回答日常生活中的美学问题,必须满足大众对审美活动的需要和对美好生活的向往与追求。生活美学开辟了一条介入生活的广阔道路,是马克思主义美学的生活化、大众化,是为大众追求"美好生活"提供思想保障和智力支持的美学。回顾新时期以来"生活美学"在当代中国的演进轨迹,重新审视当代马克思主义美学究竟是如何一步步走向人民大众、介入日常生活的,对建设当代美学话语体系具有重要意义,对推动新时代社会发展也具有重要价值。

关键词: 生活美学　当代中国　门类美学　日常生活审美化　美好生活

　　众所周知,鲍姆加登最先使研究感性知识的科学——"美学"成为一门独立的学科,然而悖谬的是,鲍姆加登作为一个具有启蒙精神的德国理性派哲学家,"始终是从理性出发来研究属于感性领域的美学,试图在理性的基础上论证美学这门学科的必要性和客观性,尝试确定美学与逻辑学之间的界限,同时捍卫前者的尊严"①。由此,被纳入哲学分支的西方美学理论整体上呈现出一种形而上学化、抽象化、理性化的特征,并形成了以艺术为中心的"艺术哲学"传统。而中国美学学科迟至 20 世纪五六十年代"美学大讨论"时期才按照西

---

　　*　本文为国家社科基金项目一般项目"新时期中国美学的存在论转向与理论形态建构研究"(项目编号:18BZX142)的阶段性成果。

　　**　作者简介:江飞,安庆师范大学人文学院教授,硕士生导师。北京师范大学文学博士,复旦大学访问学者,安徽省高校优秀青年人才,主要从事美学、文艺学和中国当代文学研究。

　　①　朱立元主编:《西方美学思想史(中)》,上海人民出版社 2009 年版,第 681 页。

方美学的框架、范畴和方法建立起来,因而也继承了这一特征和传统,像大讨论中形成的"美学四派"(蔡仪、高尔泰、朱光潜、李泽厚)主要研究的是美、审美以及艺术的一些纯粹理论问题,基本不涉及身体、服饰、饮食、建筑、休闲、环境等与人民大众的现实生活密切相关的美学问题,成为一种纯粹思辨的"哲学美学"。这种只追求美学的基础性、逻辑性、体系性而不考虑美学的实践性、现实性、社会性的超感性"哲学美学",难免陷入"哲学的贫困"之中,自然难以得到人民大众的承认和欢迎。一方面,我们既不能轻易否定美学的哲学品格,因为这是美学作为"学术"之"学"所必须坚持的立场;另一方面,我们也不能同意美学仅仅成为无用的纯粹理论,无视日常生活的现实召唤,不顾人民大众的精神需要,因为专门之学的存在价值在于有效地介入社会发展、服务于大众、有益于人生,这是"学术"之"术"所要求的价值。当代马克思主义美学作为一种科学性、开放性的理论形态,尤其不能回避美学、艺术的生活论转向,必须回应和回答日常生活中的美学问题,必须满足大众对审美活动的需要和对美好生活的向往与追求。我们不妨通过回顾"生活美学"在当代中国的演进轨迹,来审视当代马克思主义美学究竟是如何一步步走向人民大众、介入日常生活的。

一、"门类美学"与"生活美学"

当代中国"生活美学"的前身可以追溯到 1980 年代的"门类美学"。当时社会上出现了各种各样的关于生活(衣食住行)的美学著作,诸如服饰美学、商品美学、环境美学、行为美学等。尽管当时美学界对这种"泛美学"倾向也有一些微词,但不容否认,这种生活化、通俗化和多元化的美学新形态,充分体现出新时期之初人民大众对生活、自由与感性的审美追求,表明了以感性表达和生活性特质为内核的大众审美文化正式产生,当然,一定程度上也表现出美学走出"象牙塔"介入社会生活、服务人民大众的可能路径。由于当时还没有"生活美学"的命名,所以它们一般被归为"门类美学""应用美学"或"实用美学"。1989 年,蒋孔阳在为"门类美学探索丛书"所写的序言中提出,门类美学的产生是当代美学为了突破传统美学的束缚,积极应对市场经济条件下人民社会生活的新变化和学科交叉渗透的需要而产生的,是对社会生活中不同方面的审美关系和美的研究,主要包括生活美学、家具美学、环境美学、服装美学等。可见,此时的生活美学还只是"门类美学"中的一个分支而已。蒋孔阳最后指出,"美学要发挥作用,就得走向现实生活的各个方面去,参与和解决各门艺术、各种学科以及生活各个方面所存在的美学问题"①,对后起的"生活美学"等门类美学持充分肯定和赞赏的态度,认为其前途广阔,这基本上代表了当时美学界对"生活美学"的普遍看法。

当然,生活美学等"门类美学"的产生不仅与美学学科自身的发展有关,更与1970年代末的"形象思维"讨论、1980年代的"美学热"和"文化热"的兴起密切相关,与人们对"人性""感性""现实生活""主体"等概念的重新认识和理解有关。

形象思维的讨论可谓"美学热"的先声,直接推动了学界对"人性"与"感性"等问题的深入研究。比如,朱光潜充分肯定马克思所强调的"人的肉体和精神两方面的本质力量"便是人性,指出形象思维就是"把从感性认识所得来的各种映像加以整理和安排,来达到一定的目的",充分肯定"人性"与"感性"等冲破文艺创作和美学中的一些禁区的重要作用;并在《从现实生活出发还是从抽象概念出发?》一文中严厉批评玩弄抽象概念的美学研究,郑重提出"现实生活经验和文艺修养是研究美学所必备的基本条件"②。此外,他还校改了马克思的《费尔巴哈论纲》的译文,将"主观"改译为"主体",这对后来的美学和文学理论都产生了巨大影响。

形象思维的讨论拉开了"美学热"的序幕,而"美学热"是中国改革开放最早的学科亮点,它使得萌芽于"美学大讨论"时期的实践美学逐渐成为主流美学流派,上升为新时期马克思主义美学的代表理论和主导话语。实践美学以马克思主义实践观点为哲学基础,《1844年经济学—哲学手稿》(以下称《巴黎手稿》)是其主要的思想来源,在美学热中,学界对《巴黎手稿》的研究更加深入,从而掀起了一股"手稿热",李泽厚、朱光潜、刘纲纪、周来祥、蒋孔阳等实践美学学派的代表人物纷纷对《巴黎手稿》作出不同的解读,并据此提出自己的实践美学观。如果说"美学大讨论"时期李泽厚等人关注的是《巴黎手稿》中所提出的"自然的人化"观点,那么,美学热时期"人的本质力量的对象化""劳动创造美""美的规律"等则成为关注和推演的核心命题。更重要的是,他们从中发掘出马克思实践观点中所蕴含的感性内涵,及其对审美主体的意义与存在

---

① 蒋孔阳:《蒋孔阳全集(第4卷)》,上海人民出版社2014年版,第145页。
② 参见朱光潜:《谈美书简》,江苏文艺出版社2011年版,第66、12页。

论价值。比如李泽厚，立足于马克思历史唯物主义实践哲学，继而"由马克思回到康德"，从康德哲学中发掘出"主体性"的理论价值贡献于马克思主义哲学，建立起作为主体的人（人类和个体）为探究对象的主体性实践哲学和美学，以文化心理结构解释"人性"，以"个体主体性""个体实践""个体自由"等丰富和完善了"主体性"的意涵，提出审美的本质就在于在心理、个体和感性中实现了历史与心理、社会与个人、理性与感性的统一，而"积淀"使得历史化为心理、社会化为个体、理性化为感性。积淀了人类理性的个体感性就是"新感性"，由此重建个体的心理（情感）本体，实现"人的自然化"，最终提出"情感本体论"，以对抗工具本体对人性的异化以及理性对感性的规约。

总之，通过重新发掘和阐释马克思经典著作中的理论内涵，有力地召唤出"人性""感性""个体性""主体性"等审美范畴的现代意涵和现实意义，从理论上引领和促进了文化的启蒙和大众审美文化的生成，从情感上满足了人们反思人性、回归感性、追求个性、建构主体性的心理需求，从而形成了1980年代马克思主义美学与改革开放初期社会生活之间交往互动的良好局面，为"生活美学"的诞生准备了良好的文化土壤和社会心理。

二、"日常生活审美化"与"生活美学"

自1990年代以来，中国学者就相继提出"审美文化""日常生活审美化""生活美学"等"家族相似"的关键词，它们虽内涵各异，但却共同指向了人民大众和日常生活。尤其是围绕"日常生活审美化"，学界更是展开了激烈的争论，尽管一些问题后来并未得到彻底解决，也并未达成最后共识，但不可否认，中国学界借迈克·费瑟斯通在其代表作《消费文化与后现代主义》中提出的"日常生活审美化"这一命题所进行的阐释和论争，使得美学理论与现实生活之间的密切关系问题在中国自己的文化语境中更加鲜明地凸显出来，也促使中国当代美学研究面向日益生活化的审美文化现实而不得不寻求美学话语的再次转型，这为美学的"生活论转向"和"生活美学"的全面兴起扫清了障碍，创造了条件。

首先，1990年代兴起的"当代审美文化研究"为"日常生活审美化"的讨论预备了本土理论话语资源。当代审美文化所关注的中心问题在于，"怎样从当代艺术/审美实践、大众日常生活，考察当代历史/文化和当代人生存实践的具体精神内容，从而把'审美'从单纯心理经验领域引入更广阔复杂的文化精神、价值建构过程，以及如何在当代文化的多样性和大众生活的具体审美动机中，发现当代人所必须面对的生存意义问题"。① 当代审美文化研究对大众更好地把握当代审美文化现象、理解日常审美生活和探寻人类文化心理有着巨大的助益。

其次，新世纪初，周宪和陶东风最早将"日常生活审美化"命题介绍到中国。周宪从解读文化视觉转向的角度认为，一种新的视觉文化已经在消费社会时代崛起，其显著特征就是，我们的日常生活越来越趋向美化，视觉愉悦和快感体验成为我们日常生活的重要因素。② 陶东风则从反思文艺学学科的角度指出，今天的审美活动已超出所谓纯艺术/文学范围，渗透到大众日常生活中，文艺学必须正视审美泛化的事实，紧密关注日常生活中新出现的文化/艺术活动方式，及时调整和拓宽自己的对象和方法。③ 所谓"调整和拓宽"按他后来更明晰的看法就是，"当代的消费社会及其文化与艺术活动的新变化、生活的审美化与审美的生活化等已经迫切地要求我们修正、扩展关于'审美''文学''艺术'的观念，大胆地把街心花园、城市广场、购物中心、商品交易会、美容美发中心、健身中心、流行歌曲、广告、时装等新兴的场所与现象（它们常常是日常生活与审美活动交叉的地方）吸纳到自己的研究中"④。这些阐释及其所衍生的文艺学学科边界问题，一时间引起了诸多争议。⑤

争议主要聚焦于三个问题：一，"日常生活审美化"是不是当下中国的本土命题；二，研究者应采取怎样的价值取向；三，"日常生活审美化"是审美的泛化还是异化。比如批评者童庆炳在《"日常生活审美化"与文艺学》一文中基于对人民大众的同情立场直言不讳地批评道："今天的所谓'日常生活的审美化'，绝不是中国今日多数人的幸福和快乐。他们提出的新的美学也不过部分城里人的美学，绝非人民大众的美学，或者用我的老师在上世纪 50 年代美学

---

① 王德胜：《当代处境中的美学问题》，中国社会科学出版社 2007 年版，第 22 页。

② 周宪：《日常生活的"美学化"——文化视觉转向的一种解读》，《哲学研究》2001 年第 10 期。

③ 陶东风：《日常生活审美化与文化研究的兴起——兼论文艺学的学科反思》，《浙江社会科学》2002 年第 1 期。

④ 陶东风：《日常生活的审美化与文艺学的学科反思》，《天津社会科学》2004 年第 4 期。

⑤ 参见王德胜：《视像与快感——我们时代日常生活的美学现实》，《文艺争鸣》2003 年第 6 期；朱国华：《中国人也在诗意地栖居吗？——略论日常生活审美化的语境条件》，《文艺争鸣》2003 年第 6 期；鲁枢元：《评所谓'新的美学原则'的崛起——'审美日常生活化'的价值取向析疑》，《文艺争鸣》2004 年第 3 期；赵勇《谁的"日常生活审美化"？怎样做"文化研究"？》，《河北学刊》2004 年第 9 期；毛崇杰《知识论与价值论上的"日常生活审美化"——也评"新的美学原则"》，《文学评论》2005 年第 5 期等。

大讨论中的话来说,这不过是'食利者的美学'"。① 在童庆炳看来,分歧的原因在于如何定位我们所处的时代,阐释者认为当今(新世纪初)中国已进入消费主义时代,而他则认为还远远没有进入消费主义时代,因为占绝大多数的农民、城市打工者、下层收入者还在为温饱而奋斗。鲁枢元认为"日常生活审美化"的倡导者是把"审美的日常生活化"当作一种崛起的"新的美学原则",这种价值取向是可疑的;赵勇提出"更应该关注'日常生活的贫困化'",朱国华提出日常生活审美化"还不是一个普遍性命题",等等,皆是立足于中国现实语境和时代特征的批判之语。很显然,带有"普罗"情怀的马克思主义美学学者更倾向于把美学理解为审美无功利的带有精神超越的美学,把"日常生活"限定为"普罗大众"的日常生活,而非食利"小众"阶层的日常生活;文艺学、美学研究应当以前者为研究对象,其"批判者"的身份显而易见。在"日常生活审美化"的阐释者(如陶东风)或辩护者(如王德胜)看来,这种"人民大众的美学"或许是"保守的"或"过时的",但恰恰表明了马克思主义美学所应当坚守的人学立场和现实品格,提醒研究者必须对"日常生活"及"审美"等基本概念进行追问,正确回答"谁的日常生活审美化"与"审美泛化还是异化"之类的问题。更重要的是,批判者潜在的意思是,中国当代美学应当研究从本土的美学实践和现实生活土壤中自然生长的本土命题,在思考"美学和生活"的关系问题时不可忽视时代因素的影响,这似乎可以用来解释十年后"生活美学"为什么会全面兴起和被广泛接受。

有意味的是,"日常生活审美化"的倡导者是在对文艺学学科进行反思时提出这一命题的,意在把流行歌曲、网络游戏等各种泛审美化样式纳入文学研究的范围,从而扩大文艺学的研究边界和对象,通过转向文化研究并借用其理论和方法而推动文学研究进一步发展。不得不说,这种学科危机意识和变革意愿是好的,但问题在于:不加选择地任意地"越界"和"扩容",必然导致文学边界的丧失,导致文学自律性原则的失效,从而导致文艺学学科独立性的取消。"文学研究"最终变成除了文学而无所不包的"文化研究",这恐怕也是"日常生活审美化"的倡导者、辩护者们所不愿看到的吧! 尽管历史一再证明,文学的边界一直是不确定的、移动的,尽管当代文艺学研究确实也应该关注日常生活中新的审美现象,比如大众通俗文学,但这并不意味着要以牺牲"自律性"

---

① 童庆炳:《"日常生活审美化"与文艺学》,《中华读书报》2005年1月26日。

为代价，如果把各种广告、流行歌曲等泛文化现象不加选择地统统纳入文学研究的范围，其最可能出现的结果将不是文学的“扩容”，而是文学的“终结”，不是文学理论的繁荣，而是文学理论的“文学性”的消失。从这个意义上来说，“我们不反对文学的扩容，但不赞成把杂七杂八非文学的文化现象胡乱地扩容进来，而主张把真正属于大众需要和欣赏的通俗文学‘扩’进文学的版图，进而扩大文艺学研究的范围。这也许是克服当代文艺学危机的一个有效思路”①。

而在辩护者王德胜看来，“日常生活审美化”问题的提出原本是出自于一种对当下文化现象的考察和学术自省，而这种现象是一种与当下文化现实、当代文化价值变异状况直接关联的现象，因此他认为，我们不能回避“日常生活审美化”这一新现象、新问题，更不能因噎废食，而必须正视技术对我们的生活尤其是审美活动的改变，必须正视人的感性存在以及消费性的感性满足对于人类审美和当代美学的重要意义。由此他提出：“正视当代文化本身的存在事实，在警惕来自市场、资本、文化工业等的控制和操纵的同时，同样警惕理性权力对于人的感性生存的窒息，关注人的感性生存权利及其价值实现，理解人的感性欲望的伦理正当性，看到人的感性生存的实现之于日常生活审美发展的促进。”②这种警惕理性和理解感性的辩证态度是相对合理的。

综合来看，我们既要正视已经变化了的本土文化现实和审美实践，也要警惕堕入他者的理论陷阱和“食利者”的美学自娱；既要反抗理性霸权，也要尊重感性权利，即尊重来自于人自身内在的感性欲望与需要、生活的正当享受的权利，但同时也要反对单纯的感官享乐、无理性的欲望追求，避免成为马尔库塞所言的“单向度的人”。而在批判西方二元对立思维的同时，我们也必须警惕自己不要陷入将感性与理性截然对立的窠臼，而要建立“亦此亦彼”的思维，从这个意义上来说，李泽厚所言的“建立新感性”或许是必要的，因为一个积淀了理性的感性人，才可能是一个人性健全的自由快乐的人，才可能在张扬“日常生活审美化”的同时，也并不“放弃精神的守望”，而这恰恰又回到了马克思主义的“人的全面发展”的人学立场之上。

最后，需要注意的是，“日常生活审美化”与“生活美学”都是立足于大众的日常生活本身的审美，都是对追求理性化、逻辑化、体系化而远离大众生活的

---

① 朱立元、张诚：《作为话题的“日常生活审美化”及其论争——文学的边界就是文艺学的边界》，《学术月刊》2005 年第 2 期。

② 王德胜：《为“新的美学原则”辩护——答鲁枢元教授》，《文艺争鸣》2004 年第 9 期。

理论美学或传统美学的反拨或矫正,但二者之间在审美主体、审美活动的出发点等方面也存在着诸多差异。无论如何,围绕"日常生活审美化"所展开的一系列争论对当代中国日常生活和美学的发展产生了重要影响。具体来说,其一,围绕"日常生活审美化"展开的激烈论争表明,传统美学研究中被忽视、被轻视的当下日常生活,正在成为当代美学不得不直面的对象乃至关注中心,同时证明了美学走向日常生活、走近人民大众的现实性、必要性和紧迫性。其二,"日常生活审美化"是当代中国美学试图摆脱理论失语的窘境而直接介入现实、寻求话语转型的积极选择,论争的持久与深入也表明了评估消费文化语境下人的日常生活、重建当代生活价值体系的可能。其三,"日常生活审美化"的引介及其所引发的巨大反响,不仅仅表明了"日常生活"作为一个长期被忽视和压抑的存在物正式浮出地表,也启示了美学界必须正视"日常生活美学"的存在事实并针对正在崛起的这一"新的美学原则"给予正面回答,进而思考"如何过一种感性生活而不陷入感官欲望的深渊"及"如何引导和塑造大众的美好生活"等重要问题。

三、"美好生活"与"生活美学"

近些年来,随着中国经济水平和综合国力的不断提升,"美好生活"成为关涉美学与生活的最为重要的一个高频词、关键词和主题词,这既是国家意志的集中体现,也是马克思主义美学尤其是生活美学研究的重要内容。深入把握习近平总书记关于人民美好生活的思想,就是要认识到,人民对美好生活的向往就是党的奋斗目标,让人民群众过上美好生活是全面建成小康社会的中心主题,不断满足人民日益增长的美好生活需要是社会主义现代化的根本目的。对于美学理论工作者而言,"美好生活"的提出不是突然的,它既是人民群众享受改革开放带来的红利自然而然产生的向往与追求,也与近四十年来中国生活门类美学的兴起、当代大众文化和审美文化的发展繁荣、日常生活审美化的讨论以及"生活美学"的倡导和全面兴起密切相关。

毋庸置疑,"生活美学"(performing live aesthetics or living aesthetics)如今正在成为全球美学发展的新路标之一。纵观新时期以来尤其是新世纪以来"生活美学"的中国历程,我们基本可以判断:"生活美学"是中外哲学美学思潮相互影响而交汇形成的当代美学新形态:一方面,西方现当代哲学美学思维范式在"后分析哲学"时期确实发生了重要的"存在论转向"，即向"生活本身"回归，越来越趋向于关注人们此在的"生活方式"，胡塞尔、维特根斯坦、杜威、海德格尔、韦尔施、舒斯特曼等为生活美学提供了哲学资源。另一方面，中国当代美学界为了建构本土美学话语体系，打破 1980 年代以来形成的实践美学的思路和理论框架，同时为了应对"人民对美好生活的向往"，满足大众对古代"生活美学"的美好想象，在西方"生活美学"研究成果的滋养和启示下，重新召唤和发掘出中国古典哲学美学的儒家生活美学思想，既是作为一种有力印证，也是作为一种对话资源。[①] 可以说，生活美学的理论生成是中西哲学美学话语里应外合的必然产物，其丰富性与复杂性以及矛盾性正与此有关。

显而易见，国内对"生活美学"内涵的阐释还存在着诸多差异，对其理论的建构更是人言人殊，众声喧哗。以国内"生活美学"理论的极力倡导者和建构者刘悦笛为例，在他看来，当代中国美学从"实践美学"到"生活美学"是一种摆脱此前实践美学、新实践美学和后实践美学模式的本体论转向[②]，由此，他提出构建一种生活本体论美学的主张，这种生活本体论美学既不同于文化研究和文化社会学的话语建构，也不同于为大众生活审美化的"合法性"做论证的"日常生活美学"，而是一种哲学话语建构，它将"日常生活美学"含纳其中。中西哲学美学思想成为刘悦笛建构"生活本体论美学"的思想资源："中"指的是原始儒道两家的思想，儒家美学在一定意义上就是以"情"为本的生活美学；"西"指的是胡塞尔的"生活世界"理论以及分析哲学家维特根斯坦、实用主义哲学家杜威和存在主义哲学家海德格尔的回归生活的思想。

对于本体论的生活美学，不乏一些质疑的声音。比如，在 2017 年 10 月 15 日由复旦大学中文系举办的"'生活美学'学术研讨会"上，"新实践美学"的倡导者张玉能对刘悦笛的"生活本体论美学"提出质疑，他认为刘悦笛所谓的"生活美学"依然停留于生活现象层面的考察，还只是"关于生活的美学"，而并非本体论的生活美学。在他看来，生活美学一定不能脱离实践和艺术。"生活美学"的本体应当建立在马克思的"实践"基础之上，包含物质活动、精神活动和话语活动的自由自觉的实践是生活的本质所在。同时，他强调生活美学不能

---

① 参见陈雪虎：《生活美学：三种传统及其当代汇通》，《艺术评论》2010 年第 10 期。刘悦笛：《儒道生活美学——中国古典美学的原色与底色》，《文艺争鸣》2010 年第 7 期。

② 刘悦笛：《从"实践美学"到"生活美学"——当代中国美学本体论的转向》，《哲学动态》2013 年第 1 期。

离开艺术，美学不能没有艺术，生活更不能没有艺术，离开艺术的生活只是散乱的流变体，建基在此流变体之上的生活美学，要么变成生活指南一般的形而下之"器"，要么变成无所不能的形而上之"道"。张宝贵同样表示质疑，他认为，当下中国生活美学大多只是将西方后现代的生活美学话语移植到中国的土壤之上，而尚未形成自己的理论话语和理论型构。在他看来，建构生活美学的本体论是必要的，但这里的"本体"指的是生活对所有人而言的根本性、普遍性，"本体论的生活美学"强调的是根本性的生活即审美生活。①

这些无法达成共识的声音和建设性的看法都充分表明，"生活美学"的探讨在今日之中国有着非常重要的理论价值和现实意义，然而也正如"美好生活"的现实愿景需要人们不懈奋斗才可能实现，生活美学的理论蓝图同样需要学者们持之以恒地探索才可能完成。按照马克思所言，"人们的存在就是他们的现实生活过程"，而"社会生活在本质上是实践的"，可以说，实践是人最基本的在世方式。② 如果本体论的生活美学成为可能，那么，这一"本体"究竟是建立在"生活"之上，还是建立在"实践"之上？ 又如何立足于中国的本土国情、大众的现实审美现象、艺术实践和美学精神基础之上，建构起既满足人民对美好生活的向往又合乎美学理论的形而上学诉求、既具有中国特色又能够为世界所接受的"生活美学"？ 这些问题还需要更进一步地加以辨析和思考。

结　　语

历史和实践已经证明，美学走进生活、走近人民确已成为不可阻挡的时代潮流，而"生活美学"也正在开辟一条美学介入生活的广阔道路。"生活美学"的倡导和研究既契合了当下人民大众向往"美好生活"的现实需要，也顺应了东西方美学和艺术向日常生活回归的学术趋势，具有重要的现实价值和理论意义。事实上，人民大众原本就有自己的审美观念和审美标准，美学尤其是"生活美学"的理论普及与实践开展，无疑有利于拉近美学与社会生活的距离，有利于拉近美学与人民大众的距离，如此一来，大众获得美学引领，国民素养

---

① 任继泽、叶晓琳：《让审美面向更广阔的生活——"生活美学"学术研讨会综述》，《上海文化》2017年第12期。

② 转引自朱立元：《马克思与现代美学革命——兼论实践存在论美学的哲学基础》，上海交通大学出版社2016年版，第48—49页。

得以提升，美学获得生活滋养，理论观念落地生根，各得其所，相得益彰。尽管"生活美学"目前还不完善，诸多问题也还悬而未决，但可以肯定的是，生活美学是一种力图"介入生活"、服务人民的美学，是一种中国化、时代化、大众化的马克思主义美学，可以而且必然为大众追求"美好生活"提供思想保障和智力支持。

最后要说的是，若要建立与大众息息相关的"生活美学"，建立李泽厚之"新感性"，要真正"关注人的感性生存权利及其价值实现"，就必须深入关注和研究与大众密不可分的两个感性生存条件：身体和生态。身体是人最感性、最基本的存在，作为"感性学"的美学必然要对身体问题进行思考和研究，从身体出发、以身体为尺度进行批判并重新估计传统美学价值，由此自然而然地诞生了一种新的美学形态——"身体美学"；同样，生态问题关系着亿万大众的生活质量，关系着亿万大众所应享受的生态权利，人与自然是生命共同体，人类必须尊重自然、顺应自然、保护自然。因此"生态美学"成为建设中国特色社会主义生态文明、实现生态文明时代美学转型的必然形态。当然，关于身体美学、生态美学在当代中国的命运和未来前景则是需另作他文讨论的话题了。

论三种感官与时尚审美文化的关系

孟凡君 *

摘　要：时尚与人类的内在感官、外在感官、延伸的感官之间存在着千丝万缕的联系。广义的时尚理论以时装为核心对象，也涉及衣、食、住、行等各种物质载体，主要探究阶层关系、审美趣味等精神层面的内容。通过对时尚产品形态和消费者审美观念的分析，批判性地认识时尚审美产品有助于理解劳动者三种感官的运行过程和实际效果。借助马克思主义美学的人的异化与全面自由发展等理论，分析时尚设计在审美感官塑造中的引导作用。三种感官概念诞生于不同的美学时代，本质上却是相互贯通与融合的。在时尚与感官多重交叉关系的分析中，确认时尚文化在审美感官塑造中的独特作用，以及审美感官在时尚文化形成中的基础作用。由此，期待探索一种观察与分析时尚文化的审美感官视角。

关键词：时尚　内在感官　外在感官　延伸的感官

经济生活中的审美心理问题集中地体现在引导潮流的时尚审美心理研究中。在经济与科技高速发展的时代里，传播学研究的重要成果——延伸的感官——亦可以成为我们研究时代审美文化的重要切入点。延伸的感官连同内在感官、外在感官一起，三种感官构成了时尚审美心理的重要前提。从经济基础、商品和劳动者角度出发，探究时尚审美文化的感官基础，将有助于审视三者与时尚审美之间的关系。

内在感官、外在感官和延伸的感官这三种感官既是时尚审美文化在个体范围内发挥作用的原因，同时也受到时尚审美文化因素的影响而发生变化。

---

* 作者简介：孟凡君，浙江大学传媒与国际文化学院、当代马克思主义美学研究中心，主要研究方向：认知神经美学，马克思主义美学。

三种感官概念诞生的历史年代不同,却有紧密的内在关联。外在感官是人类最熟悉的、最基本的生理组织,并且是人类感知世界的基本途径,它主要包括视觉、听觉、味觉、嗅觉、触觉五觉。内在感官是人类意识的CPU,稍远一些的时候,由于技术有限,人们一直在猜测其运行原理,今天认知神经科学高速发展,人们才逐渐了解了大脑内在感官的部分原理。延伸的感官表面看起来是一种隐喻的说法,然而这种隐喻背后其实蕴含了一种人类意识与物质实体相互融合联接的思维方式。可以理解为古典的天人合一,也可以理解为康德所说的超感性基底的意识物质双重性。麦克卢汉在《理解媒介——论人的延伸》一书中提出延伸的感官之后,人类的神经系统、躯体存在和外部环境,特别是电子时代的网络信息环境便结成了一个整体。

从经济基础和经济环境入手,提炼出实体性时尚审美文化要素;从商品和劳动者审美文化塑造角度入手,分析时尚审美心理与三种感官的关联,由此明确时尚作为具体产品、文化体系与精神文化方面的联系,在时尚审美文化要素与个体三种感官的联系中,确认时尚审美对象的美感原则(无功利的合功利性),进一步确认其他社会关系的心理原则(偏好与偏见,和解与攻击,利己与利他等)的时尚审美文化基础。

一、经济生活和时尚审美心理

当自然人步入社会,参与到社会经济生活当中时,经济生活便不再作为时代经济制度的背景性因素对审美产生影响,而会成为审美的决定性要素。经济生活中,由经济利益而来的社会人的功利性意识,要远远强于由朴素认知情感而来的自然人的功利性意识。如果我们对"功利性"进行自然功利性(朴素认知情感)和社会功利性(多元利益驱动的认知情感)的划分,自然功利性以朴素认知情感为基础,先天成分较多,如亲子、怀乡、宜居等自然情感;社会功利性则以经济利益为核心,在多元复合利益驱动下影响认知情感。这种区分有助于我们理解,从自然人到社会人的转变过程中,经济生活对于美感的影响是逐渐递增的,社会功利性对于美感的影响也是逐步强化的。

商品是时尚审美心理的具体载体。经济生活覆盖人们生活的各个方面,对于美感的影响过程也既全面又具体,既复杂又单纯。讨论经济生活对于美感的影响,我们须从两个方面切入:商品(product)对于人类审美的影响;作为被创造的劳动者对于美感的影响。商品包括衣、食、住、行四个方面。研究劳动者的三种感官如何影响美感,我们将主要分析时尚审美文化心理的形成过程。

社会经济环境中,商品与劳动者这两者和美感之间有千丝万缕的关系。首先,商品作为消费品之外,还是美感的对象;劳动者除了作为生产者和消费者之外,毫无疑问还是美感的主体。美的东西、美的客体和审美对象在商品经济社会基本上是以商品形态展现给我们;审美的主体则具化为劳动者。在商品经济社会中,我们以时尚审美文化为切入点,它关联起具有实体性的商品和具有认知情感能力的人,并且具有相对稳定性。

何为时尚(fashion)?时尚是经济社会生活中让人心驰神往的物质和精神导引。人们似乎一致认为,时尚永不停滞、永不固着和永恒变化。变异性与新颖性是时尚所包含的两个特征。① 它包括物质实体面和文化精神面。时尚包括高层次的时尚审美心理和低层次的日常消费需求。日常消费需求是时尚赖以存在的前提,而时尚审美心理则构成了时尚的高端文化趣味。我们主要从时尚审美心理角度,对时尚文化审美机制的成因与实效进行批判性的探讨。

二、衣、食、住、行——时尚审美的实体存在

衣、食、住、行都与人类生存息息相关,每一项内容都决定着人类的进化与发展,也显示着人类文明的程度。每一要素都可以体现出某个地域的传统生活方式,也可以呈现出当前消费环境下流行的时尚审美样式。

服装是时尚研究最主要的对象。然而,从基本功能来看,服装首先是人类御寒遮羞的主要工具。衣服除了具有保暖的功能和遮盖身体的功能,还有美化皮肤与身体、吸引异性的功能。前两者与生存相关,后者则与人类的发展与进步相关。服装与视觉、肤觉审美紧密联系,因而服装的美感基础在于其触觉、视觉属性。商品经济环境下,服装的品牌、款式、面料、色彩等要素直接影响着美感,构成了时尚审美文化的具体内容。服装品牌所带给消费者的除了基本的保暖功能之外,还会涉及我们所说的时尚文化审美的精神层面内容。

---

① Yuniya Kawamura, Fashion-ology: *An Introduction to Fashion Studies* (Oxford: Berg, 2005), 4 – 6. It seems agreed that fashion is never stationary, never fixed and ever-changing. Change and novelty are two of the characteristics that fashion encompasses.

服装设计体现了时尚审美心理的主要趋势,它以最直接的方式,引导色彩、色块等蕴含着精神倾向的服饰语言符号。

饮食提供了人类生存所必需的能量。饮食在大多数情况下用来满足口腹之需,人们常常认为这项活动只是人类的低等需求之一。当人们生活水平提高之后,就会越来越重视饮食的营养成分、重视饮食的文化含义,乃至于文化凝聚力。《舌尖上的中国》这部纪录片较好地诠释了饮食与文化、饮食与认知情感之间的深切关联。需要注意的是,饮食不仅与味觉、嗅觉以及视觉相联系,更与一种生存方式相联系。例如,中国人最熟悉的饺子,不仅让人们获得美味,还给人们一种传统的"家文化"、"和谐文化"的温暖。再如,在星巴克里不仅是在喝一杯咖啡,同时也是在体验一种现代化的时尚生活方式。

房屋是人类生存繁衍的空间。人类从来没有停止过对于栖息地、居住地的选择与美化。从丛林、山洞到茅草房、砖瓦房,再到现代公寓式住宅区、别墅式宅院,人类的生存空间变得越来越温暖舒适,越来越美观典雅。房屋在当代社会是一种消费品,因而被赋予了越来越多的时尚审美元素。如园林式的小区、动感活力的城市白领社区等等,都在基本的实用功能基础上,下足了审美文化的功夫。房屋的审美文化蕴味体现了时尚潮流的倾向。从大的方面看,它受到时代前沿建筑风格影响,如巴洛克、洛可可、包豪斯等具有时代特征的建筑风格,同时地方性民居、民宿、当代性审美品位也对其产生潜移默化的影响。

人们的出行方式决定了生活和劳动的效率。自古及今,人们都在追求高效高速的行走方式,从步行、骑马到驾车,从火车、汽车到轮船、飞机,乃至宇宙飞船,交通工具提高了人体运动的速度。群体交通工具以实用为主,时尚审美色彩相对较弱,个体出行工具——轿车则充满了时尚审美元素,因而,不同品牌的轿车形成了各自的审美符号体系。如福特公司的创始人福特的理念是,不管轿车具体是什么款式,只要是黑色就好。针对轿车的颜色、流线、车灯、内饰的审美样式,每个知名品牌的轿车都创立了一套完整的时尚审美符号体系和审美精神品味。

除了衣、食、住、行之外,时尚还包括日用品和艺术品的审美内容。因而,时尚本身既是有型的实体,有时也是一种流动的时代审美精神。时尚和商业利润、大众消费息息相关,因为它将带来商业利润的大幅度增值,它将引导大众消费的热点方向。时尚(fashion)本身既具有流行性(popularity),也具有引导性(conductivity);既具有审美的流畅性(fluency)和熟悉性(familiarity),也具有新颖性(novelty)和十足的艺术性(artistic)。从有形的产品形态到无形的精神理念,再到产品的生产机制,审美心理因素一直发挥着关键作用。风俗、制度等地方性审美经验对时尚审美心理也起着重要作用,现代商业运营方式对于时尚审美文化的影响则是决定性的。

早在1929年,美国的一些企业已经认识到"美是销售成功的钥匙",随着时代的发展,1970年代,大审美经济开始萌动,我们迎来了经济审美化时代。[①]时尚审美常常充满了功利性的逐利色彩,却覆盖着非功利性的外衣。时尚审美实现了高附加值的商业利润和人类生活方式的改善。如果这种改善是有关于人们发展与进化福祉的,那么这种时尚审美是值得倡导的,反之则应抛弃。

三、劳动者的三种感官——
时尚文化审美的精神面

(一)商品和劳动者的意识形态性

衣、食、住、行方面的经济产品都和人类感官紧密关联,这些经济产品受时代审美文化的影响最为明显。从商品的生产者和消费者的角度讨论时尚文化审美的精神层面的存在状态,有助于从最原生态的生活内容来理解时尚及其生长土壤。

首先,劳动产品作为时尚审美的具体物质承担者,是由经济制度、文化风俗、传统生活方式,以及所有劳动者(包括有产者和无产者)共同作用的产物。因而,尽管不同的时尚审美产品具有不同的审美趣味,能够激起不同审美群体的不同愉悦感,但商品本身作为公共产物并不具有意识形态属性。例如,在《动物庄园》这部小说中,作者以讽喻式的笔调描写了动物与人类的审美差别,动物企图立法来隔绝人类的"时尚审美产品",却拒绝不了其诱惑。母马茉莉无法阻挡自己对缎带和方糖的钟爱之情,这种喜爱并不会因为动物群体的革命胜利而结束,也不因为动物和人类的差别而有所不同。因而,无论是有产者还是无产者,都想拥有人类创造的美好事物——时尚审美产品。只要这种对于时尚审美产品的渴望没有超出自身经济能力所能承受的范围,就都是无可

---

① 凌继尧等:《艺术设计十五讲》,北京大学出版社2006年版,第326、337页。

厚非的。当时尚审美产品的价格超出一般劳动者的承受能力,时尚审美产品便会成为劳动者的物质枷锁和精神枷锁。当商品社会所设立的时尚审美导向使劳动者个人的时尚审美原则出现了偏差时,劳动者迷失于经济社会所创造的时尚审美产品所构筑的时尚审美幻象,他们无法自拔,有时甚至为此牺牲了精神和肉体的自由。这就是马克思主义美学阐述的异化问题,劳动者创造了产品,付出了超负荷的劳动,却为了获得其创造物而丧失了健康的身体;劳动者拥有了商品,却失去了自己本质力量的物化形式——货币"黄金鸟",失去了自我的独立认知情感系统;劳动者创造了美,自身却变成畸形。①

诚然,时尚审美产品本身没有意识形态倾向性,但劳动者自身的意识形态印记却是无法抹去的。因而,劳动者自身的审美原则必然受到意识形态的倾向性影响。我们应当呼吁人们培育返璞归真的时尚审美需求,培养清淡的时尚审美品位。时尚审美产品带来的精神愉悦感与其价格并不完全成正比,而与我们内心的审美感受力直接契合,想要获得高品位的精神生活,先要培养个人全面自由的精神境界。惟此,劳动者才不会迷失在五光十色的时尚审美产品之间,不会被披着审美外衣的时尚产品榨干剩余价值,被"品质高贵"的时尚产品抽空劳动者那朴素的认知情感。

经济社会的实体要素也好,时尚文化的消费潮流也好,都是通过影响人类的基本感觉而影响到人类的审美认知情感,进而引导人们的消费选择和审美文化行为。在分析了这些具体有形的经济社会实体之后,有必要反思这些影响人们审美感知物质实体背后的认知情感机理。

我们从时尚文化的感官基础入手,分析内在感官、外在感官和延伸的感官在时尚审美心理的塑造过程中发挥的基础作用。内在感官、外在感官和延伸的感官三种感官相互影响,相互作用,同时又是紧密联结在一起的。内在感官主要以人类中枢神经系统为主;外在感官以人类的五官感觉为主;随着时代的发展,新技术、新媒介成为超越人类感觉阈限的感觉工具,也就成了延伸的感官。

(二)三种感官的历史溯源

美学家哈奇生曾经提出"内在感官"②的概念,他认为:与人类的"外在感

---

① 马克思、恩格斯:《马克思恩格斯文集(第一卷)》,人民出版社 2009 年版,第 224 页。
② 朱光潜:《西方美学史》,人民文学出版社 2002 年版,第 215 页。

官"(五官感觉)相对,一定存在内在于人类大脑和心灵的内在感官,审美感官是内在感官的一种。当代认知神经科学已经逐渐揭示出部分"内在感官"的科学基础,认知神经科学家、神经美学家们正在苦苦寻找审美内在感官。1960年代,在当代传播学研究领域,麦克卢汉提出,作为新技术发明创造物的当代媒介(电话、电报、报纸、照片、时装等)已经成为人类感官的延伸,即这些媒介手段是人类的延伸的感官。内在感官、外在感官和延伸的感官在美学、心理学和传播学等不同领域得到描述和阐释。延伸的感官大多是隐喻性的,看似与前两者没有绝对必然的联系,然而,仔细研究,我们却可以发现其与外部感官有互补关系,进而与内在感官的认知神经基础也是紧密关联的。

(三) 三种感官在时尚审美中的主要作用

1. 三种感官的联系和区别

当代时尚文化的美学基础是一个有意味的论题。从感官的贯通与融合角度来讨论,似乎可以寻到线索。笔者试就三种感官的关系,及其作为时尚文化的美学基础展开论述,尝试厘清当代时尚文化的认知神经基础,以及内在感官、外部感官、延伸的感官和外部世界的关系。在人类历史进程中或者个体发育过程中,表面上看起来,内在感官在感知外部世界过程中的作用越来越间接,实际上一直发挥着基础性作用;而外在感官作为人类得以生存的最基本的生物性前提,比起内在感官,具有直接性和机械性的特点。延伸的感官越来越成为人们弥补外在感官局限性的得力工具,然而外在感官毕竟是"假肢",过度依赖延伸的感官,并不有利于人类外在感官和内在感官的成长与进化,容易沦为"技术人"、"工具人"、"机械人",但是有没有可能达成某种延伸的感官和外在感官及内在感官的深度融合呢? 现代科技已经为这种连接提供越来越多的可能性。以 Alpha Go 为例,人和机器,谁在控制谁? 进入对方,融合为彼此。意识交互过程中,AI(artificial intelligence)负责决策效率,HB(human brain)负责价值判断。

人们越来越依靠外部感官和延伸的感官,来认知外部世界。这是人类神经发育和个体成长的结果,也是科学技术进步和社会发展的结果。外部感官、内部感官与延伸感官融为一体的过程构成了人类感官的生长史。

在个体的感官发展过程中,初生婴儿大脑刚刚开始成长,外部感官能力也比较弱,嗅觉、味觉、触觉和空间感觉几乎为零,最初发展起来的外在感官也只有眼睛、耳朵、嘴唇和手指等。靠着有限的外部感官能力,内在感官的信息加工能力发挥着巨大的作用。此时,大脑的内在感官和躯体外部感官互相作用,促进了个体的认知神经系统的成长。随着神经认知系统的成长进化,个体的抽象思维能力逐渐成熟。抽象思维形成后,人们具备了形式知觉能力,为个体审美发生提供了必要条件,同时,个体可以凭借符号手段和技术工具来把握世界。此时,各种符号手段以及技术工具,都可能成为人类感觉的延伸,我们称之为延伸的感官。麦克卢汉说,摄像机是人类眼睛的延伸,电话是人类耳朵的延伸,服饰和住宅是人类皮肤的延伸,车轮是人类双脚的延伸,我们可以以此类比,一篇论文是我们大脑思维过程的现实延伸,一幅绘画是大脑意象向外在世界的延伸;对于大脑来说,论文和绘画本身只是内在感官创造的对象;对于其他思想体系或者意识形态来说,论文和绘画很多时候已经成为内在感官本身的延伸,它们被用来作为创作者感官的一部分作用于外部世界的其他客体。

2. 内在感官、纯白意识与时尚文化

内在感官的物质基础:神经元、神经递质、功能化脑区以及神经机制等神经生物学要素对于人类的认知情感的影响也是具有同等效果的。

离开内在感官,外部感官和延伸的感官不可能具有高级思维能力,也就是说离开内在感官,人类就没有认知和情感能力,审美能力也就无从谈起。时尚审美文化看似和内在感官无关,实则息息相关,紧密相联。

在中国传统文化当中,存在一种直接运用内在感官,而弃用外部感官和延伸感官的心理实践。道家的"心斋"、"坐忘",就是直接运用纯粹内在感官的一种尝试。这是一种中国智慧,也是对世界共通的信仰和追求。我们在瑜伽术、佛教坐禅、面壁等宗教修行中都可以看到类似的实践。"心斋"、"坐忘"为的是"澄怀",为的是"虚静"。用我们今天的理解是放弃一切知识判断,回到内心认知的纯白状态,此时一切判断归零,一切情绪平静,一切需求和欲念清空。有了零起点,才会有崭新的气象和风貌。而这个过程只发生在大脑内部,这即是纯粹的内在感官运用,此时一切归零的意识状态都是内在感官清空内存的结果,此时一切重新生发的直觉性判断都是内在感官做出的有效生发和推断,此时人类的意识状态更加清澈,更加精确。

《道德经》云,"五色令人目盲;五音令人耳聋;五味令人口爽;驰骋畋猎,令人心发狂;难得之货,令人行妨。是以君子为腹不为目。故去彼取此。"(《道德经·第十二章》)用今天的认知神经知识来理解,人类的外部感官经过强刺激之后,内在感官发生紊乱,所以对于一般的刺激无反应,或者反应较弱,或者根本无法做出正确的判断。目盲、耳聋、口爽、人心发狂、行妨是内在感官紊乱的表现，所以道家美学不倡导为目、为外在形式刺激之美的审美追求，而倡导在为腹的基础上，回归到内在感官的纯白状态——虚静、澄怀的状态。

由内在感官的运用，联系到当前的时尚审美文化，我们应当谨慎地保护好内在感官。时尚审美文化是五彩缤纷的，常常让人们的认知情感判断发生紊乱。我们应当及时地维护好自己的内在感官，形成个人化的审美趣味或者在时尚审美文化中保持清晰的内在程序，否则将会迷失在物欲横流的时尚幻象之中，随波逐流，失去家园，失去乡愁和童真之美。

3. 外在感官、审美强形式与时尚审美

外在感官是人类感觉的物质支撑，它包括眼睛、耳朵、鼻子、舌头和整个躯体，分别对应着视、听、嗅、味、躯体感觉（动觉、触觉、温度觉和压力觉等）五种感觉。外在感官与内在感官之间是外部信息采集功能和内部信息加工处理功能的关系，大脑皮层有很大一部分负责外在感官的加工处理工作。现在的科学研究已经发现了视觉脑、听觉脑、味觉脑、嗅觉脑所在的区域，躯体感觉除了触觉还包括压力觉、温觉和本体感觉等。大脑皮层后中央回是体感的主要脑区，体感区域的脑区位置是外部身体感觉在大脑当中的信息加工中心，也就是外在感官（体感部分）的内部神经生物基础。

大脑皮层给某种感官分配的区域越大，这种感官越敏感。当然，外在感官的五觉都有相对应的内在感官，而内在感官除与外在感官相对应的部分之外，还有其独立的认知情感部分。

外在感官接受外界刺激信息，获得强化的内部神经信息关联，是人类和世界交往的基本门户。任何审美的形式都是通过作用于外感官而作用于内感官，进而激发人类的审美认知情感的。时尚审美产品也不例外。

时尚审美产品，也就是我们日常看到的各种具有审美属性的商品，其自身的资本属性决定了它必然要以追逐利润为第一目标。一旦审美产品以追逐利润为目标，它又必然要说服消费者购买它。怎样说服消费者？最直接的莫过于提供感官刺激的强形式，如绚丽的色彩、浓郁的气味、奇妙的声音、舒适的质感、适宜的口感以及超乎寻常的各种体感。刺激物对外在感官施加强形式会带来强烈的内在感官反应，比起平淡乏味的刺激形式，更容易调动起内部感官的认知判断系统、情感反应系统以及行为决策系统。

在《闻香识女人》这部电影当中，退伍军人弗兰克中校虽然在战争中双目失明,但是他的听觉和嗅觉特别发达,凭借女人使用的香水味道,他可以判断出一个女人的生活品味、发型、身高乃至眼睛的颜色。这部片子不啻于一部最好的香水广告。在这里,香水味道是嗅觉感官刺激的强形式,香水的味道调动起审美者弗兰克中校的认知判断系统。他的人生阅历非常丰富,因而判断格外敏锐精确,不仅可以把香水味道和使用者的自然躯体特征精确地结合起来,还能够把香水的味道和使用者的生活趣味准确地联系起来。这引导着人们以香水品牌的文化含义来匹配自己的生活和审美品味。由此可见,审美产品的强形式对于认知情感判断是起着决定作用的。

当埃及艳后克里奥帕特拉卷裹在席子里,被送到凯撒面前的时候,埃及香水的味道发挥了巨大的功能。凯撒帮助埃及艳后克里奥帕特拉熄灭了战火,拯救了埃及,谋得了王位。在荷马史诗中,天神宙斯也陷入了白臂的天后赫拉的爱情罗网,天后赫拉也用了相同的手法(安布罗西亚神膏,当然还有爱神阿芙洛狄特的彩色袖带,睡眠神的甜蜜睡眠魔法),迷住了宙斯的心智。因而,香水的优雅味道对于男性不仅引起了如弗兰克那样准确的认知判断,更勾起了伟大如凯撒和宙斯那样的男性不可抑制的内心欲望并被之引导着行动。

不仅仅是上面介绍的香水带来的嗅觉刺激,时尚审美常常是充分调动起五觉以及躯体感觉。所有时尚审美产品都以刺激的强形式调动起了主体的内在感官,引发了认知情感判断,并激活了行为决策系统。

当然,人类的外在感官存在很大的局限性。很多存在于人类感觉阈限之外的事物,人类是无法感知的。例如,红外线、紫外线等。而科学和技术手段延伸了人类的感官,人类也因此扩充了感觉的域限,感受到更加广阔而奥妙的宇宙万物。

4. 延伸感官、人机交融、物我融合

任何科技发明都是某种人类感官与世界交流的结果。人类不满足外在感官的局限性,对世界的探求欲望远远超出了固有感官所能抵达的范围。人类视觉的可见光范围是400～650纳米,却可以通过技术手段来觉察和利用不可见的紫外线和红外线。空气好的时候,人类可以模糊地看到十几公里以外的风景,而望远镜让人类能够比较清楚地看到浩瀚的外太空,显微镜使人类看到精微的物质结构,核磁成像比较清晰地显示了大脑内部的活跃状况,3D技术更让人类的视觉影像超出了平面化效果,通过视觉感受将人体置身在立体空间状态之中。新技术新媒介增强了人类观察和感受世界的能力,延伸了人类感官探索的深度和广度。人类可以随时嫁接不同的延伸感官,来突破外在感官能力的局限。

当代人工智能和认知神经科学都在高速发展,越来越多的神经科学理论在转向实践应用,脑机接口技术正在逐渐成为一个热点问题。脑机接口的应用与探索是多方面多层次的,但是其基本理念无疑是运用附加的设备,直接和内部感官关联起来。或者运用这些延伸的感官发出大脑指令,控制其他外接设备,例如假肢、交通工具等;或者运用延伸的感官读取大脑信息,从而获得大脑真实的意识状态,这样可以读取罪犯的真实心理。政府还可以通过这个技术了解社情民意,或者运用这些延伸的感官增强大脑的计算能力,让大脑成为一台更加强大的计算机,运算得更快,记忆的更多。所有这些探索,值得我们报以乐观的期待,因为所有延伸的感官都是人类希冀更加强烈地、深刻地和世界交流的结果。

当延伸的感官不断渗透到人类的外在感官和内在感官的时候,人类和世界上的万事万物之间不是更加疏远,而是更加亲近了。这一看似科幻玄想之类的推测实际上正在越来越多地运用于实际生活。例如,在扎克伯格和马斯克就无人驾驶汽车展开的论战中,扎克伯格是乐观的,而马斯克却更加谨慎。前者认为无人驾驶这类人工智能顺乎发展潮流,不可阻挡,将为人类带来更多便利;后者则认为,人工智能可能会被恶意运用,从而造成蓄意谋杀、意外事故等不可控因素。但是,无论赞成与否,各类人工智能机器人都在不断刷新人类想象力的极限。人工智能或许成为人类进化的阶梯,也可能成为人类走向毁灭的关隘。如何让人工智能与人类和谐共存才是我们应该关心的事情。人工智能已经如同新的神学,将引导人类进入新的认知和情感境界。这并非妄自揣测,新锐围棋大师柯洁在和阿尔法狗对弈时,已经感受到了广阔无垠的上帝视角。

延伸外在感官是人类本能的冲动,然而延伸感官却需要借助外在感官,把外部信息传递给内在感官,也就是认知神经网络。延伸的感官与外在感官、内在感官怎样衔接,麦克卢汉已经做出了探索。

(四) 延伸的感官与时尚审美文化及大众传媒

"麦克卢汉将媒介研究扎根在感知系统里。"[1]因而,除了媒介形态、媒介

---

① [加拿大]马歇尔·麦克卢汉著,何道宽译:《理解媒介:论人的延伸》,译林出版社2011年版,第140页。

方法研究之外，麦克卢汉实际上进行了一项伟大的尝试，即探索人类感官在媒介社会当中的延伸问题。这也就把大众传播学与心理学、认知神经科学紧密结合起来，也就不可避免地把各种媒介形态与时尚审美文化及其认知神经基础结合了起来。这里面我们仅举"数"、"服饰"和"城市"这三个例子，加以分析。

"数"的功能是延伸触觉，这是我们最亲密的感官。

如果被视为人体的延伸，数字就完全可以理解了。……数字是我们最亲密的、相互关系最密切的活动（即触觉）的延伸和分离。

一百多年来，艺术家们都将神经系统的角色赋予触觉，企望它把其他感官统一起来，借以迎接电子时代的挑战。

也许触觉并不只是肌肤与实物的接触，而且还是头脑中储存的生命力？

数字不仅像口语词一样是听觉的和洪亮的东西，而且它发端于触觉，是触觉的一种延伸。

数是可以感知的一切事物的本质。[1]

数字是人类抽象能力高度发达的重要标志之一。作为抽象思维和内在逻辑思维的重要工具，它很少与人类的其他感官联系起来。麦克卢汉以独特的视角把"数字"与触觉联系，并且设问："触觉并不只是肌肤与事物的接触，而且还是头脑中储存的生命力？"这一方面与西方重视"触觉"的传统有关，另一方面，也表现出麦克卢汉试图联结内在感官、外在感官与延伸的感官的尝试。"数"把内在生命力、触觉和事物本质联系起来。

衣服作为肌肤的延伸，既可以被视为一种热量控制机制，又可以被看作社会生活中自我界定的手段。

十多年来，妇女的服装和发型放弃了偏重视觉的倾向，趋于偏重图像即雕塑和触觉的倾向。

过去的千百年里，我们从头到脚都紧紧包裹在衣服里，包围在统一的

---

① ［加拿大］马歇尔·麦克卢汉著，何道宽译：《理解媒介：论人的延伸》，第128—131页。

视觉空间中。现在的电力时代把我们引入了一个新的世界，在这里，我们将以整个的体表生活、呼吸和倾听。①

在这里，服装也是外在感官皮肤的延伸，它控制人体的温度，表明人体和世界的界限。服装主要与触觉、视觉相关。人们就像变色龙一样跟着时尚潮流变换着肤色，一方面为适应环境，一方面也用外在"皮肤"表达对于世界的态度。外在感官是生物机能作用的发挥，内在感官维系着认知情感判断的过程，而延伸的感官则是文化符号性的。城市是"集体的服装"，人体各部的延伸构成了城市，城市体现了人类体感的整体延伸。

> 如果服装是个体肌肤的延伸，是储存和输导体温的手段，那么，住宅就是家庭或群体为此目的而集体采用的手段。作为居所的住宅是人体温度控制机制的延伸，即集体的肌肤或衣服。城市则是适应庞大群体需要的、人体器官的进一步延伸。
> 乔伊斯描绘了城市作为第二人体的详细形象。在诗集《恶之花》里，波德莱尔提出了一个与此类似的人体各部的"对话"——人体各部的延伸构成了城市。②

数字作为人类触觉的延伸，是人类触摸事物本质的一种"感官"，这种感官体现了一种求真的本能；衣服作为皮肤的延伸，实际上也是一种体表触觉工具，其功能从视觉逐渐转向触觉，体现了人类在电力时代用整个体表生活的状态；而城市则看作是"集体的衣服"，是人类各个部分延伸构成的。服装和城市除了作为感官的生理性本能，最受到时尚审美文化的影响。反之，时尚审美文化通过影响服装和城市，完成了对人类审美的认知情感的影响。

四、三种感官的融合与时尚 审美社会关系的形成

内在感官、外在感官和延伸感官之间的紧密联系是物我同一思维的生理

---

① ［加拿大］马歇尔·麦克卢汉著，何道宽译：《理解媒介：论人的延伸》，第 141—143 页。
② 同上书，第 147、149 页。

基础。物我为何能够协同？这关键在于人类延伸感官的本能，可以作为感官工具的外物，很容易被人类用作延伸的感官！此时，物也成为人体的一部分，甚至是重要的组成部分。人的中枢神经系统和身体感觉系统并不局限于大脑和身体，人们可以凭一叶而知天下皆秋，可以借堂下之冰而知天下之寒。人们可以用物来看，用物来听，用物来嗅，用物来感受整个世界。此时，物我统一，物感交融，主体和客体之间的界限逐渐模糊，形成一个人生于自然，长养于自然，与自然协和的自在无为状态。在商业社会环境中，人的三种感官和商品的审美时尚文化是联结在一起的，彼此之间既有同一性，也有差异性，不可一概而论。

富有时尚审美元素的商品成为社会心理关系形成的基础：时尚审美的实体层和精神层作用于三种感官形成了偏见与偏好，这些社会心理原则一旦在社会关系中形成，反过来也会严重影响美感的生成。生存进化功利性和经济功利性，共同构成美感合功利性的基础；三种感官的形式抽象能力及其认知情感诱发力则构成了美感的无功利性基础。

在功利性基础上，人们形成了共同的偏好或偏见，这些偏好或偏见常常会表现出独属于某个群体的意识形态性。社会心理中的冲突与和解除了生物性的原因外，就主要源自于群体的意识形态性。这些生物性和社会经济性要素都是通过作用于人的认知神经基底来发挥作用的，在综合作用下，人类的内在感官、外在感官和延伸的感官都在社会历史实践中发展进化，时尚是三种感官融合演化过程中的外在表征。

市场化衡量文化消费经济价值的美学观照[*]

杨建生[**]

摘　要：文化消费经济价值的衡量离不开市场化，市场化衡量也需要美学观照。我们首先需要逐步完善文化消费经济价值衡量的美学条件，包括积极倡导和培养全民"经济眼光"、促进文化消费与保护个性发展相结合、建构起兼顾各方利益的经济市场秩序、积极拓宽审美性价值衡量的实践通道等。通过落实劳动力价值成本构成的美学意义、在理论上纠正文化消费价值不可衡量的唯心论错误思想、找准文化消费经济价值形态与完全市场化经济价值衡量的契合点，我们可以明晰完全市场化文化消费经济价值衡量的美学观照要点；通过解析文化消费经济价值与促进经济增长需要、满足社会管理需要、推进文明传承需要之间的关系，我们可以把握不完全市场化文化消费经济价值衡量的美学观照要点。

关键词：文化消费　价值衡量　市场化　美学视域

一般意义上的文化消费价值，既包括文化消费精神价值，也包括文化消费经济价值，本文仅讨论文化消费经济价值的相关问题。如何衡量文化消费经济价值，经济学视域与美学视域有着各自不同的理论观照侧重点。经济学视域重在追求价值衡量的数量最大化，而美学视域则重在追求价值衡量的公平公正性。文化消费经济价值的衡量离不开市场化，市场化衡量也需要美学观照。本文从市场化衡量文化消费经济价值的美学条件、完全市场化和不完全市场化衡量文化消费经济价值的美学观照要点等方面，力图对市场化衡量文

---

　*　本文为 2017 年度江苏省社会科学基金重点项目"文化消费价值衡量的美学研究"（17ZXA003）成果之一。

　**　作者简介：杨建生，常州工学院人文学院教授，主要研究方向：审美文化。

化消费经济价值问题作出美学视域的阐释。

一、市场化衡量文化消费
经济价值的美学条件

什么是文化消费经济价值？价值，总是指对人的有用性，而经济价值则主要指满足人的生存与发展的基本价值需求。经济价值最显著的特征在于它可以被货币量化衡量，它是物质价值与精神价值共同的中介形态。因此，文化消费经济价值是指精神文化进入了生产与消费的经济运行体系中，在满足商品经济市场化条件下，最终能够被转化为货币量化形态的价值有用性。在生活现实中，我们通常会在两种意义上谈论文化消费经济价值：第一种是抽象意义上的文化消费经济价值，它不受现实中商品经济关系的制约，通常只是作为象征性的、比喻式的观念性消费而流行在人们的日常话语中。人们通常会不假思索地使用这类文化消费经济价值概念，而不会强制性地要求所使用的价值概念转化为明确的具体数量的货币价值形态；第二种则是具体意义上的文化消费经济价值，它是指进入到当代文化生产与消费的经济运行体系中的，需要用货币量化衡量的文化消费经济价值，即本文所论及的满足市场经济条件的文化消费经济价值。

文化是人类精神意识的符号物化凝聚形态，唯有文化自身拥有精神文化价值，才谈得上拥有文化消费经济价值。在经济价值范畴中，价格是价值的量化表现形态。在理论上，文化消费经济价值与其价格是一种正比例关系，即价值大小与其价格大小具有一致性，所有的文化消费经济价值都可以通过量化的货币价格形态而呈现出来。但由于商品经济活动受到市场供求关系的制衡，精神文化价值在接受货币价格量化过程中，其价值与价格经常处于失衡状态。因此，无论是物质产品的生产与消费，还是精神文化产品的生产与消费，都有必要梳理出在市场化条件下的公平公正衡量文化消费经济价值的美学条件，这对于提升人们的认识水准，指导当代文化消费经济价值衡量实践的发展，具有十分重要的现实意义。

（一）积极倡导和培养全民"经济眼光"

在日常生活中，人们通常依据一种经济学意义上的"消耗社会必要劳动时间"的标准来评估一切经济价值。具体包含两层含义：其一，当我们确信某个事物有价值，就是确信生成这个事物是需要消耗自己或他人一定量的社会必要劳动时间。其二，由于时间是可以计量的，所以任何劳动力价值在理论上都是可以衡量的，需要我们去寻找最合情合理的衡量手段。既然劳动力价值本身就具有一种可供计量的性征，那么，只要有劳动力价值，不论是出自物质产品还是文化产品，都可以被纳入到生产与消费的经济运行系统内，这就是一种"经济眼光"。这种"经济眼光"的核心思维模态是：产品拥有社会必要劳动之价值→能够被计量→进入生产与消费的经济运行系统。马克思在《资本论》中指出，"'价值'这个普遍的概念是从人们对待满足他们需要的外界物的关系中产生的"①，价值是人们所利用并表现了对人的需要的关系的物的属性，表示事物对人的有用性，表示事物其实是为人而存在的。马克思特别强调不能脱离物质事物对人的有用性来谈论价值。人类的社会现实是很不平等的，那些已占有大量社会资源的阶层，总会有意无意地将民众的"经济眼光"与道德品质偏下联系起来，其目的无非是长久地实施愚民政策，阻止社会财富均衡化发展。唯有积极倡导和培养全民"经济眼光"，人人关心和构建起自我存在的"经济基础"，才能培育起公平衡量文化消费经济价值的群众基础。

（二）促进文化消费与保护个性发展相结合

人们之所以要从事文化消费实践活动，主要有两个方面的原因。现实原因在于，通过文化生产与消费的经济运行实践，一方面扩大了人们赖以生存与发展的社会消费资源，另一方面促进了两种生产（物质生产与精神生产）与两个文明（物质文明与精神文明）的平衡发展。心理原因在于，通过全社会的文化消费实践活动，可以提升全体人民的精神生活质量，满足人们审美创造之本质力量需求。尽管开展文化消费实践活动的目的、原因都是十分美好的，但由于文化事物与人类精神意识难分难解，开展文化消费实践活动将面临着衡量难的困境。难就难在，创造精神文化事物既需要依托个性精神意识的创造性，又需要让这种个性精神意识的创造性去暗合、靠拢和融入社会性精神意识。唯有当个性精神意识融入到社会性精神意识中，才易于被现代科学技术所物化，从而使得人类精神文化更易于进入到生产与消费的经济领域，更易于成为满足人们生存与发展价值需求的文化消费经济价值。因此，想要使文化消费经济价值衡量成为市场化经济运行中顺畅的一环，就需要发挥理论对实践的

---

① 马克思、恩格斯：《马克思恩格斯全集（第19卷）》，人民出版社1985年版，第406页。

前瞻性、指导性作用,在理论上揭示文化消费的弥散性、超脱性、闲适性等特征,同时要注重将文化消费功用与人民切身利益紧密挂钩,揭示文化消费所固有的追求最佳审美感觉、追求最佳经济效益和追求最佳生活质量的审美特征,让人民大众由衷地喜欢上文化消费。

(三)建构起兼顾各方利益的经济市场秩序

对经济市场秩序有两种理解,一种是现代经济学之父亚当·斯密提出的自由主义经济市场秩序。斯密认为,支撑自由主义经济架构的核心是"经济人"①,由每一个抱着利己之心的人的"看不见的手",组织起了世界经济运动的"自发的秩序"。问题在于,当我们把"经济人"的利己之心落实在经济实践活动中的时候,利己之心往往体现出以损害他人利益为自己谋利的价值意义,因此,许多经济实践活动最终垮在了个人欲望的无限膨胀中。英国经济学家凯恩斯1936年提出了与自由主义经济市场秩序相对立的"政府积极干预经济发展"的国家主义经济市场秩序,又被称为"凯恩斯革命"②,其核心理念是通过国家层面的产业、金融、贸易、税收等的政策制定与调控,来维系经济市场秩序的顺畅通行。问题在于,如果仅仅着眼于获取最大化经济利益之目的来建构经济市场秩序,那么,诸如因人民生活贫困而导致社会矛盾日益两极分化、因科学技术长期落后而导致生产力发展长期停滞不前、因金融资本无节制追逐高额利润而导致金融危机频频爆发等一系列社会深层次结构性矛盾就无从化解。问题不在于要不要"政府积极干预经济发展",而在于政府需要立足于美学的公平公正原则,建构起有利于均衡财富、消减两极分化矛盾的兼顾各方利益的经济市场秩序。我国提出构建人类命运共同体理念,对外经济援助注重发展共赢,实施"一带一路"的全球性发展规划等,就是政府通过建构公平公正的经济市场秩序来干预全球经济发展的具体体现。

(四)积极拓宽审美性价值衡量的实践通道

衡量文化消费经济价值最主要的实践通道,是通过对生产生活实践方案或产品作审美设计,将设计思想或理念转化为由相关文化符号为价值架构的技术文化,然后再通过文化消费市场的货币量化功用,衡量出该种技术文化的

---

① "经济人":假定人的思考和行为都是有理性的,都是为了获得最大化经济利益。最初来源于亚当·斯密《国富论》中对个人利己行为的一段阐述,穆勒据此总结出了"经济人"假设,帕累托将"经济人"这个专有名词引入了现代经济学。

② 英国经济学家约翰·梅纳德·凯恩斯于1936年发表了他的经济学代表作《就业、利息和货币通论》,构建起了通向繁荣经济的六大经济学理论,遂引发了一场现代经济学的"凯恩斯革命"。

经济价值之大小。将这个实践通道进一步具体化，无非为如下三点：其一，注重产品虚拟设计，消融掉物质产品与精神产品的边界，将艺术美感作为所有产品中的主打消费因素，从而在产品质量提高的层面上有效扩展经济价值含量；其二，注重美化消费环境，打通物质消费与美感享受之间的联系，扩展相关产品的综合消费性能，从而在资源利用上有效扩展经济价值含量；其三，注重创立品牌效应，挖掘消费行为与人类审美情结的联系点，促进人类精神文化背景为具体消费行为服务，从而有效扩展经济价值含量。除了这个主要实践通道之外，当然还存在着许多的审美性价值衡量的实践通道，理论上讲，只要运用了这些审美性价值衡量设计方案，或者可致使整个生产与消费因此而进入正常高效的经济循环系统而产生文化消费经济价值；或者可致使与既定的生产与消费模态相比较而产生更大的文化消费经济价值；或者可致使整个社会发展体系在某些方面得到了优化而产生文化消费经济价值等。总之，在社会实践中，唯有着眼于审美性的衡量经济价值的实践通道越来越多，转化为文化消费经济价值的市场化衡量条件才会越来越成熟。

二、完全市场化衡量文化消费的经济价值

精神文化进入生产与消费的经济运行体系，成为经济消费资源后，原先诸多以精神意念形态而存在着的精神文化，也都转变为以文化符号形态而存在着的精神文化。随着我国市场经济越来越成熟，一般性物质产品的生产与消费都已经完全置于市场经济运行范围内。当然，一些事关国计民生之根本的农业、能源、军工、科技等产业，国家会给予一定的市场补贴。所谓补贴，也就是对产品所具有的经济价值作量化补贴，更具体地说，也就是对该产品的生产成本或销售价格进行补贴，其补贴的标准也是以同类产品在市场化条件下的生产成本和销售价格为标准。但这只是对物质产品市场化条件而言，至于文化产品的市场化条件，情况要复杂得多。文化产品进入文化消费市场而被转化为文化消费资源后，存在着完全市场化和不完全市场化两种类型的文化消费经济价值衡量模态。完全市场化衡量文化消费经济价值的美学观照要点如下：

（一）落实劳动力价值成本构成的美学意义

所谓完全市场化文化消费经济价值衡量，是指各种文化成果的经济价值

衡量须建立在完全自负盈亏的基点之上。我们认为，现阶段国内国际文化消费经济价值的衡量，有相当一部分未能做到完全市场化，即达不到完全市场化意义上的经济价值衡量水准。在生产与消费的各相关环节上，由于各种文化优势的广泛存在，文化消费经济价值衡量很容易接收到来自政府、企业、个人、民间团体等各种有形资本或无形资本的资助，这也就使得接受资助的文化产业、产品很容易缺失必须以劳动力价值为成本构成的真实性，从而导致了现实中有相当一部分文化产品的成本构成具有一定的虚假性。纯粹经济运行体的经济价值衡量是建立在成本加合理利润基础之上的，完全市场化意义上的经济价值衡量，要求产品成本必须以生产产品的准确的劳动力价值量为核心构成，其利润必须以维持连续生产（或扩大再生产）需要为计量基点。人类物质产品的生产与消费从小农经济的自产自销开始，发展到大规模的资本经济，已经历经数千年，积累起了丰富的经济运行经验，倘若生产与消费不能够符合市场化运作要求，那么，当累积的负面效应达到一个特定的饱和度或临界点时，就会遭受诸如爆发经济危机之类的严厉惩罚。全球性的文化生产与消费经济实践活动的运行，以黑白电影问世为标识，满打满算才不过百年，尽管从发展态势上看，大有与物质产品生产与消费平分秋色的迹象，但就经济价值衡量这个经济运行的核心环节看，相当多的文化产品的成本构成都不同程度地偏离了劳动力价值衡量依据。倘若我们无视这种虚假性成本构成的存在，任其蔓延成一种无边界的普遍性存在，那就会危害整个经济市场的经济价值衡量之公平公正性。文化产品的经济价值构成中只要蕴含了非劳动力价值成本，那就等于在无形中扩大了脑力劳动与体力劳动之间的价值衡量剪刀差，这对于广大的体力劳动者们获取劳动力价值而言，既是一种不公平存在，也容易引发社会两极分化矛盾。因此，立足于美学的公平公正衡量原则，我们应当在市场化衡量文化消费经济价值过程中，努力追求完全意义上的独立核算的劳动力价值成本构成原则，从而在价值生成源头上严控市场化衡量文化消费经济价值的失衡现象。

（二）在理论上纠正文化消费价值不可衡量的唯心论错误

文化消费价值既包括满足人们精神需求的审美性精神价值，也包括满足人们生存与发展需求的经济价值。审美性精神价值只能通过满足社会效益的审美评价方式来进行衡量，而经济价值则需要通过特定的量化方式来进行价值衡量。正因为审美性精神价值是评价性的，不能被量化衡量，于是一些人便因此而得出了文化消费价值不可衡量的错误结论。从劳动价值论角度来考察,文化消费价值由复杂劳动价值所生成,这种复杂劳动价值之所以难以衡量,关键是因为复杂劳动价值与整个"社会过程",即整个社会关系价值认同体系连在一起。比如有学者就直接得出了复杂劳动价值量无法计算(衡量)这一偏颇的观点:"计划经济失败的教训告诉我们,在现代生产力发展水平上,商品的价值量是无法计算出来的。同价值量能否计算相关的一个问题是,简单劳动与复杂劳动能否换算? ……马克思在《资本论》中的话已经说明,这种简单劳动与复杂劳动的量是无法计算或换算的……简单劳动同复杂劳动的交换是在市场运行中实现的,不同复杂程度的劳动同简单劳动的比例,是在生产者背后由社会过程决定的。"①按照这个观点,当下进入文化消费市场的千万种文化产品的消费价值、价格都是由背后的"社会过程决定的",而社会过程又无法量化衡量价值——这显然是一种低估现实的观点。马克思既然创立了唯物主义劳动价值论,在文化消费价值衡量问题上是不会违背劳动价值论原理的。果不其然,我国学者陈奇佳颇费了一番研究功夫,找出了上述引用、理解马克思原文的偏差之处,并进行了有力的批驳②,通过对马克思原文的梳理,我们可以很清楚地认识到:马克思的根本立场就是要将唯物主义思想原则贯彻到精神生产,包括文化消费价值衡量、简单劳动与复杂劳动的劳动力价值换算等微观领域,而绝非"简单劳动与复杂劳动的量是无法计算或换算的"。马克思关于文化消费价值衡量问题的主要观点认为:无论简单劳动还是复杂劳动,它们都是在创造劳动价值。当所有劳动价值都被归入到统一的商品交换价值体系中时,这时候创造劳动价值的劳动者的地位应当是平等的,因而其价值交换也是可行的。由于复杂劳动背后的社会过程过于复杂,在马克思所处的文化生产与消费还很不发达的时代,要精确计算出这些由社会过程所带来的复杂价值量,是难以实现的。但在今天,情况已经大为改观,由于出现了具有强大文化荷载力的数码视像文化符号,当前已经再没有什么高深、玄奥的文化理念与现象不能够被文化符号所解构,也就没有什么不能被衡量出文化消费经济价值了。事实上人人心知肚明,一旦不能坚守劳动价值论这条唯物主义底线,在文化消费经济价值衡量问题上就极易滑入唯心主义深渊,从而造成人类

① 张荐华:《关于马克思劳动价值论争论的若干问题》,《思想战线》2005 年第 4 期。
② 陈奇佳:《马克思精神生产理论的当代诠释》,人民出版社 2011 年版,第 34 页。

理性精神防线的大崩溃——在当今全球艺术品拍卖市场上,"天价作局"的宰客现象就常常让人目瞪口呆。所以,我们的结论是:应当将文化消费经济价值的量化衡量,作为对文化消费精神价值作审美评价的客观参照或"把手"。"同社会效益相比,经济效益是第二位的,当两个效益、两种价值发生矛盾时,经济效益要服从社会效益,市场价值要服从社会价值。"①一般情况下,审美性精神价值与经济价值理应构成水涨船高的正比例关系;在满足两种价值需要不同步的特殊情况下,应当优先满足审美性精神价值需求;倘若某种文化没有任何经济价值,人们则应视这种文化为非审美性垃圾文化,果断地割断这种文化与文化消费经济价值的联系。

(三)找准文化消费经济价值形态与完全市场化经济价值衡量的契合点

完全市场化衡量文化消费经济价值是建立在下列两个客观事实基础之上的:第一,全社会文化生产与消费的规模体量与功用价值,呈现出由小到大、由弱到强的历史发展大趋势;第二,随着现代信息传播技术的崛起,原本重在体现"原真性光晕"的"象牙塔"型文化生产与消费实践活动,开始转向于重在满足大众生存与发展需要的文化生产与消费实践活动。由此导出了当代市场化衡量文化消费经济价值的美学发展方向,即文化消费经济价值衡量须积极迎合技术与艺术日趋合流、物质产品与文化产品的边界日趋消融、物质消费价值需求与文化消费价值需求日趋同构的经济发展大趋势。文化消费价值包含着不可度量的精神价值和可度量的经济价值,我们需要条分缕析地为市场化衡量文化消费经济价值找到实践意义上的衡量契合点。可依据不同的思维向度整理出具有典型意义的文化消费经济价值形态:第一,依据审美智能创造思维向度,将一切具备成本独立核算意义的科研创造和艺术创造成果,视为典型文化消费经济价值形态。文化创造直接就是人的审美本质力量显现,因而,所有文化创造成果理应被衡量出更大的文化消费经济价值。第二,依据封闭系统才能实施掌控的系统思维向度,将一切为生产生活服务的审美设计产品,视为典型态文化消费经济价值形态。人类社会受惠于当代发达的文化符号功能和网络传播功能,审美设计先行已经成为一切社会实践活动遵循的行为准则,因而一切审美设计方案、构想、企划书、路线图等,都是构成和引领那一产

---

① 中共中央文献研究室:《习近平关于社会主义文化建设论述摘编》,中央文献出版社 2017 年版,第 165 页。

品(无论物质事物的或精神文化事物的)整体价值中最高文化消费经济价值部分。第三,依据以货币支付为有价凭证的思维向度,将一切建立在支付货币基础上的信息服务产品,不管形态如何,都视为典型态文化消费经济价值形态。在信息服务产品中,货币作为一种特殊的衡量文化符号,其文化消费经济价值意义与文化价值衡量意义实现了无缝对接。

三、不完全市场化衡量文化消费的经济价值

不完全市场化衡量文化消费经济价值,通常指文化消费经济价值并非完全经由市场化价值衡量机制衡量出来,而是部分或全部地经由政府或社团先期购置的,其经济价值成了被储存起来的潜在的经济价值。这种潜在的经济价值或许被永久封存,或许到了某个恰当的时期又会突然回归文化消费市场。不完全市场化衡量文化消费经济价值现象将会与商品社会、商品经济长期并存。

(一) 关涉促进经济增长需要

早在 19 世纪初,瑞士经济学家西斯蒙第就把精神享受归结为一种非物质消费,他指出:"每个消费者都按自己的意愿用自己的收入来分享物质享受和非物质享受。"[①]人类社会认识、开发文化消费资源大体经历了下列三个阶段:首先,在社会生产发展的最初阶段,文化元素只是纯自然地蕴含在保障基本生存条件的物质产品生产与消费中,人们并不会有意关注文化消费中的经济价值存在意义;接着,社会生产进入了物质生产与精神生产的分化阶段,产生了纯粹的文化产品,此时的文化产品还没有条件成为一种商品经济市场化意义上的供大众享用的文化消费资源;再其后,由于荷载文化的文化符号生成与传播技术的快速发展,尤其是当数码视像文化符号生成技术和网络传播技术大发展后,人类精神意识可以轻而易举被转化为文化产品,此时满足文化消费经济价值需要变得唾手可得,商品经济市场化意义上的文化生产与消费也就顺势发展起来了。由于文化产品进入商品经济市场历史较短,难免遭遇经济竞争力不强的困境,无论是产业科技文化产品还是艺

---

① 西斯蒙第著,何钦译:《政治经济学新原理或论财富同人的关系》,商务印书馆 1964 年版,第 96—97 页。

术娱乐文化产品,都会因一时间无法转化为生产力即消费资源和经济价值而难以为继。在这种境况下,政府、企业、个人或民间团体既有可能出于鼓励、支持文化创造发明之目的,也有可能出于甘冒投资风险之目的,以不完全市场化衡量文化消费经济价值的方式,先行买断那些具有市场发展潜力的文化创造发明成果。问题在于,这种先行买断的价值衡量方式根本不足以实现文化创造成果应有的全部文化消费经济价值,任何文化创造成果,如果不能勇敢地去经受市场化衡量文化消费经济价值的疾风暴雨般的竞争和洗礼,就注定会夭折。

(二) 关涉满足社会管理需要

一个国家或社会要维系正常、稳定的社会管理秩序,就需要从国民收入的"三次分配"资金中拿出一部分来,以强化和巩固意识形态方面的文化建设。[①] 沿着市场化价值衡量这个思维逻辑,我们可以把第一次分配中的按效率原则进行的经济价值衡量称为完全市场化意义上的经济价值衡量,把第二次分配中的侧重于公平公正原则进行的经济价值衡量称为不完全市场化意义上的经济价值衡量,而把第三次分配中的取决于道德原则进行的经济价值衡量称为非市场化意义上的经济价值衡量。之所以把侧重于公平公正原则进行的第二次分配称为不完全市场化意义上的经济价值衡量,原因有三:第一,文化生产与消费所获得的财政、税收资助成本虽说无须归还,但却不是无限度的,它属于国民收入总体市场经济范围内的调剂成本开支,仍具有不完全市场化意义,因而也必须依据有多少钱办多少事的原则来开展意识形态方面的文化建设;第二,文化消费经济价值具有鲜明的社会效应,这是毋庸置疑的,如果将一切文化消费经济价值衡量都置于最大化经济利益制衡下,许多重要的文化消费社会效应就难以得到保障,而通过财政、税收的资助,社会管理部门就有了干预文化生产与消费,即干预文化消费经济价值衡量的合法理由;第三,将财税资助视为不完全市场化衡量文化消费经济价值,也就意味着在资金管理使用上须参照完全市场化的责任追责、效益奖罚等衡量法则。我们坚决反对那种利用人民给予的执政权力,将本属于全体人民权益的二次分配资金,滥用在为自己执政不力涂脂抹粉的文化建

---

① 第三次分配方式最早是由我国著名经济学家厉以宁教授提出,见其《股份制与现代市场经济》,江苏人民出版社 1994 年版。

设项目上的做法。

(三) 关涉推进文明传承需要

这里主要的美学观照要点有二:第一,现阶段须以不完全市场化价值衡量方式来面对文化遗产。所有人类文化都是人创造的,都蕴含着特定的具体劳动力价值,因而在理论上都能够被衡量为文化消费经济价值,只不过因年代久远或原本就是由社会约定俗成所生成,许多文化种类在面世的时候,其创造信息就已经被彻底隐匿掉了。后人使用这些文化信息,就权当是后辈人无偿享受了先辈人的恩泽。但值得注意的是,无偿享受并不等于没有文化消费经济价值可衡量,因此,无偿享受的底线是不能让先辈创造的文化蒙受损毁,如果没有能力保护好先辈创造的文化遗产,那就必须停止无偿享受。正是出于这样的现实考虑,政府或社团才会致力于将大量需要保护的文化遗产项目纳入到不完全市场化文化消费经济价值衡量体系中来。第二,现阶段须以不完全市场化经济价值衡量方式面对由语言文化符号所构成的文化种类。当代文化生产与消费是建构在以视像文化符号为主要文化载体和以网络信道主要运行载体的模式基础之上的。为了使许多由语言文化符号所构成的传统文化种类,不至于因人类在技术时代文化符号的变迁而导致人类文化传承脉络发生断裂,并致使传统文化的彻底泯灭,国家就需要耗费第二次分配资金,或者积极鼓励第三次分配资金共同参与到将语言文化符号所构成的文化转化为由视像文化符号所构成的文化消费资源的进程中来。促进这种转化进程的是整个民族的文化传承、延续、发展之需要,因而以不完全市场化价值衡量方式来对待这种转化,就显得尤为必要。当然,由于视像信息文化符号所构成的文化消费资源更适宜融入当代文化生产与消费的市场化运行体系中,在转化过程中要注重语言文化符号所构成文化的视像化解构,尤其要注重当代视像文化、网络文化的技术开发与使用。同时还需注意,语言文化符号的价值功用主要在于人际间的信息交流,其文化蕴含中抽象的共享价值成分较多,因而不容易将价值有用性落到实处;而视像信息文化符号不仅具有人际间的信息交流功用,且更具有协助生产生活创意性发展的价值功用,因而,视像信息文化更容易将价值有用性落到生产生活实处。由此可知,由视像信息文化符号尤其是由数码信息文化符号构成的文化消费资源,可以蕴含更多、更新的技术创新成分,其可衡量的文化消费经济价值量也就更大。因此,在将语言文化种类转化为视像文化种类的过程中，就须注重两种文化符号在形态和功用上的自然衔接，并积极主动地让传统语言文化做当代视像文化发展的配角。为此，政府和社团就需要动用不完全市场化经济价值衡量方式，来促进两种文化符号所构成的文化消费的自然交接、交融与发展。

文艺评论

论《诗经》中诗的现实存在方式

李宏祥*

摘　要：《诗经》中的诗在现实中是以什么方式存在的？这是《诗经》研究不可回避的一个问题。一方面，在《诗经》研究中，仅文字层面的研究是很难解决这一问题的；另一方面，因在诗人身份上，存在原创者、表演者、采编者混为一谈的问题，研究者经常会误读诗的现实存在方式。不同于以文字为中心的研究，本文从《诗经》中的句子出发，结合句子所在的上下文语境和现实语境之间的关系，类推诗的现实存在方式。本文认为《诗经》中的诗不是诗人个人情感的直接表达，而是现场公开的表演，在诗的形式上，也表现为由开场、表演和结尾三个部分组成的结构模式。

关键词：存在方式　现场　表演　声音　结构

一

诗在现实中是以什么方式存在的？这是《诗经》研究者难以回避的问题。但是，解决这个问题面临很大的困难。首先，《诗经》历时久远，其间经历过数次改动，从目前留下来的可靠的古代文献来看，《诗经》已是最可靠的，其他书面材料只能作为佐证，但不能作为最后证据。《诗经》中的诗来源复杂，许多都是在民间流传，就像现在民间流行的诗歌一样，大多没有归主。不只是《诗经》，即使是之后的《古诗十九首》《文选》也是如此，其中全没有作者姓名。其次，在《诗经》成书的时代，还没有独立创作的诗人观念，春秋以来，关于《诗经》

---

　　* 作者简介：李宏祥，华东师范大学国际汉语文化学院汉语国际教育系，文学博士，研究方向：美感，知觉哲学，文学理论。

来源的三种学说,即采诗说、献诗说和删诗说,都不是创作论,而是传播论。除了少量诗中提及诗人的信息,如"家父作诵,以究王讻"(《小雅·节南山》),"寺人孟子,作为此诗"(《小雅·巷伯》),"吉甫作诵,其诗孔硕"(《大雅·崧高》),"吉甫作诵,穆如清风"(《大雅·烝民》)等外,《诗经》中大部分诗,都找不到原始作者。为了能够解诗,一个常见的,但是错误的做法是,根据诗的内容反推诗人的身份,把诗中所写的思想感情强加于一个身份不明的"诗人"身上。风诗派说诗的作者是劳动人民,雅颂诗派则说是帝王将相,这种解释把诗的思想简单混同于诗人的思想,这种思维的谬误在于,一首表现农事生活的诗《七月》,诗人不必是直接参与农事劳动的人,实际上,只有从农事中脱离出来的人才有可能是写农事的诗人。《诗经》成书之时,据司马迁说有三千多篇,而孔子只选择其中三百零五篇,孔子遵循的标准是非常明确的,那就是"取可施于礼义",以求"合韶武雅颂之音"。这就是说,现今所看到的诗,是经过编选者加工过的诗,与诗人的诗不是一回事。因为诗是被编选过的,即使知道了诗的原创者,也不能把诗人就视为诗的原创者,把诗中的思想感情简单等同于原创者的思想感情。所以,要知道《诗经》中诗的存在方式,从创作者的角度来找是很困难的。一方面难以找到可靠的历史材料,如顾颉刚所说:"我们对于《诗经》的作者和本事,决不能要求知道得清楚,因为这些事已经没有法子可以知道清楚了。"①一方面,在逻辑上,因为诗的存在方式不同,诗的意思也不同,即使知道创作者是谁,也不能保证原创者的意思就是《诗经》中的诗的意思。

长期以来,《诗经》的研究多注重文字层面,这种研究方式很难深入了解诗的现实存在方式,也常常混淆了诗的现实意义。② 诗的现实意义来自于诗的现实存在方式,而要研究诗的存在方式,首先要确定诗人的身份。在《诗经》研究中,关于诗人身份有三个容易混淆的概念:(1)原创者;(2)表演者;(3)采编者。原创者就是首先用语言把事情表达出来的人,这个人可以是当事人,也可以是旁观者。表演者是把事件现场公开表演给公众的人,他的目的不是自

---

① 顾颉刚编:《〈诗经〉在春秋战国间的地位》见《古史辨》第三册下编,上海古籍出版社 1982 年版,第 314 页。

② 对诗的存在方式的研究有两种模式:一种是根据诗中文字同声异形现象,发现《诗经》文本的存在方式(参见宇文所安《诗经》中的繁殖与再生);一种是当前民间流传的民歌,如部分地区会依据民歌类推《诗经》的存在方式。前者关注的是文字版本流变,而非现实存在,而后者颠倒了因果关系,把由《诗经》改编的民间版本当作了《诗经》中的诗。这两种研究模式的问题在于研究出发点均在于文字。本文的出发点则不是文字,而是句子。按照句子可能出现的语境现场,推断诗的现实存在方式。

我表现,而是用于社会交流。最后是采编者,就是采集和编撰作品,并以文字形式固定下来的人。在这三种诗人的概念中,一种朴素的看法是把当事人或原创者视为诗人,把采编者视为形式的加工者。但严格来说,这两者只是《诗经》材料的供应者,还不算是诗人,当事人是沉默的。原创者用语言表达了的事情,不一定需要有观众在场和传承。在交流媒介和书写工具还不发达的时代,如果不是公开展示和传播,原创者的作品是很难流传下来的。采编者是对现实存在的诗的记录者和整理者,他所记载和整理的诗只能是公开展示和传播的对象。从民间文学的存在方式看,在原创、口传到书写之间,最有可能出现的诗人身份是表演者。表演者与原创者不同,它是一种社会交流者,是事件的旁观者和讲述人,具有相对固定的身份、表述程式和使用制度。表演者与采编者也不同,采编者是把口传形式的诗转化为书面形式的诗,但他只负责提供文本,而不负责现实活动的组织、展示和交流。表演者则是一种社会交流的媒介,诗对于他来说是一种现实社会交流的方式。从早期文学的存在方式看,采编者接触的对象,最可能的身份是表演者,不仅因为表演者可以提供较为稳定的交流范式,也因为表演者可以为采编者提供具有社会参与和交流的内容。

原创者、表演者和采编者之间之所以会发生混淆,是受现代个体创作的诗人观念的影响,《诗经》时代并不存在独立的以创作诗歌为目的的诗人。首先,从起源上说,古代的诗不像现代人所理解的那样,是一种用于叙事抒情的文学形式;其次,在书写媒介还不发达的古代,诗主要是通过口耳相传的模式继承和传播的,在流传过程中,诗的原创者究竟是谁已经很难考证。再者,诗的采编者,也不像今天采风的人,可以使用录音录像等视听媒体把诗的活动现场保留下来,他们只能记录下诗的语言部分,而很难记录诗人的表演过程,包括表情、动作、观众反应和环境信息。一首诗,如果只是记录唱词而不记录乐谱和现场表演过程,一个想当然的推论是,诗人就是原创者,诗中所说就是当事人或者原创者的意思,这种想法并不奇怪,经常有人会把《关雎》这首颂辞解释为一首表达男女爱情的情诗,把诗中恋爱的人当成了诗人个人感情的抒发。然而,这种推论是有问题的,它只考虑诗的含义,并把诗的含义等同于诗人意愿的表达,而忽视了诗的现实存在方式和语境义,而这些内容并不是抽象的,既体现于现场观众的感知之中,也体现于诗歌内在的结构之中。这三个诗人身份的区分及相应的语境,对于解读诗的含义具有重要影响。一首描写劳动场景的诗,如果诗人是当事人或原创者的话,诗就是直抒胸臆,是一首自然写实的现实主义诗歌,但如果诗是摹仿当事人的现场表演的话,诗就变成了表演者的意思了。所以,当说"诗言志"的时候,一定要仔细辨别诗中所言的志,究竟是作为表演者的志,还是作为当事人,原创者或者编撰人的志。

二

从发生学的角度看,诗源于集体性的宗教仪式。甲骨上的卜辞,周易中的卦爻辞,青铜器上的铭文,在今天被视为是《诗经》之前的文学形式,其实多是宗教活动的记录。为文学史家常常提到的几部史前作品,如表现乐舞起源的"候人兮猗","燕燕往飞"(《吕氏春秋·音初》),"昔葛天氏之乐,三人操牛尾,投足以歌八阕"(《吕氏春秋·古乐》),伊耆氏的《蜡辞》"土反其宅,水归其壑,昆虫勿作,草木归其泽"(《礼记·效特性》),这些都是宗教活动形式。在《诗经》成书的时代,也没有个人意义上的诗人观念,《诗经》中的颂诗或祭祀诗,本身就是宗教形式。作为宗教形式的诗,不注重独立的个体,而注重宗教仪式整体。从春秋用诗的情况来看,诗经中的许多作品,都已经在社会上广为流传了。即便有关于诗人的记载,他们也不是现代意义上的个人,而是集体的代言人。这类人早期的身份是巫师,像《诗经》中《陈风》中的舞者,《楚茨》中的"公尸"、"神保",还有那些祭祀诗和农事诗的作者,维柯把他们称为最早的神学诗人,他们能够通神、预知未来,传达和阐释神意。① 周代开始有了社会分工,诗人从巫师中分离出来,《左传》和《国语》中不少地方提到分工的情况:"自王以下,各有父兄子弟以补察其政:史为书,瞽为诗,工诵箴谏,大夫规诲,士传言,庶人谤"②;"故天子听政,使公卿至于列士献诗,瞽献曲,史献书,师箴,瞍赋,蒙诵,百工谏,庶人传语,近臣尽规,亲戚补察,瞽、史教诲,耆、艾修之,而后王斟酌焉,是以事行而不悖。"③诗人从巫师中分化出来,在宗教仪式中开始扮演主持者、旁观者和记述者角色。《诗经》中时间最早的颂诗,就是祭祀仪式中巫

---

① 祭祀诗和农事诗的作者往往是向天帝和祖先神灵祷告的王,兼有巫的身份。巫、王二者身份并不矛盾,政治领域中的王,在宗教领域中的身份则是巫师。在殷商时代,从巫祝等祭司到商王本人,都可以是神职人员。"王者自己虽为政治领袖,同时仍为群巫之长。"(陈梦家)《吕氏春秋·慎大篇》载:"天大旱五年不收。汤乃以身祷于桑林。"证明商汤本人即为大巫。

② 杨伯峻:《春秋左传注》,中华书局 1981 年版,第 1017 页。

③ 左丘明著;韦昭注:《国语》,上海古籍出版社 2015 年版,第 7 页。

师的话。所谓"颂者,美盛德之形容,以其成功告于神明者也"①。诗不是单纯的言语活动,而是伴随舞蹈和音乐的表演活动,是"歌者舞者与乐器全动作"(阮元)。我们可以从《周颂》中勾画出诗人角色演变的过程。《大武》六章和《清庙之什》主要是对巫师(亦即作为祭祀者的王)祷词的直接记录。在"假以溢我,我其收之。骏惠我文王,曾孙笃之"(《维天之命》),"烈文辟公,锡兹祉福。惠我无疆,子孙保之"(《烈文》),"立我蒸民,莫匪尔极。贻我来牟,帝命率育"(《思文》),"命我众人,庤乃钱镈,奄观铚艾"(《臣工》)等颂诗中,"我"并非指祭祀者个人,而是代指子孙后代,或者参与祭祀者众人的"我们"。"我将我享,惟羊惟牛,维天其右之。……我其夙夜,畏天之威,于时保之"(《我将》)中的"我"尽管指的是祭祀者个人,但"我"只不过是作为子孙后代"我们"的代言者,其意义指向的仍是集体性的"我们"。而"绥万邦,娄丰年,天命匪解"(《桓》),"文王既勤止,我应受之。敷时绎思,我徂维求定","敷天之下,裒时之对,时周之命"(《般》),中则把"我们"这一代言对象从泛指空间地理上生活的特定人群的祖先,抽象为具有普遍意义的"天下"。颂诗这种情况在《执竞》、《有瞽》、《雝》、《载见》、《那》中有了新的发展。这些诗中开始出现对活动现场的叙述,有排列在宗庙大庭上的盲乐师,有摆放整齐的钟鼓架子,有箫管等各种乐器齐奏时肃穆和谐的音乐,这些对祭祀者和祭祀现场的描写,表明了一个作为旁观者和记述者的诗人的出现,诗人和祭祀者之间开始出现身份的分化。

除了颂诗,风诗和雅诗也常常给人以表演现场的感觉。相比之前的卜辞以及同时期的徒歌、短句来说,《诗经》中的形式已经表现出比较成熟的规律:程式化的起兴,相对固定的四言节奏,完整的情感逻辑和中和的形式美感。按照王国维的考证,《诗经》的风、雅、颂,区别不是内容上的,而是声音上的。所谓"风雅颂之别,当于声求之。颂之所以异于风、雅者,虽不可得而知,今就其著者言之,则颂之声较风、雅为缓也。何以证之? 曰:风雅有韵,而颂多无韵也。凡乐诗之所以用韵者,以同部之音,间时而作,足以娱人耳也。……然则风、雅所以有韵者,其声促也。颂之所以多无韵者,其声缓,而失韵之用,故不用韵,此一证也;其所以不分章者亦然……此二证也"②。这段话既表明风、雅、颂在声音上的差异性,同时也表明了《诗经》的共性,那就是合乐。诗所合

---

① 阮元校刻:《十三经注疏》,中华书局 1980 年影印版,第 272 页。
② 王国维:《说周颂》,见《观堂集林·卷二》,中华书局 1959 年版,第 111 页。

的乐不是一般的音乐,而是仪式中的音乐,即使如随口歌唱的徒歌,也被乐工制了谱,变成"乐歌",可以重复演唱。乐是诗的形式法则,它要求诗的感情不是诗人个人感情的自然流露,而是服从仪式的需要,"乐而不淫,哀而不伤"《毛诗序》把这种社会化的感情,概括为"故变风发乎情,止乎礼义。发乎情,民之性也;止乎礼义,先王之泽也"。作为一种仪式,诗人关心的不是个体的自然感情,而是被仪式化了的感情。了解这一点,对于解读诗意具有重要价值。比如《关雎》这首诗,单从字面上来说,似乎是一首情诗,但从其程式化的起兴形式和复沓性的节奏来看,它就不是一首表现私情的歌,而是一首公开展示的情歌。按照诗的进程,我们就会发现诗中表达感情的口吻,已然不是情人的口吻,而是诗人的口吻了。试想,若是一首表达当事人个人感情的情诗的话,他应该以第一人称"我"的形式表达才对,怎么会自称君子,又怎么会忽然转到琴瑟钟鼓之声上去呢? 琴瑟钟鼓非一般乐器,而是用于庙堂礼仪的乐器。而"窈窕淑女,君子好逑"显然是对男女关系的评价,这种话不应是当事人的话,而是评论者的话,只能由第三者来说。就此来看,《关雎》在男女恋爱故事之外是另有诗人,恋爱故事不过是诗人借以言志的虚构形式罢了,而其指向的,就是由爱情和钟鼓琴瑟所象征的美和善。所以,顾颉刚把它定义为颂辞而非情诗是有道理的。孔子对《诗经》的认识,体现了《诗经》整体感情的仪式性质。《诗经》是按照什么标准编撰的诗集? 孔子的答案是"思无邪"《论语·为政》。"思无邪"一句源于《鲁颂·駉》,其原意指雄健的骏马奔跑在大道上,孔子断章取义,以之象征人的虔敬、坦荡、中正和无私等精神品质,程伊川用一个字总结就是"诚"。孔子从《鲁颂·駉》中独取"思无邪"这三个字并非偶然,它源于宗教祭祀活动,反映的是祭祀者的心态。《诗经》中的祭祀诗,给我们提供了关于"思无邪"的感性认识。在祭祀活动中,献给先祖的音乐是平和、中正的:"鞉鼓渊渊,嘒嘒管声。既和且平,依我磬声"《商颂·那》,"喤喤厥声,肃雝和鸣"《周颂·有瞽》;祭祀者对待神灵的态度是虔诚、庄重的:"我孔戁矣,式礼莫愆"《楚茨》;而祭祀者的心胸是坦诚的,"噫嘻成王! 既昭假尔"《噫嘻》,"率见昭考,以孝以享,以介眉寿"《载见》,"访予落止,率时昭考"《访落》。这些祭祀诗中关于祭祀现场和祭祀者精神状态的表现,正是孔子所说的"思无邪"。可以说,"思无邪"这个标准来自宗教,在孔子论诗之前,人们就是按照宗教仪式的标准来理解诗的。至于诗有兴、观、群、怨等诸种功能理论,都是基于诗的宗教仪式的功能来说的。当面临诗和宗教之间的选择问题时,孔子则选择后者,所谓"志于道,据于德,依于仁,游于艺。"(《述而篇》)在他看来,包括诗在内的艺术须以教化为本。

<h1 style="text-align:center">三</h1>

作为仪式组成部分的诗,经过反复表演,形成了为社会共同认知的、有着固定意义的形式,人们可以通过摹仿和学习诗,建立起共同知识、信仰和实践规则,成为有教养的人。在《诗经》中,最具有现场仪式感的是祭祀诗,诗本身就是祭祀仪式形式,而诗人则是代表整个国家的民众向神和现场听众讲话的人。

我们可以在《云汉》这首诗中,体会到仪式对个人感情的限制作用。《云汉》是一首祭祀诗,是在久旱无雨状态下的一首祈雨的祷歌。在《诗经》中,它的地位非常独特,不仅被明代作家孙鑛称为"最有风味",也被视为是"宣王变大雅"的第一篇。诗里一开始不是以平和的语气叙述农事,或者极尽赞美之词来颂扬神或天的伟大,而是直面苍天的质问:"倬彼云汉,昭回于天。王曰:於乎! 何辜今之人?"以往在祭祀诗中那种对天的肯定性情感在《云汉》中发生了动摇,诗中一开始便出现了对天的怀疑和埋怨之情。诗中所记载的事实也表明,一场威胁人民生存的干旱切切实实地使人对天的绝对意识发生了作用。如果比较一下《棫朴》对天的赞美,《云汉》起首这些诗句中怨的情感会更明显。同样是面对晴空无云的苍天,在《棫朴》中,我们看到的是苍天的星光璀璨和人对天道有序的赞美:"倬彼云汉,为章于天。"但是在《云汉》中则出现了一种感情纠结的状态。清人姚际恒曾注意到《云汉》和《棫朴》两首诗在不同的境遇下面对同样对象云汉时的不同感受,以及在表达上的微妙差异。他指出:"《棫樸篇》以《云汉》喻文章,则曰'为章';此以《云汉》言旱,则曰'昭回'。"①正如诗中所言,"靡神不举,靡爱斯牲。圭璧既卒,宁莫我听?"辛勤的劳作,丰厚的祭品,周全的祭祀礼,虔诚的敬神心态,这些取悦于神的条件现在全都具备了,然而仍得不到神的眷顾,这还能怪谁呢? 如果说,在《十月之交》或者在《荡》中,当人遇到变故时,还把原因归结于人的话,而《云汉》起首中的"於乎! 何辜今之人?"表达的则确确实实是对天的不满,人已经竭尽全力顺天命而行了,把最好

---

① 姚际恒著,顾颉刚标点:《诗经通论》,中华书局1958年版,第309页。

的祭品都用尽了,如果仍然遭到不幸,问题就只能出在"天"身上。

因天灾人祸,或生活境遇的不如意而导致怨天尤人的现象在"国风"中是常见的,甚至可以在小雅如《节南山》或者《雨无正》这样的农事诗中,也可以看到人对天直接发牢骚的情景。在《节南山》中,诗人几乎用咒骂的语气来抱怨天的失责:"昊天不佣,降此鞠讻。昊天不惠,降此大戾。"在《雨无正》中则表达了人不畏天命的现实:"如何昊天,辟言不信。"在《瞻卬》中,诗人表达了因天道不随人愿而引发的神伤:"天何以刺? 何神不富? 舍尔介狄,维予胥忌。"可以说,《云汉》一开始表达的对天的怀疑和怨气是诗人生存情绪的真实流露,不过,这并没有使它成为一首如《节南山》《雨无正》,或者如《小弁》和《巧言》那样诉冤的诗。在抒发完怨气之后,诗中没有任何预兆地出现了一个情感的转折:"胡宁瘼我以旱? 憯不知其故。祈年孔夙,方社不莫。昊天上帝,则不我虞。敬恭明神,宜无悔怒。"如果不是考虑祭祀仪式现场的作用,诗中的情感转折是很难解释的,或者说,正是因为这种转折,让诗人现场的思想感情活动涌现了出来。设身处地地考虑,诗中这种矛盾的感情是可以理解的。开始是诗人怀疑和埋怨天的不明,不明白为什么在人尽力事天的条件下,天仍然降丧乱饥馑于人,因而埋怨天说"昊天上帝,则不我虞";之后则是程式化的赞颂,表明诗人尽管受到伤害,但仍然要按照祭祀之礼,无怨无悔地恭敬神明,为它唱赞歌,平息它的怒气。这种感情的转折,除了表明由于自然灾难而导致怀疑论和个人主体意识抬头之外,也表明诗人对仪式现场的感知。诗中的感情转折表明,诗人意识到,在祭祀活动中抒发私人怨气是一件危险的事情。尽管人对天不能及时临现和赐福会产生埋怨之情,但在祭祀中抒发怨气却有可能会惹怒了天。毕竟仪式是针对族类总体而言的,诗人作为总体的代言人,必须要表现出对所代言的总体利益的需要。

风诗在形式上与祭祀诗和农事诗相比,没有那么强的现场感,它们常被认为是诗人甚至当事人个人感情的自然流露,但事实并非那么简单,如果仔细分析的话,也可以发现,诗中表达的并非是当事者的话,而是表演者的话。首先,如果风诗表达的是当事人的个人感情的话,那么,在传播媒介并不发达的古代,当事人是怎么让人家知道自己的感情的呢? 即使是有条件让人家知道自己的感情,但那种私人感情又怎么好由当事人自己说出去呢? 就像《鸡鸣》这首诗,诗里写了一对小夫妻晨起时的私房话。在当时既无录音工具,诗人又不可能亲自在场的情况下,此事也不可能是当事人生活的如实记录。如果说,这首诗给人以真实的感觉的话,那么只可能是诗人按照生活情景想象出来的罢了。而诗人的想象不是停留在纸面上,而是公开的表演。就如《女曰鸡鸣》这首诗,诗里所描述的事件发生于同样时刻,不过,诗中未像《鸡鸣》一样直接使用对话,而是用"女曰"、"士曰"等方式,既然是诗人想象,就无须有这些表明说话者是谁的做法。这种做法,明确把诗人和当事人区别开来了。诗中还有其他明显表现诗人身份的地方。第一章中,丈夫有一句"将翱将翔,弋凫与雁",从中可以判断丈夫的身份应该是猎人,按照社会身份来说,夫妻都应该属于劳动者。但是,在第二章,妻子对丈夫讲的甜言蜜语中,竟然出现了"琴瑟在御,莫不静好"的话。一个猎人的妻子,怎么会说出这样不合身份的话呢?可见,诗中猎人和妻子之间的对话,不过是诗人代言罢了。诗人摹仿当事人代言的情况早已为细心的读者所察觉。张尔岐说:"此诗人凝想点缀之词,若作女子口中语,似觉少味,盖诗人一面叙述,一面点缀,大类后世弦索曲子。《三百篇》中述语叙景,错杂成文,如此类者甚多,《溱洧》、齐《鸡鸣》皆是也。'溱与洧'亦旁人述所闻所见,演而成章。说者泥《传》'淫奔者自叙'之词,不知'女曰'、'士曰'等字如何安顿?"(《蒿庵闲话》卷一)张尔岐的疑问和推断是有道理的,他的结论表明,《诗经》并非现代人所认为的是诗人的写作,而是现场的表演。看似抒发个人感情的风诗和雅诗,只要对其结构关系稍加分析,我们就能发现它们现场表演的痕迹。我们可以根据诗的声音结构发现这一点。艾略特认为,诗有三种不同的声音,第一种声音是诗人对自己说话的声音——或者是不对任何人说话时的声音。第二种是诗人对听众——不论是多是少——讲话时的声音。第三种是当诗人试图创造一个用韵文说话的戏剧人物时诗人自己的声音,这时他说的不是他本人会说的,而是他在两个虚构人物可能的对话限度内说的话。第二种和第三种声音都表明有听众在场,诗中的话语具有明显的听众指向性。而这三种声音的差别,造成剧诗,准剧诗和非剧诗的差异。[①] 按照艾略特的分法,如果诗是当事人感情的直接表现,那么诗中就只有一种声音,即第一种声音,诗中的感情主体"我"常常指的是当事人。但是,《诗经》却不是这样,它是一种具有多声部的剧诗。就像《采苹》、《草虫》、《野有死麕》等诗,从文字上看,诗虽独立成章,但话语主体却非同一个人。《采苹》明显是二人之间

---

① 艾略特:《诗的三种声音》,选自王恩衷编译:《艾略特诗学文集》,国际文化出版公司1989年版,第249页。

的问答;《草虫》则似是二人之间的对歌;《野有死麕》则是诗人面向观众的讲话。若仔细涵咏,这些诗听起来仿佛是有多人在场。即使是那些看起来是表达当事人个人感情的诗,放在诗的现场关系中来看,它其实更像是诗人的摹仿。诗人一面叙述,一面摹仿,在风诗中是很普遍的现象,它证明诗不是私人的独语,而是现场公开的表演。

四

作为现场表演的诗在结构上有一些相同的规律。按照诗的声音结构关系,《诗经》中的诗大体上可以分为开场、表演和结尾三个部分。首先,《诗经》最具标志性的开场形式就是诗歌开始,以及每节开始部分的起兴。尽管"兴"在《诗经》中常被认为是诗人抒情表意的形式,实际上,兴与诗意之间的联系并不紧密。如《关雎》一诗,除了第一章"关关雎鸠,在河之洲"之外,诗的其余二、四、五章均以参差荇菜起兴,然而,如果第一章尚能烘托君子见淑女的情境,那么后来君子恋淑女的情感变化,都与采荇菜的行为没有直接的联系。又如《桃夭》一诗。诗中的三章,分别以桃花,桃实和桃叶三个不同时间阶段的状态起兴,如果说,第一章对桃花盛开状态的描写还有助于烘托新娘出嫁时的热闹氛围的话,那么后两章就与新娘出嫁之间没有什么直接关系了。从现场表演的角度来看,像《关雎》和《桃夭》中的起兴多是诗人发声说话的前奏,有声而无义,其功能类似于戏剧之前的开场白,是诗人营造氛围、引入话题的相对固定的方式,而之后每章开头的起兴,则起着划分章节、控制诗歌进程和节奏的作用,读者可以通过程式化的起兴方式,意识到诗人话语的存在。

其次是诗人的表演部分。在这一部分,诗人往往以当事人的视角,设身处地地去表现他们的思想感情。诗人是否真实表现当事人的亲身经验,决定了诗歌是否能够打动人。如果置身于诗歌现场,听众对诗人和当事人之间的区分应该是很清楚的,听众不会把作为角色的当事人,即演员说的话,当成演员自己的话,戏和生活,角色和演员是两回事。有一首诗《东门之墠》:

> 东门之墠,茹藘在阪。其室则迩,其人甚远。
> 东门之栗,有践家室。岂不尔思? 子不我即。

诗分为上下两章,但主体却并非是同一个人。若仔细涵咏,便会发现诗的上下两章的表现视角和语气是不同的,它并非是一个人思想感情的表达,而是男女两人之间的对话。若在现场,诗人和他表演的角色之间的区别对于在场的观众来说是很清楚的,而诗人也常常会通过诸如"众位们""各位看官"之类的话提醒在场的听众,他们听到看到的是诗人的表演。但是,诗歌现场经过书面方式处理之后,就像剧本之于演出,由于只有人物的语言,除了像《女曰鸡鸣》那样,用"女曰"、"士曰"等表明诗人现场话语的形式特征之外,如果不从意义上进行仔细鉴别的话,会很容易把诗人当成当事人,把诗中的思想感情当成当事人的思想感情的直接表现。但是,即使是最真实的诗,也会留下一些痕迹,证明诗中的话是诗人模仿当事人的话。一个常见的方式就是第三人称的运用。像《葛覃》这首诗,这是一首表现一个女子准备回家的诗。从诗中场景人物描写来看,第二节和第三节是当事人的声音,第三节"薄污我私,薄澣我衣"中的"我",显然不是当事人自称,而是当事人,即女子朝向观众讲话的声音,或者说是诗人代当事人讲的话。《卷耳》这首诗尤其能体现多声部的表演特点。首节表现的是采卷耳的女子怀人的情境,不过,在其余几章却出现了与女子所处情境不同的其他几个场景和说话的声音,而其中如"我马虺隤、玄黄","我姑酌彼金罍、兕觥","我仆痡矣",虽和第一节中同样都使用了人称代词我,但其声音所指代的对象却不同,第一节中"嗟我怀人"一句的声音,来自扮演怀人的女子的诗人,"我"不是当事人的自称,而是诗人的代称。其余则是所怀对象的声音。我们可以把这种现象称为女子的想象,但实为诗人虚构角色的演唱。我们可以从这首诗中听到两种不同的声音,一种是女子的,一种是女子所怀对象的人的。这两种声音共同构成了一部微型戏剧,其中无论是怀人的女子,还是所怀对象,都只不过是诗人摹仿扮演的角色。

相比现场感较强的诗来说,叙事诗对表演者和当事人之间的关系处理显得更为微妙一些。以《七月》为例。这是一首表现农人日常生活的诗,诗中没有明显区分诗人和当事人的标志。诗中多处用"我","同我妇子,馌彼南亩,田畯至喜……载玄载黄,我朱孔阳,为公子裳。……七月在野,八月在宇,九月在户,十月蟋蟀入我床下。穹室熏鼠,塞向墐户。嗟我妇子,曰为改岁,入此室处。……"但从上下文关系来看,这些诗句中"我"都不是农人的自称,而是指代农人群体的"我们",而"嗟我农夫,我稼既同,上入执宫功"一句则表明,"嗟我"的主体不是农夫,而是嗟叹者诗人,尽管前面所写农人之情事的真实感颇为后人所欣赏,但那也只是表明诗人摹仿效果逼真,而不说明那是农人自己的歌唱。诗人代当事人、甚至动物来吟咏情事是《诗经》惯例。诚如钱锺书所言:"夫自作与否,诚不可知,而亦不必辩。设身处地,借口代言,诗歌常例。貌若现身说法,实是化身宾白,篇中之'我',非必诗人自道。假曰不然,则《鸱鸮》出于口吐人言之妖鸟,而《卷耳》作于女变男形之人也。"①代言现象表明了《诗经》中的诗不是当事人的直接表现,而是诗人以当事人的身份进行的表演活动,诗中所表现的当事人的活动,只不过是诗人的表演形式。

最后是诗的结尾。诗人通过"距离化"的方式表明自己的在场,其中主要内容是介绍诗的创作背景和动机,对诗的主体部分进行评价,阐发其中的道理,类似于戏剧的尾声。《诗经》对这一部分的处理有些是直接表现出来的,而有些则是间接表现出来的。像《四牡》《节南山》《何人斯》《巷伯》《四月》等诗,这些诗往往在前几章以当事人的主观视角抒情言志,而到最后一章往往突然转向诗人的视角,介绍诗的语境、作者、动机、作诗的目的和对所述事件的评价,如《四牡》的"驾彼四骆,载骤骎骎。岂不怀归? 是用作歌,将母来谂。"《节南山》的"家父作诵,以究王讻。式讹尔心,以畜万邦"《何人斯》中的"为鬼为蜮,则不可得。有靦面目,视人罔极。作此好歌,以极反侧",《巷伯》中的"杨园之道,猗于亩丘。寺人孟子,作为此诗。凡百君子,敬而听之",以及《四月》中的"山有蕨薇,隰有杞桋。君子作歌,维以告哀"。这种对故事进行总结和评论的做法,不仅表明诗的作者身份,也有表明诗中内容性质的作用,即诗人在诗中表达的不是个人的想法,而是作为代言人,面向听众讲的话。

相比上述比较明确的表演结构,有些诗的做法就相对含蓄一些。比如《子衿》这首诗,诗的前两章从一个女子"我"的视角表达了她对情人的思念之情,"青青子衿,悠悠我心。纵我不往,子宁不嗣音? 青青子佩,悠悠我思。纵我不往,子宁不来?"从语气上看是一首女子直抒胸臆的诗。然而在第三章,"挑兮达兮,在城阙兮",诗的视角突然从主观转向客观,好像电影镜头从人物身上拉开,给读者呈现出一个女子徘徊于城楼之上独自等待情人的情境,接下来的一句"一日不见,如三月兮!"尽管表达的内容是思念之情,但从上下文的关系来看,它表达的已经不是思念者的感觉,而是诗人的感慨。从主观抒情转向客观

---

① 钱锺书:《管锥编:毛诗正义(二十二·桑中)》,生活·读书·新知三联书店 2001 年版,第 174 页。

写景,诗的情感性质发生了质的变化,它表达的已经不再是思妇的感情,而是诗人眼中的思妇的感情,思妇感情也因诗人视角的引入而具有了表演性质。《采薇》也采用了与《子衿》同样的手法。诗歌前五章,从一个戍卒的视角,表现他对戍边生活的痛苦感受、强烈的思乡情绪以及久久未能回家的原因,但在第六章,诗歌则把叙事角度从戍卒视角转向对戍卒存在情境的描写。"昔我往矣,杨柳依依。今我来思,雨雪霏霏。行道迟迟,载渴载饥。我心伤悲,莫知我哀!"其中尽管有四处都提及"我",但从情绪变化上来说,这四处所说的"我"已经不是前五章抒情主体的"我",而是作为意识对象的"我"了。诗中视角的变化,不可能来自当事人,而只能来自诗人。而诗中的情感也因此证明不是当事人感情的直接表达,而是由诗人代言的感情。实际上,经由诗人的视角变化,诗的感情也得到了升华,这几句表达的已经不单是戍卒个人的感情,而是诗人对戍卒,甚至是对人类普遍孤独状态的认识和评价了。像上述这种当事人和诗人多声部的现象,在《诗经》中非常普遍,单从书写的角度来看,它们在结构上仿佛是断裂的,以至于常被认为是脱简或串简(如宋代的王质、王柏,现当代的孙作云、翟相君等),但是,如果从诗的现场存在方式来看,这种现象就可以解释了。

基于上述对诗的形式及其现场感的分析,我们可以发现,《诗经》中的诗,最早是以宗教仪式中的巫师或者王的祷词的方式存在的,是仪式表演的组成部分。随着周代巫师阶层的分工,开始出现王、史、瞽、太师,占卜师等各种社会角色,并且从巫师中分化出诗人,诗人不只是集体的代言人,也是仪式的表演者、旁观者和记述者,而只有当诗作为一种表演活动存在的时候,诗的采集、编撰,以及文本的流变才有可能。

明代古文选本的古文观念刍论*

郑天熙**

摘　要：明代古文选本总量在 600 种以上，远超宋元选本，丰富的编选经验使明人常在序跋中表达对古文的理论思考，序跋成为考察明代古文选本不可忽视的重要组成部分。明人在古文选本序跋中表达的古文观念，主要有古文本源论、古文功用论、古文时文论、古文发展论、古文审美论。明代古文选本对古文的传统定位有承有革，他们一方面继续倡导古文的政教人伦之用，标举古文"典雅""浑厚"的传统风格，一方面则纷纷表达己见，不再尊崇一说，使古文本源论、功用论、古文时文论呈现出众声喧哗的多样化面目。古文发展论，体现出明人对古文发展规律的认识以及自觉构筑完整文学史的努力。在时代思潮的汹涌撞击下，明人古文阅读的主体性地位大大提高，肯定了古文的美学特征与阅读体验，使古文阅读从政教修身的工具存在转而为主体性灵自由伸展的审美活动。因此，古文审美论成为明代古文选本序跋中最具时代特色的古文观念。考察明代古文选本中的古文观念，有助于我们更加准确地认识明人普遍的、沉淀为明代一般知识形态的文学思想。

关键词：古文选本　古文观念　政教人伦　古文发展史　古文审美

　　学界对于古文选本的研究，大多集中于宋元，尤其是南宋。在中国选本史上，南宋第一次出现数量可观的古文选本，并对古文进行评点，有学者因此将南宋孝宗朝定为中国文章学的成立期。[①] 但明清以后出现的古文选本数量远在宋元之上，经笔者普查，明代古文选本总量多达 600 种以上，它们对宋元古

---

　　* 本文为国家重大项目《历代古文选本整理及研究》（项目编号：17ZDA247）、中国博士后基金第 66 批面上资助（资助号：2019M662963）阶段性成果。

　　** 作者简介：郑天熙，北京师范大学文学博士，华南师范大学文学博士后，特聘副研究员，研究方向：中国古代文论与思想文化。

　　① 祝尚书：《论中国文章学正式成立的时限：南宋孝宗朝》，《文学遗产》2012 年第 1 期。

文选本有承有革,不仅延续着对古文的传统定位,还拓展了古文选本的编选意图、创新了古文选本的文体样态,目前学界还较少有人关注。其中,受明代社会文化思潮影响,明代古文选本的古文观念相对于宋元有许多值得注意的新变,体现出明代古文观念的一般化、普遍化形态。本文即对明代古文选本中的古文观念作初步探讨,以引起学界对明代古文选本的重视,推进对明代古文选本的研究。

一

本文的"古文选本",主要是指先秦至明的散体文选本。从明代古文选本实际的收录情况来看,明人对"古文"在文体上的理解并不全是散文,还包括辞赋、甚至诗歌。① 散文本与骈文相对,韩愈倡导古文运动,即是倡导先秦两汉的散体文,以扫除靡丽的骈对文风,他说:"愈之为古文,岂独取句读不类于今者耶? 思古人而不得见,学古道则欲兼通其词。"(《题欧阳生哀辞后》)韩愈对古文的描述,为后世古文概念定了一个重要的基调,即"学古道",也就是古文必须载古道。同时,在文风上与骈俪相对,趋向典雅朴实、雄浑刚健。"凡说到一个'古'字,自然都带了一种天真朴质的意思。朴质而切当情理,即是古文家的中心标准。"②对古文概念的这两个基本维度——内容上载道与风格上朴实,在宋元及明代古文选本中都得以继承与贯彻。但是,韩愈并未硬性规定"古文"的文体必须是散体文,再加上"文"本就有泛指一切文章之义,"凡云文者,包络一切著于竹帛者而为言。"③导致"古文"的文体内涵是模糊的、变动的,有时指散文,有时也可指诗歌、辞赋,也导致后世古文选本中不全是散文,而兼收诗歌、辞赋。这一点,已有学者在宋代总集的研究中指出。④

目前学界对宋代选本古文观念的研究,只局限于上述古文的文体学内涵,对其他方面的分析并未过多涉及。这主要有两个原因,一是相对明代,宋代古

①　有些明代古文选本选入诗歌、辞赋,如《重刊古文精粹》《文章类选》等,本文的"古文选本"主体是散文选本,它们占绝大多数,但因古代对"古文"的文体规定并不严密,因此也适当考虑了是选骈文、辞赋以及诗歌的古文选本,数量很少。

②　刘麟生、方孝岳:《中国文学七论》,广西师范大学出版社 2007 年版,第 64 页。

③　章太炎:《国故论衡》,中华书局 2015 年版,198 页。

④　吴承学:《从总集看宋人的古文观念》,见王水照、朱刚主编:《中国古代文章学的成立与展开——中国古代文章学论集》,复旦大学出版社 2011 年版,第 157 页。

文选本数量仍十分有限,"宋人多讲古文,而当时选本存于今者不过三四家,真德秀《文章正宗》以理为主,……世所传诵,惟吕祖谦《古文关键》、谢枋得《文章轨范》及枋此书(《崇古文诀》)而已"①。有限的选本不足以让选家对古文及其选辑工作进行深刻反思,因而很少在选本中留下理论形态的言说;第二,宋代选本在正文前很少有序跋来表达古文观念。除了真德秀《文章正宗》外,流传甚广的几部宋代古文选本几乎都没有序跋,即使有,也略略数语,多浮泛之言,篇幅很短,如《崇古文诀序》仅两百字不到,有的序跋甚至是明人后来在重刻本中所增写,《妙绝古今》第二篇序由明代嘉靖年间谈恺写,《文章轨范序》由王阳明写,这两篇明人增写的序,不仅篇幅增大,而且包含序家对古文独到的理解。由于宋代选本主要用于指导科举,选家一般不会过多思考古文的其他功用以及审美等理论问题,甚至也无需序跋。选本直接而急切的科举实用性取代了宋人对古文的理论探索,于是宋代古文选本少有序跋,也很少有宋人在序跋中表达对古文的理论思考,考察宋代古文选本的古文观念,只能从选本的选文实践入手,序跋在宋元古文选本中几乎可以忽略不计。

不同于宋代,为古文选本作序,并在序中表达对古文的认识与理解,是明代古文选本的普遍现象。明代古文选本数量远超宋代,大量丰富的编选经验,使明人对古文有深刻的理论思考,而选本是作品的集合,作品自身并不能直接表达选家与序家对古文的认识。于是,他们便充分运用了序跋这个平台。明代古文选本中,一本选本有两三篇是正常现象,甚至有的选本序言多达九篇。② 选本序跋这个"副文本"在宋代古文选本中曾是可有可无的边缘要素,现在一跃而成选本重要的组成部分。③ 可以说,如果研究宋代古文选本的古文观念,只能从选文情况入手,缺乏直接表述古文理论的言论的话,明代古文选本的序跋则作为重要的平台,提供了大量明人对古文的全面思考,因而可从中分析明人对古文丰富多样的理解。明人在古文选本序跋中的古文观念,可分为古文本源论、古文功用论、古文时文论、古文发展论、古文审美论,下面依次考察。

古文本源论是指关于古文生成来源、本体认识以及古文与六经的关系的

---

① 永瑢等:《崇古文诀提要》,《文渊阁四库全书》集部第 1354 册,台湾商务印书馆 1986 年版,第 1 页。

② 仅举数例,《皇明经世文编》有 9 篇序、《古今议论参》有 6 篇序、《古文渎编》有 5 篇序、《皇明十六家小品》有 5 篇序、《嘉乐斋三苏文范》有 4 篇序。

③ "副文本"概念是法国文论家热拉尔·热奈特在 1970 年代提出的,他在《广义文本之导论》中首次提出,又在《隐迹文稿》《门槛》《副文本入门》等系列著作中深入探讨,在西方文学批评界产生深远影响。

论述。明代古文选本继承"文源六经"的传统，认为包括古文在内的一切文章形式，根源都可追溯至六经。钱钟义《集古文英引》序："天下至文萃于六经，譬诸日用饥食渴饮，冬裘夏葛，莫可损益。"①蒋允仪《古文渎编序》："古人为学皆以六经为源本，以史汉为波澜。唐宋大家尽用此法。"②不过，明人并没有被"文源六经"说束缚，他们还推崇先秦两汉古文。王宠《秦汉文八卷序》有言："五经其炳矣，日月宇宙弗可湮已。近古而闳丽者，其秦乎？其汉之西京乎？"③有的选本极为推崇《左传》《国语》《战国策》等古文，黄道周《古文备体奇钞序》将五经与《左传》《国语》《战国策》并列，认为二者"一则属正而体近于方，一则属谲而体邻于圆。……盖为群言祖，实为众体之体也"。明人视先秦两汉时期的古文为学习的典范，但这并不意味着明人对先秦两汉所有古文都持同样的肯定态度，《周文归》盛推周文："惟周郁郁称盛。"④茅坤《刻西汉文苑叙》则独推西汉文，认为西汉以前的文章都有缺陷，不足以成为学习之模范："然虞夏浑噩，商周悱恻，世远事殊，复乎莫可模矣，春秋战国间，家骋游说，人习辞令，大抵游谭无根，而弗轨于先王之程度，则虽娴于文，其亦奚贵？"⑤同时，明人对古文之"古"，也有不同的理解，马骥《秦汉文序》认为只有先秦西汉文才能称为"古"文，东汉以后及唐宋文也不能算"古"。⑥

明人对六经与古文的关系也有全新的思考。他们虽然不否认古文根源于六经，但对古文中的美学价值，包括审美形式与审美情感给予充分肯定，并对古文的美学特征作合法性论证。邹迪光《文府滑稽自序》："六经咸池，大章太羹，玄酒也；诸子百家，鹅笙凤管，醇醑也；此之为书，倘亦兰英之醑，危弦促节之歌乎？"⑦六经诸子之文，是平缓和雅之乐，而滑稽之文，是急管繁弦之乐。二者区别仅是音乐形式的不同，但都为人所需。郑元勋《文娱自序》："六经者，桑麻菽栗之可衣可食也，文者，奇葩文翼之怡人耳目，悦人性情者也。……二者衡立而不偏绌。"六经是基本的温饱需求，而文章的美学特征，则是怡人耳目

---

① 顾祖武辑：《集古文英》，《四库存目丛书》集部第 381 册，齐鲁书社 1997 年版，第 493 页。
② 王志坚辑：《古文渎编》，《四库存目丛书》集部第 336 册，第 7 页。
③ 胡缵宗辑：《秦汉文》，浙江图书馆藏明嘉靖二十二年陈良锡刻本。
④ 顾锡畴：《序》，见钟惺辑：《周文归》，《四库存目丛书》集部第 339 册，第 423 页。
⑤ 申时嘉辑：《西汉文苑》，上海图书馆藏明万历二十八年宝纶堂刻本。
⑥ 马骥《秦汉文序》："先秦西汉去古未远，而其气犹浑厚，时则有若屈宋贾董班马诸君子出，涵圣峚而嚅道真，所以鸣于时者，海内谓其为古，亦宜矣。若东汉，若晋，若唐，若宋，未尝无文，然其气日以渐漓，故其文华而不实，谓之古，不尽其然矣。"
⑦ 邹迪光辑：《文府滑稽·十二卷》，《四库存目丛书》集部第 322 册，齐鲁书社 1997 年版，第 335 页。

之"奇葩",虽温饱之资不可一日缺,"奇葩"之可悦可怡,也不可少。郑元勋甚至认为:"文不足供人爱玩,则六经之外俱可烧。"① "师古者,师其美,非师其年也。"② 鲜明地表达了古文文学性与主体审美情感的正当性与必要性。明人还在序跋中申说文章的美学特征并非仅止于娱乐,许令典《文府滑稽序》认为该选本不仅是"供啸傲,具捧腹喷饭之资",还可"引君子入道"。③ 郑元勋认为文娱之"娱"也包括"名理经济节烈之言"。这体现出明人在古文政教功用观强大的影响下极力为古文的美学特征寻求存在空间,并给予合法性论证的良苦用心。

明代古文选本的古文本源论,不再是"文源六经"的统一模式,明人一方面继续表达着古文源自六经的尊经传统,一方面却不断创造新说,不仅力推先秦两汉古文,确认先秦两汉文为古文典范,并对典范选择与古文之"古"有各自不同的理解,还追求古文的美学特征,包括古文的文学性与审美情感,并为之作合法性辩护(本文第四节还有详论)。可见,明代古文选本的古文本源论,具有众声喧哗的多声部共存的特点。

二

古文功用论,是指明人对古文社会功用的认识。古文自唐代韩愈大力倡导以来,就与政教人伦紧密联系在一起,韩愈倡导古代散文的用意,即在复兴儒学,"志在古道"④。柳宗元也重视文章明道:"及长,乃知文者以明道,是固不苟为炳炳烺烺、务彩色、夸声音以为能也。"⑤批评抽黄对白的骈偶文风,宋代柳开亦提倡古文与古道,"文章为道之荃也"⑥。"古文者,非在辞涩言苦,使人难读诵之;在于古其理,高其意,随言短长,应变作制,同古人之行事,是谓古文也。"⑦欧阳修更是提倡"道胜者文不难而自至",认为文章好坏与是否践行

① 郑元勋辑:《媚幽阁文娱初集九卷》、《媚幽阁文娱二集十卷》《四库禁毁书丛刊》集部第 172 册,第 8 页。
② 同上书,第 251 页。
③ 邹迪光辑:《文府滑稽·十二卷》,见《四库存目丛书》集部第 322 册,第 333 页。
④ 韩愈:《答陈生书》,见马其昶校注:《韩昌黎文集校注》,上海古籍出版社 1986 年版,第 176 页。
⑤ 柳宗元:《答韦中立论师道书》,见《柳宗元集》,中华书局 1979 年版,第 873 页。
⑥ 柳开:《上王学士第三书》,见《河东集》卷五,《文渊阁四库全书》集部第 1085 册,台湾商务印书馆 1986 年版,第 269 页。
⑦ 柳开:《应责》,见《河东集》卷一,《文渊阁四库全书》集部第 1085 册,第 244 页。

道即关注社会人生有密切关系。再加上程颐、朱熹等宋代理学家对"道"的大力推举,古文的社会功用成为其正统本色,凡言古文,必涉其修身扶正的政教人伦之用。

宋代真德秀《文章正宗》以"明义理,切世用"为目的,"欲学者识其源流之正也"①,明代古文选本在古文的功用观上继承此传统。黄省曾《秦汉文序》有云:"文以政兴,而言乎政道乃文之至大而根要者也。"②有的选本为了突出古文对个人道德修养的助益,甚至在选文上有严格的规定:"凡传忠孝节义者,不论文之高下毕录,使达节懿行,因文以传。""志文非人品最高有合于公论者不录。"③选文的道德标准高于艺术标准。

不过,明代古文选本对古文政教人伦功用的提倡,并未取消古文的文学性,胡时化《名世文宗序》有言:"夫文,载道之器也。不根于道,则文弗工;不博于文,则道不彰。道无古今,无高下,观道于文,而文可识已。"④肯定文对于道的"认识"作用。在明代古文选本中,既有大力提倡古文美学特征的,也有不断强化古文现实功用的,二者并非水火不容,而是各行其道,多元共存。

虽然明代古文选本对古文现实功用的推举是对古文传统的一以贯之,但明代中后期士人普遍离经叛道,士子束书不观,游谈无根;或困于举业,为文日靡,古文选本强调古文教化世道、倡导修身以德便有了深刻的时代意义。"若夫诡肆幽僻,汪洋自恣,逞横议之口波,外周孔之正教,此在离经叛道者好之。予弗取也。"⑤它充分体现明人以古文选本为手段,欲挽狂澜于末世的经世之心。这里还需要提及明代中后期所出现的经世类系列选本。就笔者所见,明代经世类选本有近40种之多。包括黄训《皇明名臣经济录》、沈一贯《经世宏辞》、陈其愫《皇明经济文辑》、陈仁锡《八编经世类纂》以及陈子龙《皇明经世文编》等,"文以载道"的古文功用论传统在这一系列的经世类选本中已经具体化为"经世",即拯救乱世中风雨飘摇的国家。方岳贡《皇明经世文编序》有言:

---

① 真德秀:《文章正宗》,见《文渊阁四库全书》集部第1355册,第5页。
② 胡缵宗辑:《秦汉文·八卷》,浙江图书馆藏明嘉靖二十二年陈良锡刻本。
③ 慎蒙辑:《皇明文则·选文凡例》,上海图书馆藏明万历刻本。
④ 王世贞辑,张志烈、马德富、周裕锴编,钱允治续辑,陈继儒校注:《名世文宗》,上海图书馆藏明万历四十五年刻本。
⑤ 张以忠辑:《陈明卿先生评选古今文统》,见《四库禁毁书丛刊》集部第134册,第5页。

"文章莫尚乎经济。"①饶天明《皇明经济名臣录序》有言："月露风云而无益理乱之数，将焉用之！……凡所以远其传焉者，亦经济之文之为耳。"②陈其愫《皇明经济文辑自序》有云："夫宇宙有真文章，然后有真事业，以真事业为真文章者，远之炳蔚昭宣，垂辉万世，而近以布帛寂栗，实庇一时。"③明中后期经世类古文选本序跋所透露出的古文功用观，虽然承自传统，但不同于宋元选本如真德秀《文章正宗》那样对文章的强制性规约，而是出于时代环境之深刻转变，面对浮华靡弱的中晚明社会，以古文选本的方式发起的救弊行为，与晚明经世思潮同频共振，是现实环境所刺激的产物。

古文与科举时文的关系，是古文选本绕不开的话题。南宋古文选本大都用于指导考生写作科举时文，如吕祖谦《文章关键》、楼昉《崇古文诀》、谢枋得《文章轨范》等。明代古文选本亦不乏指导科举写作的古文选本，如《集古文英》《必读古文正宗》《文章指南》《文则》《三苏文汇》等，但明人关于古文时文关系的论述，远比宋元选本丰富深入。

大部分明人持古文今文是一而非二的观点，邵宝《重刊全补古文会编序》曾云："文一而已矣。自近世以举业为时文，于是有古文之名。时文之于古文，异体而同辞，异辞而同理。"④吴承光《古文钞自序》："夫文一也，而有古文今文之异者，何也？时之上下使之也。"⑤既然文一非二，那么学习古文有利于时文写作，明代一些古文选本是为举子习时文而编，如《古文启秀》、《文章指南》、《集古文英》、《秦汉文钞》。但还有选本则认为，像《古文关键》那样对古文进行字句章法的分析讲解是割裂古文浑全整体性的，"以文有关键、有诀、有小心放胆，有警句奇字者可免矣"⑥。否定古文点评，甚至有选本明确指出不是为指导科举而编，魏养蒙《不多集序》强调该选本与教人"帖括闱屋语"不同，志在"学古"；《纯师集》在"编辑大意"中批评《文选》、《唐文粹》、《文苑英华》、《宋文海》、《文章正宗》皆是取给词科，无关经术，要通过选本"求人伦准式，明忠孝大端"，使"文章不沦于末技"。

明代选本对片面追求文字技巧，不重视文章实际内容的时文是有所批评

---

① 陈子龙等辑：《皇明经世文编》卷首，见《四库禁毁书丛刊》集部第22册，第23页。
② 万表辑：《皇明经济文录》卷首，见《四库禁毁书丛刊》集部第18册，第294页。
③ 陈其愫辑：《皇明经济文辑》卷首，见《四库全书存目丛书》集部第369册，第1页。
④ 黄如金辑：《重刊续补古文会编》，天一阁藏明嘉靖三十年吕炌云影山堂刻本。
⑤ 吴承光辑：《古文钞》，南京图书馆藏明万历六年刻本。
⑥ 胡缵宗辑：《秦汉文·自序》，浙江图书馆藏明嘉靖二十二年陈良锡刻本。

的,"读史者不得其意,剽窃语言以资帖括,无异耳食"①。"数十年来帖括炽兴,渐忘古典,卑靡之气盈于宇宙。"②故而有些明代选本虽为指导制科举者编选,也注意提及文章关乎政教大体,不能徒存功利。《续文章轨范》"要皆为举业者设",但"忠孝节义之心油然自生","若假此以为钓利之饵,希禄之媒,则《文章轨范》先失之矣"。③ 可见,明代古文选本对古文时文关系的理解并非单一维度,他们一方面看到了古文对时文在写作上的启示,另一方面又注意维护古文的"浑朴"性,认为过多的章句解析会破坏古文的浑全整一。同时,他们反对时文片面追求文辞,批评通过时文逐利之营,肯定古文与社会人生的紧密联系,要求时文也要像古文那样关注政教人伦。

此外,明人还从新的角度出发,充分注意到了古文之"时"与时文之"古",表达新型的古文时文观。陈仁锡《正续名世文宗序》曾云:"夫今之为古文者,皆时文也。不独今也,宋开制举义科,其号为古文,亦今之时文也。今人作古文,则古文亦可呼为时艺。"④郑元勋《媚幽阁文娱二刻》自序云:"今人以经生帖括命之曰时,其诸文词则曰古。余以为经生所阐发而代言者,……宜曰古;其诸文词,……宜曰时。"⑤这不是从时间角度来区分古文时文,而是从写作潮流与写作内容方面来考察,古文在当时作者多,普及广,即是"时"文;而科举时文阐发古代经典,内容上是"古"文。在明人看来,古文与时文只是称谓,从不同的考查角度看,古文可以是时文,时文也可以是古文。明人打破时间角度的区分,不泥守古文时文的通行定义,以流行程度与文章内容来看待古文时文,对古文时文各自的特点及相互关系有深刻的把握。

在古文时文关系上,明代古文选本继承宋元以古文为时文写作教材的做法,但他们对古文进行章句讲解持批判态度,并且反对脱离实际内容、追求功利的时文,主张时文在思想上与古文保持一致。同时,明人不拘泥于古文时文的传统定义,试图从新的角度考察古文时文,注意到了古文写作的普遍化与时文在内容上的"古典"化。

---

① 张溥辑:《秦汉文范·自序》,南京图书馆藏明末刻本。
② 张以忠辑:《陈明卿先生评选古今文统》,见《四库禁毁书丛刊》集部第 134 册,第 6 页。
③ 王爰:《序》,郦琥辑:《金陵新刊续文章轨范》,南京图书馆藏明嘉靖三十三年刻本。
④ 王世贞辑,钱允治续辑,陈继儒校注:《正续名世文宗十六卷》,上海图书馆藏明万历四十五年刻本。
⑤ 郑元勋辑:《媚幽阁文娱初集二集》,见《四库禁毁书丛刊》集部第 172 册,第 251 页。

三

在明代古文选本中，有一类值得注意：时代类选本（断代、通代）。明代是中国古代社会的晚期，前人留下的文化遗产与文献资料汗牛充栋，故明人较前代能自觉地梳理、通观历代文学史，在文献搜集与整理上，也用力甚勤。笔者普查到的明代断代、通代类选本有 92 种，如果再算上唐宋诸家类选本（可视为唐宋文选本）的 49 种，则共有 141 种，占明代古文选本总量的 22%。明人所编断代、通代类古文选本，几乎可以覆盖先秦至明以前所有朝代的绝大部分散文，如此众多的时代类选本，体现出明人构筑"文脉"的强烈意识。在时代类选本中，除了个人分散编辑外，还有以一己之力编历代选本形成的丛书，具有求大图全的倾向。其代表有梅鼎祚的系列文纪：《皇霸文纪》《西汉文纪》《东汉文纪》《三国文纪》《西晋文纪》《东晋文纪》《南齐文纪》《梁文纪》《陈文纪》《北齐文纪》《北魏文纪》《后周文纪》《后魏文纪》《隋文纪》《宋文纪》等；题名钟惺的系列文归：《周文归》《汉文归》《宋文归》《晋文归》《南北朝文归》《唐文归》；还有张采的历代文：《西汉文》《东汉文》《三国文》《西晋文》《东晋文》《南朝宋文》《南朝齐文》等，洋洋洒洒，卷帙浩繁。可以说，这些系列丛书以及其他时代类选本，是明人了解前代文学史的教材，展现出明人所塑造与梳理的文学史脉络。而明人在时代类选本中，借助序跋这一重要平台，从总结历代文学发展规律与得失出发，表达了对文学史的丰富理解，主要包括文学史发展观与批评观。

文学史发展观是指对文学发展规律的认识。明人在时代类选本序跋中，普遍认为中国古代文学发展，是由浑朴、古雅逐渐离散、雕琢的过程，时代越往下，距离古雅越远。马骧《秦汉文序》有云："古之时，太和之气磅礴宇宙间，圣贤迭兴，立言明道，若典谟训诰之作，悉其精蕴所发，模范后世，而斯文之脉已阐，不可尚矣。先秦西汉去古未远，而其气犹浑厚，时则有屈宋贾董班马诸君子出，……海内谓其为古亦宜矣。若东汉、若晋、若唐、若宋，未尝无文，然其气日以渐漓，故其文华而不实，谓之古，不尽其然矣。"①因而在价值评判上，明人通常肯定先秦两汉文，贬低东汉六朝文，"秦汉去古未远，先王风气犹存。"②

---

① 马骧：《序》，见胡缵宗辑：《秦汉文》，浙江图书馆藏明嘉靖二十二年陈良锡刻本。

② 金邦达：《序》，见汪道昆辑，俞王言评：《秦汉六朝文》，浙江图书馆藏明万历刻本。

"自是已后，东京之轻华，建安之清放，虽明瑟可观，而浑朴之气去之已远矣。"①

有选本认为文学史的此种发展趋势带有必然性，张运泰《汉魏明文乘不分卷序》有云："说者顾谓魏文亚东京，东京文亚西京，岂知西京文之不得不东，东京文之不得不魏晋者，世数迁转使然。"②由西汉文到东汉文，再到魏晋文，文风的差异是时代环境变化所导致，并非人为。有的选本还为饱受批评的六朝文辩护，认为骈偶文风已由汉文"扬其波"，"导其流"③，一些选本还收录两晋六朝文④，说明明人虽然在总体价值上贬低六朝文，但并未完全否定其历史价值，认为六朝文是文学发展史上不可缺少的一环，"秦汉而上，世所采彰，良已繁缛；唐以下，宋元以来，表著不少。惟魏晋以迄周隋七代之文，零落无序"⑤。于是，明人在构筑完整文学史的意义上，从保存文献出发，编选六朝文。这类六朝文选本仍然批评六朝文及作者，"让位诸令，大类俳优；符命诸篇，几同乞子"，"（七代人）有文章而无人品"⑥，有的则避开对六朝文文学性的评价，转而介绍两晋南北朝的历史发展。⑦

批评观是指明人在古文选本序跋中对文学史上的文章与作者的具体批评。可分为三点：对历代文及作者的批评；对所选文的分类；对唐宋诸家及三苏的评价与认识。

明人在选本序跋中通常会评价各代文。如对周代文，钟惺《周文归序》用"朴"来描述："周家八百年朴气至此，后世非逊其文，逊其朴。"⑧对汉代文，茅坤《西汉文苑序》："其事核，其法裁。"⑨张运泰《汉魏名文乘序》："汉兴文体不

---

① 方岳贡辑：《历代古文国玮集·自序》，见《四库存目丛书》集部第 366 册，第 5 页。

② 张运泰、余元熹辑：《汉魏名文乘》，见《四库存目补编》第 31 册，第 3 页。

③ 陆锡明《三国两晋南北朝文选序》："由是以退之者，必出六朝而诋阿郫下也。……我独以为不然，盖自枚乘《七发》疏其源，曼倩《客难》扬其波，孟坚《宾戏》导其流，崔骃《达旨》极其派，夫而后绮藻骈偶之辞。"

④ 如张溥《汉魏六朝百三家集》、张采《西晋文》《东晋文》、梅鼎祚《晋文纪》，朱隗《两晋文钞》等。

⑤ 钱士馨《序》，见钱士馨、陆上澜辑，张志烈、马德富、周裕锴编：《三国两晋南北朝文选》，南京图书馆藏明来复堂刻本。

⑥ 陆上澜：《序》，见钱士馨、陆上澜辑，张志烈、马德富、周裕锴编：《三国两晋南北朝文选十二卷附辑一卷》，南京图书馆藏明来复堂刻本。

⑦ 钱士馨《三国两晋南北朝文选序》："南北朝俱无文统。"再如张采《东晋文自序》，只简述东晋史，再作史评："祖风流必伤名教"，"清谈费事"，"清议不明"。上海图书馆藏明崇祯刻本。

⑧ 钟惺辑：《周文归·自序》，见《四库存目丛书》集部第 339 册。

⑨ 申用嘉辑：《西汉文苑》，上海图书馆藏明万历二十八年宝纶堂刻本。

茂。"①方岳贡《历代国玮集自序》更是对历代的文体及作者进行详细评论："章疏取其深亮，赞颂取其典硕，箴铭取其沉奥，笺表取其藻郁，序记取其高劲，论策取其明达。""嵇阮之文，斐然玄放，天拔为多。""有唐奏议，颇究事实。""韩柳文称开辟。""宋室文章，永叔为冠。"②当然，不光是时代类选本，其他古文选本也有对历代文学的批评，如《古文类选》《古文启秀》《古文正集》《古文奇赏》《正续名世文宗》等。明代古文选本中有大量丰富的文学批评文献，既有对各类文体的风格确认，也有对历代作者及文章的评价，表现出总结历代文章的历史眼光。

有的明代古文选本在排列选文时，会对文章进行分类，这虽然没有在序跋中呈现，但同样属于选本对文章的一种分类批评，因此也属于古文选本的批评观。如《古逸书》将选文分为"神"、"妙"、"奥"、"闳"等十六品，《钜文》分为"宏放"、"奇古"、"悲壮"、"庄严"、"闲适"、"绮丽"六品③，《万文一统》分为"简古文"、"典则文"、"雄伟文"、"叙次文"、"经济文"、"殊觉文"、"抗直文"、"讽切文"、"刺讥文""攻击文"、"议论文"、"正大文"、"节义文"、"恳至文"、"标表文"、"玄虚文"、"神奇文"、"幻颖文"、"悲愤文"、"幽思文"、"机权文"、"刺深文"、"捃摭文"、"潇洒文"、"豪放文"25 类④，还有的并非从文学风格角度做划分，如《文坛列俎》分为"经翼"、"治资"、"鉴林"、"史摘"、"清尚"、"掇藻"、"博趋"、"别教"、"赋则"、"诗概"10 类⑤，对选文进行分类体现出选家对文章风格、功用、类型、文体等的认识，也是选本对文章的批评方式之一。

明人喜欢编唐宋诸家选本，尤其是三苏选本。三苏选本在唐宋诸家选本中数量突出，本身就是值得关注的文学现象。最为人熟知的唐宋诸家选本是茅坤的《唐宋八大家文钞》，但明代并不止茅选这一种，已普查到的唐宋诸家选本多达 49 种，包括《古文渎编》《唐宋十二大家文归》《孙宗伯精选唐宋八大家文抄》《唐宋八大家文悬》《唐宋八大家文钞选》《八大家文钞自怡集》《唐宋四大家文钞》《唐宋八大家选》《四大家文选》《陆君启先生评选唐宋四大家》等。其

---

① 张运泰：《序》，张运泰、余元熹辑：《汉魏名文乘》，《四库存目补编》第 31 册，齐鲁书社 2001 年版，第 2 页。

② 方岳贡《历代古文国玮集·自序》，《四库存目丛书》集部第 366 册，齐鲁书社 1997 年版，第 6、9、11、12 页。

③ 屠隆辑：《钜文》，《四库存目补编》第 12 册，齐鲁书社 2001 年版。

④ 李廷机辑：《新刊李九我先生编纂大方万文一统内外集》，浙江图书馆藏明刻本。

⑤ 汪廷讷辑：《文坛列俎》，《四库存目丛书》集部第 348 册，齐鲁书社 1997 年版。

中三苏类 29 种,有《谨依眉阳正本大宋真儒三贤文宗》《嘉乐斋三苏文范》《三苏文汇》《新刻三苏论策选粹》《选辑诸名家评注批点苏文》《苏文奇赏》《苏隽》《三苏先生文粹》等。

明人在唐宋八家选本序跋中表达了对唐宋诸家文的认识与评价,他们推崇唐宋八家,认为八家"皆以六经为本原,以《史》《汉》为波澜"①且有振衰救弊之功。明人对苏文既有审美接受,如赵林《三苏文汇序》形容读苏文"觉风雨晦明、忧悴劳苦,一与欢畅"②。也有文法性接受,即以三苏文指导科举时文③,对苏文的评价也不再局限于单一的载道、政教方面,而能欣赏苏文的"禅机",将其视为"皆天地间不可少文字"④,表现出对苏文包容而全面的理解。

明代的时代类古文选本,是明人"文脉"意识的集中体现,他们编选历代散文,表达丰富的文学史观。在古代散文"愈下愈衰"的总体认识下,明人能发现六朝文这类"乱世之文"的历史文献价值,并搜集整理两晋文,使明代的时代类选本基本囊括历代主要散文。明人对中国古代散文发展的演变规律有自己的理解,并对历代散文有丰富评价,他们还从不同角度对散文进行分类,而对唐宋诸家散文,既能吸取其章法技巧以写作时文,又能从审美角度欣赏唐宋诸家尤其是三苏文,表现出开放包容的接受姿态。

四

明代是中国近代社会的开端,许多新思潮汹涌地冲击着传统,使传统观念摇摇欲坠,阳明心学孕育的王学左派提出"百姓日用即道",主张人欲即天理,在曲解心学的道路上越走越远,狂士李贽猛烈抨击假道学的虚伪,整个中晚明时期弥漫着肯定人欲、解放个性、批评僵化传统的思想。⑤ 明代古文选本浸淫在这种张扬个性的时代环境中,深受其影响,部分选本抛弃对古文的传统认识,表达具有鲜明主体性的新型理解。他们将经典与历史上的子、史部甚至包

① 王志坚编:《古文渎编》,见《四库存目丛书》集部第 336 册,齐鲁书社 1996 年版。
② 茅坤、钱谷、钟惺等评:《三苏文汇》,浙江图书馆藏明末刻本。
③ 《三苏文汇》凡例:"国朝制义,道与古殊。……宋去我明未远,凡人情国事,大略相同。眉山氏镕古为今,周于时用,故特标一家,为文字司南。经传经术,两多所俾。"实际上,明代对唐宋文的推崇,都带有欲从唐宋文中学习时文写作的目的。
④ 詹奎光辑:《选辑诸名家评注批点苏文》,南京图书馆藏明万历六年詹斗光、吴元礼刻本。
⑤ 陈梧桐、彭勇:《明史十讲》,中华书局 2016 年版,第 186 页。

括佛经等所有文献平等审视,降低经典的权威地位,选文在编排上也不再首列经典,有着自己的考量。① 更重要的是,他们不再满足于古文"雅正"、"浑朴"的一贯面目,也很少提及古文的人伦政教功用,而开始在选本序跋中肯定各种文学风格与审美情感,表达个性化的阅读感受与审美体验,鼓吹古文的娱乐性、抒情性,甚至滑稽性,古文的美学特征与主体的审美情感受到空前的重视。②

李宾《八代文钞》将屈宋楚辞列在最前,因为在他看来,"此(屈宋)文人之宗祖,前此非无文,书契坟典,《左》《国》,已至短长,为经、为传、为子,无所谓文也"③。屈宋楚辞以前的文章都不能称"文",这是李宾对"文"的个性化理解,其中对楚辞文学性的重视则值得注意。黄道周《文心内符》将诸子文排在首位,将秦汉六朝文排在《檀弓》《公羊》《谷梁》等经之前,显然已不是按"尊经"传统所作的排序,而《文心内符序》"心,文之渊也",以及"不得不考之以符心"的说法④,大大提高了"心"对于"文"的重要地位,申张并挺立了古文阅读中的主体性。李宾对屈宋楚辞文学性的推崇,以及黄道周对文之"心"的提倡,分别从文学作品与读者接受两个角度肯定了古文阅读的个人化、审美化倾向。

在序中张扬古文的审美特征与主体阅读感受,是明代中晚期古文选本的一股巨大的风潮,影响所及,有些选本序跋不再提及载道、政教,而是专以古文的某种文学性为编选标准。如《文章又玄》以"玄"为选文标准,欲"探神情于章句之外","借指月以俟证成",希望读者在选文中读出文字以外的"玄"意⑤;《古文品外录》"择秦汉以来文之旨远情深者"⑥;《文府滑稽》专选历代诙谐文,并认为滑稽之言具有"醒心脾,动体魄"的神奇功效⑦。此种选文风尚炽盛于中晚明,普遍受人喜爱。市场的需要,加上明代发达的商品经济与繁荣的印刷出版业,使这类选本被不断增补、翻刻,形成带有丛书性质的选本群。这里值得提及的有三种:一是奇赏系列,二是文娱系列,三是文致系列。

---

① 郑之玄《文心内符序》评价《维摩诘经》《楞严经》等佛经,将佛经视为文学作品,《古文品外录》录有道释之作。

② 需要说明的是,这只是明代一部分古文选本的倾向,也有古文选本继续提倡古文的政教人伦之功用以及雅正浑朴之风格的,尤其是中晚明经世类古文选本,更是推崇文章的现实效用。可见,明代存在多种编辑意图的古文选本。

③ 李宾辑:《八代文钞》,见《四库存目丛书》集部第341册,第3页。

④ 郑之玄:《序》,见黄道周辑:《文心内符》,南京图书馆藏明末刻本。

⑤ 吴士奇辑:《文章又玄·自序》,南京图书馆藏明刻本。

⑥ 陈继儒辑并评:《古文品外录》,《四库存目丛书》集部第351册,第285页。

⑦ 邹迪光辑:《文府滑稽》,见《四库存目丛书》集部第322册,第334页。

奇赏系列选本包括陈仁锡《古文奇赏》《续古文奇赏》《三集古文奇赏》《四集古文奇赏》，以及《明文奇赏》。前四集选录历代古文，《明文奇赏》选录明代古文。奇赏系列选本序中所表达的古文观念，是古文功用论与审美论并存的。一方面陈仁锡仍没有抛弃古文济世用的传统，"有一代大作手，有一代持世之文，有一代荣世之文"①。《四集序》更说："浮艳之色，择必精，语必详，则奇矣。"②要去掉文章好货好色的毛病才是"奇"；另一方面，他却说："文章有杀生而无奇正，杀生，奇也；奇外无正。文，兵也；兵，礼也。"③更在《古文奇赏略纪》中用相当大的篇幅批评历代古文，而这些批评完全是审美角度，如"曹植文极有骨理"，"宋文字苏洵颇雄浑，欧阳修能婉折"。丝毫不言及济世，因而与序中的古文功用论并不一致。与李宾《八代文钞》一样，《古文奇赏》排列选文时，也以《离骚》为冠，认为屈原是"大作手"，并没有首排经典。这样序中两种古文观念并存，以及序与实际选评之间存在差异的情况，在其他奇赏类选本中就很少出现了。《翠娱阁评选明文奇艳》在序中深入辨析"奇"与"艳"这两个批评术语的关系，并认为《周易》《史记》《庄子》与韩愈文是"奇"文，而"艳"自在其中；《诗经》《左传》《离骚》"奇艳双至"；六朝文及唐人文"徒以艳"而不能奇。主张"能奇不能艳"未得正，也不能因为追求"艳"而"弃奇"④，这些都是审美评价，完全看不到文以载道的古文功用论。

《文娱》系列选本包括郑元勋辑《翠娱阁文娱初刻九卷》《翠娱阁文娱二刻十卷》，从选本标题即可看出，《文娱》系列选本主要选录娱乐性小品散文，"搜讨时贤杂作小品"，"有法外法，味外味，韵外韵"⑤。《文娱》序同样没有古文有助政教的论调，甚至肯定喜新厌旧的人情："人情喜新厌故，喜慧厌拙，率为其常，而新与慧中，何必非至道之所寓？"⑥郑元勋在序中描绘了读高典大册与读娱乐性小品的不同感受。"沉博大章，心非不敬，如对端方之士，裒冠铁面，爱不敌畏。"⑦敬畏之心超过喜爱，主体性的审美更谈不上了，而读娱乐性小品，

① 陈仁锡辑并评：《古文奇赏》，见《四库存目丛书》集部第 352 册，第 590 页。
② 陈仁锡辑并评：《四集古文奇赏》，见《四库存目丛书》集部第 352 册，第 595 页。
③ 陈仁锡辑并评：《续集古文奇赏》，见《四库存目丛书》集部第 352 册，第 592 页。
④ 李清心：《序》，见陆云龙辑：《翠娱阁评选明文奇艳》，南京图书馆藏明崇祯陆氏翠娱阁刻本。
⑤ 陈继儒：《序》，见郑元勋辑：《媚幽阁文娱初集二集》，《四库禁毁书丛刊》集部第 172 册，第 2 页。
⑥ 同上书，第 8 页。初集郑元勋自序。
⑦ 同上书，第 7 页。初集郑元勋自序。

则"不啻饮神浆,聆天乐,于渴且倦之时,絓结顿解"①。将娱乐小品比喻为神浆天乐,主体能获得自由的审美感受与娱乐性的精神效应,相对读高典大册的"敬爱",主体性与审美的自由度得以大大伸张。

在《文娱初集》的后跋中,郑元勋之弟郑元化甚至对阅读娱乐小品的主体状态以及阅读的环境氛围作出说明,以达到更好的阅读体验与精神享受。"幽滞者不可与言小品也。故览是集者,宜通人达士,逸客名流,犹必山寮水榭之间,良辰奇怀之际,焚香品泉,卧花谓月,则忧可释,倦可起,闷可涤。"并表示此种阅读法与四书五经不同。这都表明,明代的古文审美论者已经明确区分小品文与经典的不同,小品文的阅读是极具个性化的审美活动,而经典阅读却是千人一面,百口一词;小品文的审美允许主体自由驰骋,并享受阅读带来的精神愉悦,经典的阅读则导向政教人伦,较少甚至回避私人化的体验。值得注意的是,明人还用经典论证审美情感的合法性,并针对"欢愉之辞难工"的传统看法,就欢娱之情对文学正面的促进作用做出全面肯定。陈从伦《文娱二刻序》认为《诗经》得性情之正,使人鼓舞踊跃,"皆此欢娱之致入人于无穷也"。接着,他为"欢娱"正名,"浩然之正气,喜乐居多耳。不得已而变为哀怨,激为愤怒。若《离骚》之沉郁,《南华》之奔放,此文章之变调所繇起也"。"文之善于怒哀者,未有不始于欢娱,终于欢娱者也。"②"怒哀"等负面情感,皆由"欢娱"演变而来,"欢娱"作为文学创作情感,在价值上比"怒哀"更高。

《文致》系列选本有刘士鏻《兰雪斋增订文致八卷》《删补古今文致十卷》以及蒋如奇《明文致二十卷》。所谓"致",是指主体的一种超然的精神品调与审美趣味,是相对于名花的"幽卉",③"幽谷有佳人,遗世而独立"④。不同于《文娱》系列选本对欢娱之情的推崇,刘士鏻的两种《文致》则偏爱俗世之外的清幽孤寂,倾慕超脱尘世的山林之趣,"林下则旷,深闺则窈,花茵则丽,绣幰则纤"⑤。金维城读完《文致》,感觉"清润宛转,嵌空玲珑"。并指出读《文致》可免"竹杖芒鞋"登临丘壑去寻"致",直接"高枕卧游,山川到腹笥矣"⑥。主体徜

① 陈继儒:《序》,郑元勋辑:《媚幽阁文娱初集二集》,《四库禁毁书丛刊》集部第 172 册,第 7 页。初集郑元勋自序。
② 同上书,第 246 页。二集陈从伦序。
③ 刘士鏻辑:《兰雪斋增订文致·原序》,上海图书馆明崇祯元年刻本。
④ 同上书。刘士鏻《增订文致叙》。
⑤ 刘士鏻辑:《兰雪斋增订文致》,上海图书馆明崇祯元年刻本。
⑥ 金维城:《序》,刘士鏻辑,王宇增删:《删补古今文致》,《四库存目丛书》集部第 373 册,第 413 页。

祥在《文致》的幽深清逸之境,极抒遗世出尘之情。

而李鼎《明文致序》则认为"致"是主体性灵的自由展现,"致"的获得具有不可着意的偶然性:"有呕肝落眉不能得而对客疾书反得之,即书淫学库不能得而烂漫数行反得之,又每得于水流花开,茗沸灯炉,名山巨川。""凡忠臣孝子、高隐青侠、与夫怀春之怨女,失意之才人,无不酣嬉颠放,性灵所喷,落腕皆鲜,是则予之所谓致也。"①无论"致"出现的偶然性,还是性灵的自由舒展,抑或是遗世独立的精神品调,与《文娱》系列相同的是,《文致》系列仍然张扬主体个性化、私人化的精神维度,对古文的审美接受也是由于主体得以挺立,从而使阅读古文成为与政教道德无关的自由的审美活动。

受时代思潮影响,明代古文选本开始对古文作审美化、个人化的阅读,他们淡化古文的政用功能,强调古文的娱乐性、抒情性,并提高"欢娱"等审美情感在文学创作中的地位,肯定古文的各种美学特征,表达私人化的阅读体验,将古文阅读演化为自由伸张的主体性,并引发读者丰富细腻的审美情感,且具有适性悦情的精神效应的审美活动。这在奇赏系列、文娱系列以及文致系列选本中表现得尤为充分。古文审美论是明代古文选本中的独有特点,此前的古文选本,大都局限于指导举业以及古文的政教之用,阅读古文的个人化审美体验几乎没有出现,更谈不上对各种审美情感的推举与辨析。古文阅读的主体性在前代选本中是被淡化、遮蔽甚至取消的,因此古文审美论在明代古文选本的古文观念中具有独创性意义,也最富于时代特色。

结　语

本文以明人在古文选本序跋中表达的古文观念为主要研究对象,依次探讨明人的古文本源论、古文功用论、古文时文论、古文发展论以及古文审美论。可以看到,明代古文选本对古文的传统定位有承有革,他们一方面继续倡导古文的政教人伦之用,标举古文"典雅""浑厚"的传统风格,一方面则纷纷表达己见,不再尊崇一说,使古文本源论、功用论、古文时文论呈现出众声喧哗的多样化面目,古文发展论,体现出明人对古文发展规律的认识以及自觉构筑完整文学史的努力。在时代思潮的汹涌撞击下,明人古文阅读的主体性地位大大提

---

① 李鼎:《序》,蒋如奇辑:《明文致》,南京图书馆藏明崇祯二年詠兰堂刻本。

高,肯定了古文的美学特征与阅读体验,并在序跋中描述各种细腻的审美感受与神奇的审美效应,使古文阅读从政教修身的工具存在转而为主体性灵自由伸展的审美活动。因此,古文审美论成为明代古文选本序跋中最具时代特色的古文观念。明代古文选本不仅在数量上远超宋元选本,选本的序跋相对宋元选本也明显增多,明代古文选本有序跋是普遍现象,一种选本有两三篇序与后跋是常事,序跋成为明人表达古文观念、编选意图、编选经验的最佳平台。如果说在宋元选本中,序跋尚处于边缘地位的话,那么考察明代选本,序跋则是不可忽视的重要部分。考虑到明代古文选本的选家身份,不再完全是精英士大夫,还包括下层文人以及书商,因此序跋表达的古文观念,也并非全是精英阶层的文学思想,而是普及到民间文化场域的文学思想,是一般文人对精英文学思想主动吸收、新创后的结果,更能体现明代对古文的普遍认识,也更接近明人理解古文的实然状态。① 因此,考察明代古文选本序跋中的古文观念,有助于我们更加准确地认识明人普遍的、沉落为明代一般知识形态的文学思想。

---

① 这种研究视角在葛兆光《中国思想史》以及蒋寅《视角与方法——中国文学史探索》中都有明确提出与具体实践。葛兆光在《思想史的写法》中曾说道:"过去的思想史只是思想家的思想史或经典的思想史,可是我们应当注意到在人们生活的实际的世界中,还有一种近乎平均值的知识、思想与信仰,作为底色或基石存在。"(葛兆光:《中国思想史·导论》,复旦大学出版社 2013 年版,第 11 页)并认为思想史应该更关注这一基础性、一般性的知识状态。文学研究界也有类似的方法论思考,蒋寅《视角与方法——中国文学史探索自序》:"文学史论著告诉我们,他们(初唐四杰、李杜、王孟、韩孟、元白、小李杜)各自有什么特点,代表着什么样的创作倾向,但其间的变化是怎样发生的,如何走到这一步的,确语焉不详。……我正式提出'进入过程的文学史研究',……也即吴相洲兄在一次会议上说的'提高像素'的意思。"(蒋寅:《视角与方法——中国文学史探索》,北京大学出版社 2018 年版,自序第 5 页)葛兆光写作思想史以及蒋寅等的"提高像素"的思路与方法,给本研究在方法论上很大的启示。

新世纪以来中国当代艺术
本土化诉求的美学探索[*]

时胜勋^{**}

摘　要：新世纪以来，中国当代艺术本土化诉求日益强烈。在美学探索方面，中国当代艺术学界，立足于中国美学传统与当代艺术现实，自觉对照西方艺术美学，有针对性地探讨中国当代艺术本土化的审美表达与精神内涵，形成了意象美学、意派论、兴味蕴藉、超当代、新东方等理论新成果，对其梳理和分析，有助于中国当代艺术本土化实践不断深入，促进中国当代艺术走向美学自觉。

关键词：中国当代艺术　本土化诉求　传统精神　美学自觉

长期以来，中国当代艺术在启蒙现代性、后现代、全球化、后殖民主义、消费主义、文化传统的不断滑动中，争议不断。新世纪以来，中国当代艺术的本土化诉求日益强烈。这一本土化诉求不仅体现在本土化话语的理论表达之中①，也体现在对本土化问题的美学探索上。这一美学探索并非一般的美学研究、文艺理论研究，或者中国当代艺术自身发展过程中所出现的局部特征，比如85美术新潮、玩世现实主义等，而是立足于中国美学传统与当代艺术现实，自觉对照西方艺术美学，有针对性地提炼中国当代艺术本土化的审美表达与精神内涵。大体而言，有以下几种理论探讨值得重视。

---

　*　本文系国家社科基金艺术学项目《中国当代艺术话语范式研究》（项目编号：15BA011）阶段性研究成果。

　**　作者简介：时胜勋，北京大学中文系副教授，研究方向：文艺美学、艺术理论。

　①　时胜勋：《中国当代艺术本土化话语的历史脉络及其制约力量》，《云南社会科学》2018年第3期。

一、意象美学：从古典资源到当下拓展

意象美学是中国传统美学，历来为艺术理论家、美学家所重视，在当代亦是学术热点。[①] 其中，有些理论家还将意象美学应用于当代艺术。

张世英非常注重"美在意象"[②]，他特别强调刘勰的"隐秀"说，并且与海德格尔的"显隐"说沟通，强调艺术的破除主客体二分的状态，既注重艺术的感性美（象），又注重艺术的形而上意义（意）。张世英是少有的关注现当代艺术的哲学家，他对表现主义、达达主义、后现代主义都有独到见解，并且建议中国当代艺术能够吸收表现主义的自我表现性、后现代主义的生活化与新表现主义的民族精神，这种看法是非常有启发意义的。[③] 张世英认为，现代西方艺术哲学发生了重大转向，一是主客关系失效，"超主客关系"日益突显；二是原有的建基于理性主义之上的典型说逐渐失效，主客不分的显隐说日益重要；三是艺术表现倾向越来越重视想象，思维性开始弱化；最后是普遍本质让位于具体现实。[④] 这一转向以海德格尔为代表，并且与中国古代哲学的"天人合一"思想有相通之处。张世英关于中国当代艺术创作的思考并没有一个明确命名，但与意象美学的关系是密切的。

相比而言，叶朗对意象美学的阐释就更为系统。在叶朗看来，美就是意象世界之生成。由于审美意象是艺术的本体性特征，而意象是一个感性世界，是包含着丰富意蕴的，不是抽象的、生活化的世界，[⑤]据此，叶朗认为，当代西方一些艺术家（波普艺术、观念艺术等）的作品违反了意象美学的原则，使得意蕴虚无化。[⑥] 叶朗明确认为，这些作品不是艺术品，因为一是缺乏意蕴，二是没有审美意象，三是感兴不足。[⑦] 波普艺术、观念艺术不是艺术品，因为无法产生意蕴。叶朗还由此回击了黑格尔以及丹托的艺术终结论。应该说，这种意象美学对于那种将意象泛化到任何艺术（比如观念艺术）的做法是有警示意义

---

① 在当代美学界，叶朗、朱志荣是讨论意象美学较多的两位学者，其后也引来相应的争论，形成一个学术热点。
② 张世英：《艺术生活化、生活艺术化》，《中国文艺评论》2015 年第 2 期。
③ 张世英：《对西方后现代艺术的哲学思考》，《北京大学学报（哲学社会科学版）》2009 年第 4 期。
④ 张世英：《艺术哲学的新方向》，《文艺研究》1999 年第 4 期。
⑤ 叶朗：《美学原理》，北京大学出版社 2009 年版，第 238 页。
⑥ 同上书，第 246 页。
⑦ 同上书，第 247 页。

的。意象是一种很高妙的状态,而不是随随便便就能拿来用的。意象美学具有很强的诗意性和生命体验性。叶朗认为,中国当代艺术可以"尝试创造一种营造诗意环境氛围('境')的艺术":"跨越旧的艺术门类的界限","融入高科技的手段","引发多种感觉器官的美感的交会兴发"。这是其意象美学进一步向生命美学的深化:"这种营造诗意环境氛围的艺术,是一种更趋近于完整的生命体验的艺术。"①朱志荣也认为,有些现成品艺术家所进行的实验并不能称之为艺术品,因为现成品与艺术的界限是有质的规定性的。②

彭锋受到意象美学的启发,从哲学视角出发介入中国当代艺术诠释,特别是关于"艺术终结论"。彭锋认为,中国传统艺术的关注点是生活化的,不是外在化的,也即中国传统艺术寻求某种心物自然的合一关系,而非外在的客体。③ 艺术家的目的不是形式创新,不是个性表达,而是通过艺术实现自然、心灵、文化的合一。中国艺术哲学更强调心灵的安顿。这是用意象美学来批评、反思西方的"艺术终结论"也即当代艺术一味创新的趋势。2011 年,彭锋策划的第 50 届威尼斯双年展中国馆(主题"弥漫"),以意象美学来加以诠释,被认为是体现了"中国味"。不过,执意强调中国意象而忽视了当代艺术的本质特性(创新性、技术性、社会性等),很可能又会陷入"东方主义",而成为西方眼中的他者。

戏剧家王晓鹰致力于意象在现代戏剧中的应用。早在 1990 年代,他就探讨过舞台意象,"在戏剧演出中(而非仅在剧作文本中),以综合性的舞台视听形象为感性形式(而非仅是文学性的语言文字),以涵义丰富深刻的诗化情感和人生哲理为隐喻对象(而非仅是日常的喜怒哀乐表达和浅显的道德伦理说教),所共同构成的象征性的舞台艺术形象"④。这种舞台意象显然具有很强的表现性、写意性。近年来,王晓鹰将舞台意象进一步界定为"中国意象"或者"中国式的舞台意象",并在《荒原与人》《霸王歌行》《理查三世》《伏生》等作品中加以实践。⑤ 王晓鹰后来又将"中国意象"与"现代表达"结合起来,提出话剧"中国意象现代表达":所谓的"中国意象",就是"一种建构在中国传统文化艺术的元素、手法、意境、美感基础之上的整体性的舞台意象,这些中国传统文

---

① 叶朗:《对我国艺术当代发展的两点思考》,《文艺研究》2013 年第 11 期。
② 朱志荣:《论审美意象的创构》,《学术月刊》2014 年第 5 期。
③ 彭锋:《意象之路:有关中国当代艺术的一种试探性理论》,《东方艺术》2009 年第 11 期。
④ 王晓鹰:《舞台意象与表现》,《戏剧》1995 年第 1 期。
⑤ 王晓鹰:《从焦菊隐到"中国式舞台意象的现代表达"》,《中国戏剧》2016 年第 1 期。

化艺术可以包括绘画、书法、音乐、服饰、面具……"，"浸透着中国戏曲的美感，整体传递着中国艺术的意蕴"，所谓的"现代表达"，就是"经由现代艺术的创造机制，传递着现代的文化信息，蕴含着现代的情感与哲思"。① 王晓鹰的"中国意象现代表达"是从传统中汲取养料并结合现代化的艺术语言，从而达到一种新型艺术的状态，是有启发意义的。

梁秋祺集中地分析了当代艺术与意象的关系。梁秋祺细致讨论了抽象艺术在西方当代艺术中的科学、理性、工业化实质，其并不止于表现方法。正是基于此种理解，抽象艺术应被视作现代工业化社会的艺术表征，而并非古已有之。而中国艺术家使用中国所谓的抽象其实只是意象。比如中国的线条，并不抽象，而更多体现了意象性。中国抽象精神的不发达，乃是现代工业化发展程度不高，科学、理性、数学等不够普及之故。西方艺术家往往身兼科学家，而中国艺术家却可能只是简单借用技术。西方抽象艺术是一种艺术逻辑，而非只是表现手法。中国当代艺术家应有此自觉。② 梁秋祺认为，今天随着抽象艺术由盛而衰，抽象主义已经在抽象中耗尽其可能性，意象表达则越来越彰显其独特意义。③ 意象成为"后抽象"时代中西艺术的必然选择。梁秋祺对抽象、意象的分析是比较到位的，他并没有将写实、抽象、意象并置，而是鲜明提出当代艺术的主流形态就是意象艺术，这无疑给彰显意象美学提供了充足理由。不过，如果说西方也具有意象传统，这一点似乎较难落实。使用同一个术语来表示两大文明体系中的艺术精神，也显得大而无当。西方艺术具有很强的写实传统、科学传统、主体性、理性、思辨（观念）传统，这些造就了西方艺术，而其意象经营远不如中国，其背后的精神、观念也与中国大相径庭。至于西方经历抽象主义之后，是否能进入意象艺术的状态，仍尚未可知。

随着意象美学在当代艺术中不断彰显，毛宣国认为，意象美学并没有过时，且对于推动中国当代艺术创新仍然不可或缺，关键要进行传统精神与现代表达的融合。④ 顾春芳则系统诠释意象美学在中国戏剧、电影中的体现。她认为，黄佐临的"写意戏剧观"、焦菊隐的"心象说"都与中国传统美学"意象"理论密切相关，都强调舞台艺术审美创造过程中对审美意象直觉把握的重要性。

---

① 王晓鹰：《话剧的"中国意象现代表达"》，《人民日报》2017 年 07 月 11 日 23 版。
② 梁秋祺：《重提意象：中国当代艺术思考》，《闽江学院学报》2010 年第 4 期。
③ 梁秋祺：《当代艺术：抽象的没落和意象的拓展》，《怀化学院学报》2012 年第 6 期。
④ 毛宣国：《意象理论与当代美学艺术实践》，《光明日报》2017 年 11 月 20 日 15 版。

在电影上,费穆的"空气说"、蔡楚生的"意境说"、郑君里的"诗意说"、吴贻弓的"淡墨素雅的写意观"、侯孝贤的"天意说"等电影美学观念,也都显示了与中国美学意象理论的密切联系。[①] 这一思路也能对中国当代艺术实践有所启示。

与意象美学接近的还有新写意,主要倡导者有刘骁纯、吴为山等人。批评家刘骁纯认为,新写意水墨画重视"大意"、"笔意""意象"、"意气",既重视作品,又重视作家个性。[②] 他提出的新写意也获得了学界回响。[③] 雕塑家吴为山是写意美术(雕塑)的倡导者,曾提出"写意雕塑"的概念。十年后,吴为山进一步将"写意雕塑"提升为"写意美术",强调"写意,是中国美术的灵魂所在"[④],将写意扩大至国画、油画、版画、雕塑等领域,形成"写意国画"、"写意油画"、"写意雕塑"、"写意版画"。这种扩充固然扩大了写意的范围,但也可能带来问题。吴为山的理论探讨还比较宏观,需要进一步充实完善。

此外,近年来意象美学在艺术实践中频繁出现,营造了一个中国意象艺术氛围。比如 2008 年,北京奥运会的开幕式上的文艺表演,美轮美奂,充满东方意象,这样的活动在大型仪式性演出中比较多。对于这一现象需要辩证来看,客观上它迎合了中国艺术本土化的价值诉求,但有可能将意象符号化、形式化、功利化、观赏化、时尚化,而不能真正体现意象的精神传统。另外,意象作为美学的一般规律与作为表现形态的区分问题,也要有所注意。比如油画创作划分为写实、意象、抽象三大风格,虽然可以凸显意象的独特价值,但也会给人以写实、抽象没有意象的印象,无形中弱化了意象的普遍性内涵。

二、意派论:反思西方范式的理论尝试

意派论是高名潞的发明。何谓意派论呢?这里有两个前提,一是西方再现论反思,二是传统的现代化。意派是在反思西方再现论的前提下提出的。西方再现论并不局限于模仿论,还包括观念论、抽象论。西方现当代艺术无论如何变化,其根本的特征是再现,无论是再现观念(抽象主义),还是再现现实(现实主义),始终处于一种二元对立的结构之中。意派理论则是主体(艺术

① 顾春芳:《意象生成戏剧和电影的意象世界》,中国文联出版社 2017 年版。
② 刘骁纯:《关于"新写意"》,《美术观察》2003 年第 9 期。
③ 引文见京云、安扬:《如何提高当代写意水墨画的质量?——"2004 新写意水墨画邀请展"展前座谈会》,《美术》2004 年第 7 期。
④ 吴为山:《"中国写意——中国美术馆邀请展"前言》,《中国美术》2015 年第 2 期。

家主体的理)、客体(万物)、环境(情境)的合一,体现一种整一性关系。①

意派的灵感是高名潞从中国古代画论以及《周易》哲学中获得的。张彦远《历代名画记》提到图像的三个方面即图理、图识、图形。高名潞将理、识、形对应于西方现代艺术的抽象、观念、写实。问题在于,"在西方现代艺术的发展中,抽象、观念和写实,这三个范畴是相互极为排斥的。而在中国,这三个范畴则是互相亲和重叠的,它们互相渗透和重叠的那一部分,恰恰就是'意'"。这个重叠的意就是意派的核心。高名潞的分析虽然有启发意义,但仍然坚持了中西二元论模式,即一分一合。"理、识、形和抽象、观念、写实各自都是艺术的表现形态或者方式手法,在理、识、形的背后是契合的整一论。整一即'和而不同'。而西方在抽象、观念和写实的背后是分离的再现论,因为只有分离和绝对各自的再现性才具有独立性和纯粹性。"西方的再现是时间结构,后者不断取代前者,整合不足。意派是现代艺术理论,是整合了传统与现代资源之后的当代艺术理论创造,不同于此前的意境理论。高名潞认为,意境理论已经受到西方再现论的影响,而且很少能用于解说当代艺术,而"意派论"则没有这个限制。对此,笔者认为意派论的雄心在遭遇纷繁复杂的当代艺术现实时,同样是捉襟见肘的。

"意派"是高名潞对中国当代艺术的创作总结,是当代艺术的理论。高名潞指出中国当代艺术中有不少体现了意派观念,广泛触及 1980 年代与 1990 年代以来的中国当代艺术。比如 1980 年代,黄永砯、吴山专、张培力、舒群、王广义、丁方、毛旭辉、叶永青、徐冰、王鲁炎、杨志麟、严善淳、梁铨、蔡国强、肖鲁,都有"意派"的意味。再如 1990 年代,李华生、张羽、张浩、张洹、王晋、宋冬、朱金石、隋建国、展望、苏笑柏、朱金石、蔡锦、何翔宇、尚扬、朝戈、苏新平、吴鞋、冰逸、雷虹,也都与"理、识、形"有复杂关系。以上如此之多的艺术家的实践都被归于意派,可谓涵盖面极大,问题在于高名潞为何认为这些艺术体现了意派观念? 意派主要处理的是艺术与世界的关系问题。西方再现论根本上就是取代论,比如柏拉图的理念、浪漫主义的主体性、后现代的文本、符号等,都将理念、主体、文本、符号视为世界的意义来源,而世界的整体关系则遗落了。说西方艺术是形而上学的艺术一点也不过分。相反,中国的艺术不是形而上学的,而是在世界之中的,是"天人合一"的。"意派"承认"世界关系处于

---

① 高名潞:《意派论———一个颠覆再现的理论》,广西师范大学出版社 2009 年版。

契合之中",然而,高名潞并不看重这一契合,因为契合更多属于传统艺术。与此相反,他看重的恰恰是一种"分"——"在契合的关系中寻找到非理、非识、非形的错位情状,从而寻找到'不是之是'(人、物、场)的世界关系,以及这个关系的确切的边界"。也正是基于这一"错位",高名潞对当代艺术的诸多解释才显得合理。但是问题是,"在契合的关系中寻找到非理、非识、非形的错位情状"又是一种什么状态呢? 从实质而言,"错位"不仍然是后现代状态吗? 问题并不如此简单,高名潞这种错位不是对价值的消解,而是"注入了某种人性理想的东西"。也就是说,中国当代艺术虽然采取了西方当代艺术的某些形式,但却具有了某种新意。这就是高名潞"整一现代性"的内涵。"整一现代性"强调艺术的理性批判而非文化腐蚀。在此意义上,高名潞对 1990 年代的玩世现实主义等并不赞成,并加以激烈的批评,他只是有限地肯定了王广义 1980 年代的作品。意派论与"整一现代性"是高名潞现代性的两个维度,意派论是审美、艺术,而整一现代性是政治、社会,这种兼有社会与文化的两大维度的理论构想,在当代艺术界是少见的。

意派论还回击了图像转向理论和全球化空间理论。图像转向是将图像视为现实本身,图像之外毫无意义。图像转向仍然是再现论的翻版,并无法体现人与世界的真实关系。全球化空间理论则将全球文化差异推至个体,致使整个世界破碎化,这种让渡民族价值、文化价值、区域价值的做法是极端相对主义的做法。在全球人类危机与社会不公面前,"保护区域文化的文脉和差异性永远都应该是人类的永恒价值"[1]。就此而言,意派论是强调意义与东方价值的理论。

高名潞意派理论的提出可以有效缓解中国当代艺术理论解读的尴尬局面,焕发中国当代艺术本土化的理论潜力。由于意派论自觉反思西方现代艺术,同时将中国传统艺术理论加以激活,以贴近中国当代艺术实际,不失为一种本土化的理论话语。当然,这样一种理论也需要历史的检验。比如王南溟就对意派进行了全面而细致的批判分析。王南溟批评的核心要点就是,高名潞的"整一现代性"过分夸大了西方社会现代与文化现代性的分裂,而一味强调中国的"整一现代性",从而犯了简单化的毛病,既不利于对西方现代性的理

---

① 高名潞:《"意派论"的侧面》,《文艺研究》2009 年第 10 期。

解,又不利于中国自身现代性的建设。① 高名潞意派论是一个宏大的理论,既包括艺术理论,也包括社会理论,其巨大的体量自然回避不了理论的自洽性与批评的有效性问题,而其自成体系也必然意味着它的内在的矛盾性。② 王南溟的立场在于坚持现代性的分化与艺术的自主性以及当代艺术对体制的批判,他提出"当代艺术应是一种舆论",就是对体制发挥监督的作用。这自然不是什么整一现代性。

高名潞与王南溟都是当代艺术批评界少有的专注于理论建设的批评家,其各自提出了系统的理论学说,即"意派论"与"批评性艺术",但是二者却因此爆发了持久的理论冲突,这值得我们认真反思。③ 除了王南溟之外,还有一些批评家也提出质疑,比如王端廷就认为高名潞将"意"对应于抽象是不合适的,他认为"理"才合适,而"意"只不过是传统写意的现代变形而已。因此,王端廷并不认可用"意派"来解读中国当代艺术。④

三、兴味蕴藉:本土美质的当代批评实践

2011 年,王一川就用兴味蕴藉解读中国当代艺术(电影)⑤,后来又解读通俗作品,以使其提升文化品位⑥,后来将兴味蕴藉上升为中国艺术的"本土美质"层次。所谓本土美质,就是中国艺术品自身所具有的本土美学"原质"或"基质"。⑦ 中国艺术的本土美质是多样的,并不是绝对的,王一川认为兴味蕴藉是其中之一。兴味蕴藉是一个组合概念,不是单一的,诸如感兴、兴发、兴趣、兴象等,都参与了兴味蕴藉。兴味蕴藉的独特性就是含蓄隽永,富有精神性、情感性和思想性,因此具有很强的现实针对性。在浮躁化、娱乐化、物质化的当下,彰显本土美质,是有积极意义的。当然,当代文艺并非只是上述一种情况,而将传统理论加以激活也需要处理很多复杂的问题。

兴味蕴藉是与西方艺术理论隐喻对比之后加以强化凸显的,王一川认为,

① 王南溟:《点评〈意派论〉》,雅昌艺术网,https://news.artron.net/20130516/n451206.html.
② 何桂彦:《"意派论":突破与缺陷》,《文艺研究》2009 年第 10 期。
③ 廖上飞:《意派与批评性艺术:两种理论的比较研究与批评》,上海书店出版社 2012 年版。
④ 王端廷:《王端廷自选集》,北岳文艺出版社 2015 年版,第 64 页。
⑤ 王一川、冯雪峰:《从中国美学兴味蕴藉传统看通俗艺术品位提升——以赵本山作品为个案》,《北京师范大学学报(社会科学版)》2011 年第 1 期。
⑥ 王一川:《兴味蕴藉:主流电影的雅化之道》,《团结报》2011 年 11 月 26 日第 5 版。
⑦ 王一川:《兴味蕴藉:中国艺术品的本土美质及其世界性意义》,《河南社会科学》2016 年第 2 期。

兴味蕴藉的本质是兴感,这种兴感不涉及两种事物之间的确定性关系,而是"不确定性"的关系,或者说"暧昧性"。造成这种效果的原因是中国艺术表现手法更加强调类比性的思维,而非暗示性的思维。中国的兴味蕴藉突出的是感兴作用,心物一体,这体现了独特的中国审美思维,称其为"本土美质",并无不可。王一川通过比较中西艺术理论的差异,将兴味蕴藉视为中国艺术的本土美质。同时,兴味蕴藉也具有世界性、当代性意义,构成世界多元文化的一支,当然,也彰显了中国当代艺术理论的创造性。

兴味蕴藉具有鲜明的现实指向,致力于推出优秀的中国艺术品,而这些作品无疑应体现兴味蕴藉。从读者而言,能够超越感官,而深入精神层次,在艺术表现上,尽量不要太过直白、直露或者追求感官刺激,而是有些含蓄悠长和情感性、思想性的内容。这种富有兴味蕴藉的作品不是快餐式的,而是能够使读者不断欣赏,有"余兴",这种余兴还能扩展至生活的方方面面,能够看到视觉奇观等背后的韵味、兴味、余味。这一观点对于扭转当代艺术过度娱乐化、商业化倾向,以及制作粗制滥造,只重视视觉效果,是有积极意义的。当然,是否在奇观、娱乐化背后有兴味,不仅是读者决定的,更在于创作者的赋予,而且后者尤为重要,否则读者会迷失于肤浅的表面。

王一川总结了兴味蕴藉的三大特征,即"身心勃兴"、"含蓄有味"、"余兴深长"。"身心勃兴"是指艺术品带给欣赏者的身心愉悦;"含蓄有味"是指作品的含蓄隽永,不是直白的;"余兴深长"是指作品能够给人带来长久的审美享受,余音绕梁,反复咀嚼。[①] 这三大特征从总体上说侧重于接受或者审美体验,在创作上缺乏更为具体的引导启示作用,尤其缺乏对形式的关注。

王一川坚信兴味蕴藉对于不同艺术形式以及古今艺术都有解释的有效性,由此证明兴味蕴藉的普遍性。为此他着意解读了若干当代艺术作品,一幅是罗中立的《父亲》,每个中国人心中都有一个父亲形象,《父亲》正好唤起了这种形象。罗中立的《父亲》是标准的写实主义,加之为人熟悉的父亲主题,解读起来相对容易。另一件是徐冰的装置作品《析世鉴》,也即《天书》。对于这件作品的解读,艺术界众说纷纭。王一川认为,这件作品使人可以读出不同的味道,比如"诗"味、"文化"味等。这种意义的不确定,也奠定了其独特的本土乃至国际艺术史经典地位。那么,如何形成这一特点呢? 王一川认为徐冰在制

---

① 王一川:《兴味蕴藉:中国艺术品的本土美质及其世界性意义》,《河南社会科学》2016 年第 2 期。

作的时候,无论是在规模上,还是在心力投入上,都给人以一种震撼感,而关键的地方在于,这些符号无法解读,这种状态就是前面提到的"味"。这种解读自然更多地属于王一川个人经验。其实,《析世鉴》本身并无多少意味,也不能令人产生所谓的韵味,受到认可主要是其艺术史地位,即基于新形式的文化批判,而非作品本身的韵味。这件作品更多的是思辨性或观念性,而非艺术带给我们的韵味。此外,王一川还解读了电影《集结号》《立春》所具有的兴味蕴藉,进一步拓展兴味蕴藉在电影解读上的批评实践。[①]

王一川的兴味蕴藉是中国当代艺术批评本土化的实践成果之一,但是,由于其本人的美学家身份,其分析侧重于审美体验特别是审美接受,而对于艺术形式的关注并不充分,或者由接受推导。同时,将基于传统艺术经验的兴味蕴藉应用至基于现代社会的当代艺术特别是一些前卫艺术之中,仍显得较为粗糙,还需进行更为细致的论证。

四、超当代:激活本土经验的创造力

艺术批评家张晓凌一直关注中国当代艺术精神问题。2006 年,他说:"中国当代艺术在其形成过程中,一直在各种话语、利益和欲望中被分割成面目不清的碎片,缺乏植根于传统文脉和人民生存经验之上的信仰和习惯。帕斯将其称为'人民之魂',也就是存在于当代艺术中的'人民的根底——精神的、思维的、情感的'。我们通常将其称为'当代艺术精神'。这种精神,目前还处于朦胧而幼稚的状态。""当代艺术精神"构成了中国当代艺术的基本内核。基于这种认识,张晓凌认为:"中国当代艺术的一个大课题就是如何以自己的文化资源去调整、丰富、涵化西方的现代性,并以此造就一个不同于西方主流现代性的'第二种现代性',到了那个时候,中国当代艺术才真正有了出头之日。"[②]"第二种现代性"是针对西方的绝对的"现代性"而言的。

到了 2017 年,张晓凌完善了自己的理论,提出"超当代"概念。超当代概念是针对中国当代艺术丧失本土化价值的状况而提出的。张晓凌认为,1990

---

① 以上引文及观点见王一川:《兴味蕴藉:中国艺术品的本土美质及其世界性意义》,《河南社会科学》2016 年第 2 期。

② 肖红:《以历史学的清醒看中国当代艺术——访艺术史家、批评家张晓凌》,《艺术评论》2006 年第 11 期。

年代至今,中国当代艺术出现了"泛政治化"、"土特产化"、"拟西方化"等倾向,其中"泛政治化"和"土特产化"也被认为是"打中国牌","土特产化"尤为明显。张晓凌整体上对中国当代艺术二十年的发展持一种批判反思的态度,这构成了"超当代"的基本前提。张晓凌认为,中国当代艺术正迎来"再中国化"与"再东方化",也就是"超当代"。显然,"超当代"就是中国当代艺术本土化的一种美学诉求。提出超当代并非是话语上的一个策略,而是基于张晓凌对西方当代艺术的文化霸权与资本逻辑的反思。西方当代艺术一直以东方主义的态度来审视东方艺术,使得东方艺术被异国情调化、意识形态化,与此同时西方当代艺术又深深受制于资本、商业、市场的钳制,根本谈不上所谓的独立自主。因此,中国超当代艺术谋生之道就是"借助市场力量而不屈从于市场意识形态"。不过,这种做法却颇有几分理想主义的气质,市场的庞大几乎是艺术家难以反抗的。

张晓凌提出"超当代"乃是为中国当代艺术本土化提供理论支撑,强调中国当代艺术及其理论批评"从本土经验而不是从西方文本出发",由此构成"中国当代艺术批评理论完成自我超越的必由之路"。[①] 这种超当代的基本要领是破除艺术的绝对论与进步论,提倡多元论、共时论,中国当代艺术混合了很多种艺术类型,并不都指向当代艺术。[②] 其策划的"超当代——凤凰艺术双年展"在展览上也体现了这种交错、并置性。尽管这一刚刚出现的理论还显得空疏、抽象,但毕竟表明了中国当代艺术本土化的一种理论诉求,其后的理论拓展与艺术实践也将检验其是否具有真理性。超当代的提出获得学界的积极回应,比如靳尚宜认为"提出'超当代'的概念,是欲将西方的前卫艺术与中国的传统艺术相融合",孙津则认为"'超当代'的本质是回到民族"。[③] 这使得对超当代的解读转向了文化性、传统性方面。

除了对"超当代"的肯定之外,批判之声也存在。2018 年第一期的《中国艺术》发表了一组文章,对"超当代"进行了一次系统的批判:王家春认为"超当代"是个伪概念,而强调"体现时代精神风貌的新时代艺术";陈传席认为"超当代"本质上仍然是西方中心论的,他强调中国当代艺术应该有自己的"魂",

---

① 张晓凌:《超当代:中国当代艺术的新方位》,《美术》2017 年第 12 期。

② 肖红:《以历史学的清醒看中国当代艺术——访艺术史家、批评家张晓凌》,《艺术评论》2006 年第 11 期。

③ 《超当代:中国当代艺术的新思维——"超当代"观念众家谈》,《中国美术报》2017 年 11 月 7 日。

即"中国的文化传统,中国的精神";林木认为,"超当代"仍然深陷"当代艺术"泥潭,有进化论的嫌疑,还隐含着文化的不自信,他强调中国当代艺术应"体现今天生机勃勃的中国的现实,体现今天中国人丰富的情感";黄河清更是明确说"超当代"的骨子里就是文化自卑,他强调中国当代艺术要回归"雅文化"精神;张书云虽然没有明确批评"超当代",但强调中国当代艺术应"加强对中国传统文化的研究与学习"。① 显然,这一波批判的学者所持的立场大体是民族性的,对"超当代"的批判延续了对"当代艺术"的批判,只是靶子换成了"超当代"。

2018 年 1 月 7 日至 2 月 26 日,由张晓凌策划的"自塑:笔道与心迹"2018中国当代油画学术邀请展在湖南凤凰举办,国内 18 位艺术家的 146 件作品参展,涵盖写实、表现(写意)、抽象等形态。写实作品如张晓凌的《圣地》、郑艺的《走近永恒》、常磊的《聚会》、朱春林的《报喜天使》,抽象作品如张杰的《茫之境二》、张方白的《鹰》、刘刚的《热烈的光》,表现(写意)作品如顾黎明的《武门神》、赵培智的《乐手》、张连生的《威尼斯水乡》、吴为的《远山》、金捷的《秋潭依雨》,这些作品并不局限于写实、表现、抽象,共同体现了对人物精神性的捕捉,对个体情感的抒发,对形式本身意蕴的呈现,较好地突出了中国当代油画的自主性品质。此次展览主题为"自塑",所谓"自塑"就是不再依照西方,而是自立门户。张晓凌认为这种"自塑"主要表现为近二十年中国油画的努力,具体而言,中国当代油画在文化立场、文化资源、语法、方式、哲学性、公共性方面,都有很大提升。② 这种"自塑"更多的是一种文化上的态度,尽管有实绩,也不能否认其艺术性的问题。写实、抽象、材料基本构成了中国当代油画的三大形态,并非一味将抽象作为自己的唯一形态。在理论谱系上"自塑"仍属于张晓凌的"超当代"范畴。

此外,尚辉从另外一个角度诠释了"超当代",他对张晓凌"超当代"的一个回应是,为造型艺术辩护,即"这种由人的生理机能所创造的造型艺术体系,是审美地解放人性与人性的审美解放的必然表征,从人的劳动而开始的生产的对象化,也就孕育了审美的对象化;由此而形成并高度发展的造型艺术规

---

① 以上引文见《"超当代"是个伪概念》,《中国艺术》2018 年第 1 期。
② 张晓凌:《展览序言自塑:笔道与心迹》,网易订阅,http://dy.163.com/v2/article/detail/D6H7S5L70514FHED.html。

律——这个有关人的审美对象化的高级形态,正是造型艺术的本质"①。关于这一点,尚辉有进一步的分析。他认为,西方"当代艺术"是西方再现性艺术发展的必然产物,而技术是一个必不可少的维度,最终导致了当今新媒体新科技的当代艺术。西方当代艺术走向观念化是西方现代理性主义发展的必然产物,科技化与观念化都具有很强的西方色彩。中国艺术传统却不是技术化、观念化的,而是强调人文化、自然化、心性化,天然地反对技术、技巧、精确,而是强调精神、心灵、气质。正是在后者的意义上,超当代,或者超越当代艺术(科技性、观念性),才变得可能,这也是中国当代艺术回归传统的一次契机。尚辉还反思了当代艺术哲学的进化论倾向,认为一味向前,向前就是真理的进化论加持了当代艺术,使其很难被撼动。② 也就是说,不反思进化论,当代艺术将永远是最伟大的。其实,从人文角度而言,过去的并非就是过去了,它是人类的文化遗产,古代的艺术形式(旧形式)也可以表达当下的心灵体验。而当代艺术却并非就是横空出世,比如它的社会性主题就有着批判现实主义的影子,只是形式更加当代化而已。③ 尚辉的"超当代"表现了对中西艺术精神传统的反思,并结合了美学、人类学思想,这对于破除"当代艺术"的技术崇拜,是具有启发意义的。

五、新东方:艺术实践的精神性追求

新东方美学是新世纪初涌现的一种美学诉求,在表现形式上,有两条线路,一是"新东方精神",二是"新东方(主义)美学"。

"新东方精神"最早是台湾老牌画廊——亚洲艺术中心(1982 年成立)提出的概念。亚洲艺术中心在台湾主要经营台湾印象派画作以及华人抽象艺术作品,21 世纪初,注意力转向中国当代艺术。亚洲艺术中心目前主要由第二代经营者李宜霖经营。提出"新东方精神"得力于李宜霖的父亲在台湾的艺术经营实践。2008 年,亚洲艺术中心"沉积——新东方精神"(Accumulations-The Spirit of the East)举办,展览主题鲜明地提出了"新东方精神"。此次展

---

① 尚辉:《凸显中国当代艺术结构价值》,《中国文艺评论》2018 年第 1 期。
② 尚辉:《超当代:艺术的变革与守恒》,《艺术工作》2019 年第 1 期。
③ 尚辉:《当代艺术的性质》,《中国美术》2013 年第 4 期。

览由前德国慕尼黑维拉斯托克美术馆馆长丹兹克尔(Jo-Anne Birnie Danzker)和前美国纽约现代美术馆、纽约古根汉姆美术馆亚洲部顾问杨心一博士共同策划。这是一次海外策展人提出的一个中国化的命题,但超出了中国,涵盖了海峡两岸及海外的华人。此次参展的艺术家有:郎静山、朱德群、赵无极、杨英风、庄喆、朱铭、邱世华、王怀庆、李山、潘公凯、郭振昌、吕胜中、徐冰、蔡国强、叶永青、陈界仁、黄钢、展望、李真、侯俊明(按出生年代排列)等 20 位艺术家。被称为是 20 世纪四代艺术家中国文化情结的集中体现。①

"沉积"展览的独特之处在于没有瞩目于当代性,而是彰显传统性,展现了各种中国文化中的传统因素,比如文人画(山水及花鸟画)、庭园、家具、四大发明、功夫、佛、道、禅、民俗工艺等。这使得作品明显具有了传统性,从而体现了与西方的差异。这种看似后殖民的视角实际上表达了对文化传统自身的回归与打捞。不过,这种对"新东方精神"的强调却不是自上而下的,而是自下而上的,是批评家、策展人对当代艺术的梳理、整理。中国当代艺术家也更为自发地进行再传统化实践。

2010 年,亚洲艺术中心推出"新东方精神系列"的第二回展:"新东方精神 II——承启"(Spirit of the East II - Bridging),邀请庄喆、李锡奇、尚扬、王怀庆、杨识宏、苏笑柏、毛栗子、叶永青、夏小万、谭平、李真、张方白、李磊(按出生年代排列)参展。作品类型涉及复合媒介、绘画、雕塑、装置等。"新东方精神"宣称自己"承接深邃悠长的东方文化的精、气、神之风采,并在结合东西方哲学及美学的精髓下进而发展出一个独特的风格及面貌"②。

"新东方精神"的提出属于民间,特别是来自于台湾当代艺术界,这对中国当代艺术本土化而言是非常独特的,但问题在于,有关"新东方精神"的批评与理论阐释不够③,含纳作品过多,也冲淡了"新东方精神"的特质。虽开局良好,但后续活动的不充分,也限制了其进步的深入。经营者李宜霖说:"艺术家各自想法不同,创作状态不同,使得整合变得困难。"④这实际上也道出了这种

---

① 杨心一:《沉积——新东方精神中国俄狄浦斯》,艺术档案网,http://www.artda.cn/www/13/2008-07/625.html,2008 年 7 月 28 日。

② 《"新东方精神 II——承启"于亚洲艺术中心盛大开幕》,艺术中国网站,http://art.china.cn/huihua/2010-10/25/content_3790353.html,2010 年 10 月 25 日。

③ 其实不惟"新东方精神",就连"东方精神"也缺乏比较系统的梳理。相比"东方精神","中国艺术精神"可能更适宜阐释。考虑到亚洲艺术中心的台湾因素,东方是个更具有涵括力的概念。

④ 刘震风:《李宜霖:一家台湾画廊的自我生长》,《艺术客》2016 年 4—5 月号(第 17 期)。

过于庞大而没有实质内涵的本土化诉求的困境。但是，对于李宜霖的"新东方精神"的路线我们还是乐观其成。近年来，亚洲艺术中心比较集中于个体艺术家，比如李真的作品《青烟》系列①，相对而言，这样的展出虽范围不大，但具有较强的美学诠释空间，集中于写意、抽象，而不至于被稀释掉。李真的《青烟》将东方哲学特别是禅宗佛学中的形而上、自由、生命、无形、精神等概念加以当代化的诠释，批评家夏可君将其概括为"神游幻化，灵媒共感，意态万千，日常又神秘，天真又神奇"②。

"新东方精神"的另一阐释者是彭锋，他对比了西方和中国艺术传统，认为"基于古希腊传统的西方艺术以再现为核心，可以简称为再现艺术；基于中国传统的东方艺术以意象为核心，可以简称为意象艺术"，进而将"意象"提升至"新东方精神"以反对西方人以东方主义的视角看待中国。③ 在此意义上，彭锋意义上的"新东方精神"与前面的意象美学有着十分密切的关系。

"新东方美学"在当代电影领域比较突出，代表为叶锦添，他明确将自己的艺术实践称之为"新东方主义"。叶锦添有明确的文化自觉，他认为长期以来的东方形象都是"东方主义"的，是"二手"的，是被西方人所想象、构造的，这导致了原来的东方（老东方、旧东方、原东方）与当代的深层断裂，而"新东方主义"就是超越"东方主义"与老东方本身，既强调了东方的传统性（精神基因），又坚持了东方的当代性，这是一种创造性的艺术美学实践。叶锦添将中国文化传统视为"精神DNA"，他有着深厚的古典文化艺术（戏曲、小说等）感悟以及当代艺术的训练，这使得他的"新东方主义"是鲜活的、可感的。"新东方主义"的前奏是"新古典主义"，但比起"新古典主义"对再现的重视，"新东方主义"更加强调主体性，是"纯正东方的自我诠释"。"新东方主义"艺术实践是走回传统的，但又在创新一种新的语言体系，在内容上传达的不是西方精神，而是中国文化精神。④ 叶锦添对中国传统美学中的阴阳、虚实等观念有自己的深刻体会，对形、神、格、意、和以及节奏、线条、留白、直观、无间等，亦加以强调，并应用到当代艺术创作中，体现独具特色的美学效果。显然，叶锦添的"新东方主义"与偏重自然、生命的道家禅宗美学有着更为有机的生命联系，而与

---

① 2019年12月14日，亚洲艺术中心北京空间展出"青烟——李真新作展"。

② 夏可君：《李真艺术的新阶段：青烟的意态幻化》，雅昌艺术网，https://m-news.artron.net/29191206/n1067760.html，2019年12月6日。

③ 彭锋：《新东方精神与中国当代艺术》，《中国书画》2015年第9期。

④ 叶锦添：《神思陌路：叶锦添的创意美学》，中国旅游出版社2010年版，第252页。

注重文以载道、中庸的儒家美学关系较远。"新东方主义"在一定程度上就是传统的形而上、自然无为、大化流行、天人合一诗学的当代表达。

叶锦添的"新东方主义"的突出特点是将摄影、录像、雕塑、装置等多种当代艺术形式与传统的古典东方美结合在一起，具有跨艺术性、当代性、开放性特征，而且避免了纯抽象的理论演绎，强调文化与审美的体验性。"新东方主义"美学在服装设计上表现得尤为突出，像《卧虎藏龙》《大明宫词》《橘子红了》《无极》《夜宴》《赤壁》《那年花开月正圆》等都有所体现。叶锦添是少有的将自己的美学实践加以文字化的艺术家，先后有数本著作总结自己的"新东方主义"美学①，尽管理论性并不突出，但从一定程度上折射了他的"新东方主义"美学实践。叶锦添的"新东方主义"美学实践是非常艺术化的，也获得了国际性的认可，比如他曾凭借在《卧虎藏龙》中的突出表现，获得 2001 年度的奥斯卡"最佳艺术指导奖"。

后来有学者将融合中西、传统与现代的艺术实践及其风格整体上概括为"新东方美学"。罗易扉认为"新东方美学"风格起源于 20 世纪初，其发展分为两代，一代以常玉、林风眠、徐悲鸿、潘玉良、赵无极、朱德群等为代表。1980 年代以后，涌现了第二代，以谭盾、杨丽萍、朱乐耕、叶锦添、吕胜中、邬建安、刘明亮等为代表。"新东方美学"的共同特征是传统与现代的融合。② 罗易扉的概括并无太多新意，其实"新东方美学"主要就是传统内容＋现代形式，或者一种更当代化的"中体西用"，比较有意思的是其对文化身份、文化自觉的重视，超出了以艺术论艺术的范围，契合了当下时代文化语境，显示出其特定的文化立场与价值诉求。

结语：走向美学自觉的中国当代艺术

意象美学、意派论、兴味蕴藉、超当代、新东方等都是中国当代艺术本土化的美学探索，与中国当代艺术有较为密切的联系，然而除了上述五种外，还有其他一些概念与中国当代艺术本土化的探索相关。

比如"本土"。"本土"一词存在歧义，因为既有偏传统的本土，也有反传统

---

① 叶锦添：《神行陌路：叶锦添的新东方主义》，北京美术摄影出版社 2013 年版；《神思陌路：叶锦添的创意美学》，中国旅游出版社 2010 年版；《叶锦添的创意美学：流形》，新星出版社 2016 年版。

② 罗易扉：《中国当代艺术的"新东方美学"》，《中国社会科学报》2019 年 10 月 10 日第 7 版。

的本土。在 2016 年的"本土，激流和嬗变下的中国艺术"展（法国路易·威登基金会举办）上，本土没有被一般化地导向文化身份，而是被导向于"如何将本土与传统元素转译到一个全新的语境中——一个通过新科技而媒介化的全球语境"①。本土在这里清除了厚重的文化传统障碍，进入一个更灵活、多变、复杂的中国场景，也使本土具有了更激进的内容。还有在 2017 年举办的"互渗·共生——中国当代艺术的本土化实践"展览中，"本土化"也得以强化。本土化绝非重复，而是"中国本土的视觉与美学资源如何在当代艺术家的创作实践中获得有效汲取与转化，并与现时代的经验与美学互渗共生、创新发展"②。正因为是当代艺术的本土化实践，其不可避免地要将当代性与本土性融合，这使得"本土化"日趋复杂。再如"别现代"这一最近在国内美学界、文艺理论界兴起的一个创新理论。所谓"别现代"，"既是后现代之后的历时形态，又是前现代、后现代、现代共处的共时形态"③。从根本上来说，别现代的观点只是对这种错置性的一种理论概括，是一种宽泛的"中国式现代性"。近年来别现代扩展到艺术批评，开始介入对中国当代艺术的阐释④。比如有学者诠释别现代艺术"往往依靠艺术家的记忆在同一空间上打上'前现代''现代''后现代'的'印记'，从而实现时间的空间化"⑤。别现代艺术的这种混杂性利于我们审视某些中国当代艺术，但还不能真正揭示中国当代艺术的基本特征，只是提供了一种解释而已⑥。总体上，无论是本土还是别现代，针对当代艺术的美学探讨还有些单薄，有待进一步丰富。

在笔者看来，美学诉求不能止于口号，而应该体现出应有的理论深度与品质。相比较而言，意象美学比较系统，提出者或阐发者都具有较深厚的美学与文艺理论素养，成果也比较丰富。意派论、兴味蕴藉与超当代都属于某一理论家或批评家提出，其中意派论理论性最强，其次为兴味蕴藉，超当代至今尚未看到更厚重的成果。兴味蕴藉是试图结合传统美学与当代艺术，但理论言说

① 英格里德·芦柯-尕德：《本土：激流和嬗变下的中国艺术》，雅昌艺术网，https://m-news.artron.net/20160405/n827929.html，2016 年 4 月 5 日。
② 江梅：《"互渗·共生"一场中国当代艺术的本土化实践》，雅昌艺术网，https://exhibit.artron.net/exhibition-55584.html.
③ 王建疆：《别现代：主义的诉求与建构》，《探索与争鸣》2014 年第 12 期。
④ 王建疆、基顿·韦恩主编：《别现代：作品与评论》，中国社会科学出版社 2018 年版。
⑤ 胡本雄、李坤：《印记：中国当代艺术的一种别现代阐释》，《贵州社会科学》2018 年第 4 期。
⑥ 崔露什：《从"别现代"反思中国当代艺术的"审美自信"——以张晓刚〈大家庭〉系列为例》，《都市文化研究》2017 年第 2 期。

有待进一步充实。新东方属于实践层次,提出者或阐发者多是策展人、艺术家等,其理论风貌也不一样,像叶锦添的散文笔触富于形象感,但体系和深度不够。这些理论有的产生于深厚的传统(如意象美学、兴味蕴藉、新东方),不断激活其潜力,有的属于新说(意派论、兴味蕴藉、超当代、新东方),不断进行理论的凝结,它们的理论指数不一,最终能否代表中国当代艺术美学高度,还需要历史的检验。

理论是实践的先导,其有效性在于解释或者指导实践。这在上述美学探索中体现明显,意象美学较有阐释力度,既有理论,又有实践,持续性也比较强,获得共识最高,尤其针对某些特殊的当代艺术,比如写意、意象类作品,但不利于一般性地解释当代艺术,比如装置艺术、观念艺术、行为艺术等,因为这些作品反艺术、反审美、抹去艺术与生活的界限。对当代艺术解释最为详细的是意派论,但过于理论化,涵盖面又非常广泛,导致被稀释化,加之阐释者本身强调"整一现代性",也限制了其多元化可能,其对玩世现实主义、波普主义的偏见,也不利于意派的包容性。兴味蕴藉倾向于将文本与欣赏结合起来,对一些装置艺术、抽象艺术也能有所解释,但由于是新说,加之美学意味重,影响力还不明显。新东方主要侧重于艺术实践,艺术史材料丰富,尤其是叶锦添的新东方美学,在电影(美术)领域独树一帜。超当代则是批评家、策展人在推进,他们试图以更激进的方式介入当代艺术,由于论者试图超越当代艺术,而恰恰又与当代艺术关系暧昧,且也有大而全的倾向,尚未获得足够多的共识,需要进一步的充实。其他如本土,还仅仅止步于策展理念;别现代则由于其属于大理论性质,应用至艺术批评,偏重于抽象演绎,而非经验总结,有理论先行的倾向。

现代以来的艺术已经远远走在了批评之前,现代主义、后现代主义等都是先有新的艺术实践,再有理论的呼应、鼓吹、提升。然而,在中国当代艺术本土化诉求方面,主要还是理论家、批评家介入较多,艺术家参与有限,这不能不说是一个缺憾。在中国当代艺术西方化的同时,中国当代艺术理论却表现出了文化焦虑,从1990年代的文论失语,到如今重建后中国学术话语权,均是如此。但是,艺术理论如果只有理论而没有实践,显然是跛脚巨人。相比杜尚、彼洛克、博伊斯、安迪·沃霍尔等当代艺术实践给西方艺术理论带来的挑战而言,今天的中国艺术家就其原创性、高度、深度等而言,还没有达到西方艺术同行的标准。这也不难理解为何中国当代艺术美学探索更多地落在了理论家、批评家的身上。

尽管如此，在今天艺术发展此起彼伏的时代，理论的介入仍是必要的。理论探索一方面有利于中国当代艺术的美学创新，即将古代美学研究与西方美学研究应用于中国当代艺术现实，克服古典美学的资源化与西方美学的独语化。一般来说，对当代艺术的美学阐释离不开现代主义、后现代主义、后殖民主义之类，但中国理论家、批评家、艺术家却结合当代艺术实践，进行中国当代艺术美学的新思考，无论成熟与否，都是难能可贵的。另一方面，理论的介入也有利于进一步促进艺术实践走向深入，从另外一个方面丰富中国当代艺术实践，而不是沉陷在西方当代艺术美学中无疑自拔。这两个方面都不同程度地折射着中国当代艺术的美学自觉。

中国当代艺术本土化无论就美学探索而言，还是就艺术实践而言，都不是一蹴而就的，总会有这样或那样的问题，大而全也好，片面的深刻也好，以偏概全也好，都是难以避免的。本着面向未来、百家争鸣的态度，他们的局限我们不必过于苛责。其实，在某种意义上，理论的好坏并不在于是否完美无缺，或者一劳永逸地解决问题，而是能够提出问题，更新观念，营造氛围，能够给中国当代艺术带来新的启发，促进中国当代艺术的美学自觉。对于深陷后殖民、现代性、西方化困境的中国当代艺术而言，这一点尤为重要。

儒家美学精神承传与
家庭伦理电视剧创作*

何世剑　秦　璨**

摘　要：随着社会的发展以及生活水平的提高，观众对家庭伦理电视剧的审美要求也不断提高，这就要求家庭伦理电视剧不能仅停留在娱乐观众、创造经济效益的层面上，还应从思想构建、情节结构、人物塑造等方面自觉传承儒家"仁孝之爱""中和之美"等思想文化和美学精神，发挥文艺"寓教于乐""移风易俗"的社会效益。从艺术的"美善相乐"要求出发，家庭伦理电视剧不仅应真实地、批判性地揭示新时期家庭伦理关系、道德文化嬗变的客观面貌，还应该追求真善美统一，引领和建构起内含优秀儒家美学精神，又有时代新风气的新型家庭伦理文化。

关键词：儒家美学精神　家庭伦理电视剧　仁孝之爱　中和之美　美善相乐

习近平总书记在 2014 年 10 月 15 日北京文艺工作座谈会上指出，中华优秀传统文化是中华民族的精神命脉，是涵养社会主义核心价值观的重要源泉，也是我们在世界文化激荡中站稳脚跟的坚实根基。文艺作品要结合新的时代条件传承和弘扬中华优秀传统文化，传承和弘扬中华美学精神。① 2017 年 1

---

　*　本文系国家社会科学基金重大项目"中华思想文化术语的整理、传播与数据库建设"（项目编号：15ZDB003）、江西省"双千人才"计划项目《中华美学精神传承与影视剧创作研究》、江西省高校党建研究课题《反腐题材影视剧传播接受与高校学生党员队伍建设研究》（项目编号：JXJG-15-1-12）、江西省教育科学规划项目《综合性高校艺术美育研究》阶段性成果。

　**　作者简介：何世剑，南昌大学教授，博士生导师，中国艺术研究院电影电视艺术研究所 2014 级博士后，主要从事艺术美学与影视文化产业研究；秦璨，江西科技学院教师，澳门城市大学博士生，主要从事艺术美学、电视剧美学研究。

　①　中共中央宣传部：《习近平总书记在文艺工作座谈会上的重要讲话学习读本》，学习出版社 2015 年版。

月 25 日,中共中央办公厅、国务院办公厅印发了《关于实施中华优秀传统文化传承发展工程的意见》,强调要围绕核心思想理念、中华传统美德、中华人文精神等主要内容,深入挖掘中华优秀传统文化价值内涵,进一步激发中华优秀传统文化的生机与活力①。家庭伦理电视剧是一种以反映现代家庭伦理、社会道德、人伦关系问题为主要内容的通俗剧,它主要围绕夫妻、父子、母子、兄弟姐妹等家庭成员(包括姻亲)及具有领养、收养、赡养等亲人的亲情关系、生活行为进行艺术叙事,展现家庭成员的个性风采、命运变迁、伦理纠葛及精神风尚,进而反思社会、经济、文化发展转型时期传统宗法文化、礼仪伦理精神所遭遇的种种冲击和变化。新世纪以来,我国的家庭伦理电视剧呈现出数量增多,题材拓宽,紧贴百姓生活等良好发展趋势,但同时也需看到,其在思想主题建构、艺术手法创新、审美精神阐扬等方面还存在很大的改进和提升空间。传承和弘扬儒家优秀传统文化和美学精神,引领家庭伦理电视剧创作出无愧于时代和人民的优秀作品,既有利于发挥电视剧紧贴社会现实,密切联系人民,积极反映百姓生活面貌,愉悦性情、启发心智的作用,也有助于激活儒家文化精神价值,引导家庭、社会伦理关系向和谐有序的高度发展。

一、传承"仁孝之爱":家庭伦理 电视剧的思想主题建构

电视剧的思想主题是指电视剧通过剧中的人物形象、情节塑造、细节描写等层面建构的思想观念,它对受众具有思想启示和精神引领的作用。在一部电视剧中,思想主题体现着该剧的精神内核及文化灵魂。电视剧所阐发的思想往往带有创作者鲜明的意识形态性、审美趣尚性。儒家思想文化是中国主流的思想文化体系之一,同时也是中国优秀传统文化的重要组成部分,经过数千年的历史沉淀及发展传承,已经形成了"讲仁爱、重民本、守诚信、崇正义、尚和合、求大同"等许多优秀的核心价值观念。电视剧等大众传播媒介是当今时代传承和弘扬中华优秀传统文化及中华美学精神的重要力量,在新的形势下,创作无愧于时代和人民的家庭伦理电视剧以传承和弘扬"仁孝之爱",具有重

---

① 中共中央办公厅、国务院办公厅:关于实施中华优秀传统文化传承发展工程的意见,中国政府网 http://www.gov.cn/zhengce/2017-01/25/content_5163472.html,2017 年 1 月 25 日。

要的社会意义和文化价值。

　　纵观目前的家庭伦理电视剧，大部分在反映中国当代家庭伦理关系，直面现实问题与家庭矛盾时，能坚持正确的思想文化价值导向，提倡和弘扬良好的家庭关系、社会风气，建构和弘扬积极向上的价值观念。但令人忧虑的是，目前依然有不少的家庭伦理题材电视剧存在问题，主要体现在：一是对"小三""拜金""车房至上""婆媳交恶"等不良的社会风气和扭曲的价值观进行大肆渲染，大有为其"正名"之义。财产争夺、亲人反目、婆媳斗争等情节被过度描写和加工，表面上看似乎在反映社会现实问题，实则背离了中国家庭文化的真实景象和主流形态，造成了不良的社会影响；二是强调物质至上，讲求"车""房""钱"，并以之为家庭幸福的核心要素。过度渲染物质水平对一个家庭的重要影响，而忽视了传统伦理文化重视亲情、爱情、友情等情感的构建。如《蜗居》《丈母娘来了》《婆婆来了》《妯娌的三国时代》《岳母的幸福生活》等描写都市青年情感的家庭伦理剧，都在片中强调两个人组建家庭的首要标准是看对方的经济状况。"你有车吗？""你有房吗？""月薪多少？"等台词对白在这些剧中多次出现。一些电视剧紧密地围绕着房子、车子、票子来展开剧情，设置矛盾冲突，"房""车""钱"成为电视剧叙述的主线和关键。如《丈母娘来了》中的丈母娘蔓蔓妈在听到女儿要结婚的消息时的第一反应是对方有没有房，房产证上的名字有没有自己女儿名字，否则一切都免谈。这些电视剧过多地宣扬了社会"负能量"，不再以传播"真善美"为责任，值得我们警示和批判。

　　当下我们有必要立足于新的时代文化条件，正视家庭伦理题材电视剧创作中存在的问题和弊端，提升其思想性、精神性、内容性和文化性，其中最为重要的是从儒家思想文化一直提倡的"仁""孝"等美学精神和家庭伦常观念中汲取养分，通过艺术的、美学的方式落实于创作实践，激活儒家"仁孝之爱"的文化价值。具体来说，包括以下几点。

　　一是以现实生活中的仁爱典型事例为素材，在家庭伦理电视剧创作中大力弘扬"仁"的精神。儒家的核心思想观念为"仁""义""礼""智""信"，其中"仁"居首位，对其他"四义"有统摄作用，是儒家文化美学精神的核心。《孟子》有言："仁者爱人，有礼者敬人。爱人者，人恒爱之；敬人者，人恒敬之。"《礼记·经解》亦言："上下相亲谓之仁。"《中华思想文化术语》释"仁"指出："其一，指恻隐之心或良心；其二，指根源于父子兄弟关系基础上的亲亲之德；其三，指天地万物一体的状态和境界。儒家将其作为最高的道德准则，并将'仁'理解为有差等的爱,即爱人以孝父母敬兄长为先,进而关爱其他家族成员,最终扩大为对天下之人的博爱。"①"仁"首先体现在具有血缘关系的家庭成员之间的相亲相爱,再则是与周围的人和睦相处,以此延伸到对陌生人的友爱恭敬。孔子将"仁"视作人处世的最高行为原则、立身标准和道德境界。对一个家庭来说,以"仁"为本,可以使得小家庭互敬互爱;对社会大众来说,以"仁"作为道德规范和行为准则,百姓就能和睦共处,国家就能繁荣昌盛。在电视剧《好大一个家》中,丈夫数学教师尤曙光在自己的妻子变成植物人之后依然十几年如一日照顾着昏睡的妻子,不离不弃,并且视丈母娘为亲生母亲一般进行侍奉和孝顺。这种关爱家庭、照顾弱者、不离不弃的"仁"的表现在现实生活中有许多真实的事例,在《感动中国》等节目中多有颂扬。家庭伦理电视剧可以现实生活中的典型人物事迹作为创作素材,通过电视剧的艺术创作将"仁"的思想传递给更多的观众。

二是着眼于社会现实问题,在家庭伦理电视剧创作中传承和弘扬"孝"的精神。"孝"是儒家伦理思想的基石,儒家学说通过对"孝"的诠释和对"孝"伦理基本思想体系的建立,实现了"孝"这一社会道德的代代相传。孔子说:"夫孝,天之经也,地之义也,民之行也。"他认为"孝"是天经地义之事,也是每个人都应该尽的本分。《论语·里仁》载:"子曰:'父母在,不远游,游必有方。'"他认为在父母健在之时,做子女的应当侍奉在父母之侧,不要出门远游,如果要出远门,必须有一定的去处,不要让父母担心。当今社会的快速发展,外出务工成为普遍现象,打拼生活的动荡不安,工作强度的超额负载,致使外出务工人员很少有时间回家陪父母,农村出现了许多独居老人、空巢老人。在《空巢》《我们家的微幸福生活》《老人的故事》等家庭伦理电视剧中,都将叙事焦点聚集到了这一群体。以《空巢》来说,故事紧紧围绕三个出身不同阶层的孤寡老人展开,他们的家庭因子女不在身边奉养而成为"空巢"。三位人生阅历不同、性格差异较大的老人共同演绎了晚年生活的孤独、空虚和凄凉,发生了很多让人感伤悲叹的故事。他们内心对子女亲情极度地渴望,却又无力改变,只能独自啜泣,黯然神伤。《空巢》的播出,引发了社会大众对独居老人的热切关怀和深层思考。当然,儒家文化重"孝"不止于陪侍父母左右,更强调内心对父母的

---

① 《中华思想文化术语》编委会:《中华思想文化术语 1》,外语教学与研究出版社 2015 年版,第52 页。

尊敬，精神上的爱戴。《论语·为政》有云："今之孝者，是谓能养。至于犬马，皆能有养；不敬，何以别乎？"恭敬、孝养父母应该是发自内心的、心灵共通的，不是单一地改善了父母的生活条件、满足了父母的物质要求就心安理得了。家庭伦理电视剧创作要彰显"因孝而美"的主题，在提倡和坚守家庭基本伦理道德规范的同时，还应该宣传分清是非曲直的、有原则的"孝"，拒绝"盲从"和"盲孝"，如此方能真正创造家庭的幸福，引领亲情伦理的美感。《新结婚时代》《丈母娘来了》等剧中，子女对父母言听计从、百般忍让，并不能解决深层的价值差异、矛盾冲突，最终导致家庭支离破碎，惨痛教训发人深省。

二、彰显"中和之美"：家庭伦理
电视剧的矛盾冲突处理

电视剧需要有不断的悬念谜团、矛盾冲突、跌宕情节来吸引观众连续收看，不断凸显的角色矛盾与滚动式的冲突设计是左右观众接受心理、调动观众情感参与的重要艺术手法。根据黑格尔的戏剧美学理论，剧中人物不是以纯然抒情的孤独的个人身份表现自己，而是若干人在一起通过性格和目的的矛盾，彼此发生一定的关系，正是这种关系形成了他们的戏剧性存在的基础，这就使全部作品必然比较紧凑。[1] 同理，电视剧的冲突为推动式的不断滚动发生，其与紧凑的情节有着密切的关联。更为重要的是，在家庭伦理电视剧中，大部分的冲突都需要剧中人物的矛盾来得以实现，人物之间的内在矛盾、复杂关系和多元性格等构成了家庭伦理电视剧中冲突不断出现、不断增强、进入高潮、缓解矛盾的推动力。根据其形态主要可划分为外部冲突与内部冲突。外部冲突一般通过人物与人物之间的冲突或人物与环境之间的冲突表现出来。内部冲突则倾向于人物内在心理的冲突，主要表现为剧中人物的价值观、思想转变及内心的矛盾挣扎等。"和"是儒家美学思想的核心范畴之一，儒家所提倡的"中和"美学观念对中国社会的道德伦理、礼仪文化、价值观念、精神追求都有着至关重要的影响，对家庭伦理电视剧的矛盾冲突设计依然有着重要的指导意义。

当下许多家庭伦理电视剧不乏有成功的矛盾冲突设置，彰显了"中和之

---

① ［德］黑格尔著，朱光潜译：《美学（第三卷）》，商务印书馆 1981 年版，第 249 页。

美",以此来寻找观众的心理认同,激发情感共鸣。如电视剧《双面胶》讲述了一个现代女性丽鹃嫁给毕业后留上海创业的小伙子后,和思想较为传统的婆婆,从互不相让到互相理解的暖心故事。在剧中,丽鹃现代的生活方式与婆婆的传统生活观念经常发生冲突,婆媳之间的矛盾与日俱增,摩擦也不断升级,进而影响到了这个小家庭的幸福与和谐。随着剧情发展,引入了儒家"中和"美学观念来帮助婆婆和媳妇化解矛盾,让她们互相包容,控制自我性情,最终修复关系重归于好。整部剧在矛盾冲突设计上有抑有扬,张弛有度,既暴露和反思问题,又提供解决之道,"执两用中",游刃有余,让人叹为观止。

当然,我们也应看到还有不少的家庭伦理电视剧在矛盾冲突设计上还存在着有违"中和"美学原则的问题。主要表现为:一是情节设置脱离现实生活,看不到生活的复杂性,一元化表现让受众感觉不真实;二是刻意营造家庭冲突和矛盾,难以将之与社会大背景相连接,有矫揉造作之嫌疑;三是矛盾冲突局限于家庭内部之间鸡毛蒜皮的"小打小闹"和"你争我斗",将家庭生活演绎成了一个没有硝烟的战场,缺乏大的审美格局和境界,亦不能上升到哲学的层面去反思和解析问题的根本;四是创作视野狭窄,剧情节奏拖沓,仅仅依靠"婆媳争斗""家产争夺""夫妻吵架"等家长里短来吸引观众。这样的故事冲突、矛盾设计由于没有以"中和之美"为原则,最后都暴露出问题,影响了家庭伦理电视剧的美感显现,产生了不少的社会负面影响。如在《妯娌的三国时代》中,公公临终前把一间老房子留给一事无成的老三,不想却成为家庭矛盾升级的导火索。600万的拆迁费该归谁,让三个妯娌开始了无休止的吵闹和争斗,剧情中再加入"小三""出轨""离婚"等元素,使得原本已经乱作一团的大家庭又陷入你争我斗之中,几乎每一集都有家庭成员间互相争吵甚至大打出手等情节,给人以剧情虚假荒诞,落于俗套之感。当下有悖于儒家思想"中和为美"叙事法则的家庭伦理电视剧还有不少,它们在设计矛盾冲突时,夸张地表现与家庭和谐、父慈子孝、兄友弟恭等的伦常观念背道而驰的情节,让受众难以认同和接受,没有达到预期的收视效果。总之,家庭伦理电视剧创作,应秉持"中和"美学观念,营造一种"兄友弟恭"、"尊老爱幼"、"夫妻伉俪"的和谐气象,不应一味地以家庭成员的争吵、猜忌、勾心斗角作为吸引观众的噱头。

儒家论"中和",侧重于"中",导归于"和",即采取中正的态度对待事物,不偏激放纵,不矫枉过正,亦不走极端,核心旨归是走向"和谐"之美。儒家重视主体的道德修养,强调为人处世要保有一颗平和之心,内心波澜不惊,不浮躁、不虚荣、不物质、不追名逐利、不随波逐流,这样才能臻至"和谐"之境。儒家的"中和"美学观对改善紧张的、功利的人际关系,重建幸福美满家庭、友善互助社区具有重要意义,值得在电视剧创作中得到弘扬。近些年来,随着城市建设节奏加快,人们生活在钢筋水泥的都市丛林当中,居民来自四面八方,缺少血缘亲情,邻里关系日渐疏远冷淡,邻里交恶现象屡见不鲜,不少城市居民因为一些鸡毛蒜皮的小事大动干戈,互不相让。与传统四合院、筒子楼、老街坊的和谐邻里关系大不一样了,传统的睦邻友好、"千金买邻"的例子更是少之又少。这本是电视人正视社会现实问题以寻求解决之道的责任担当,但许多电视剧呈现出来的却是矛盾迭出的邻里关系,邻居间互相提防、漠视、诋毁、交恶甚至互不往来,严重悖离了"和衷共济"的儒家美学精神。中国人向来注重追求和谐亲近的睦邻关系,强调"远亲不如近邻"。子曰:"德不孤,必有邻"(《论语·里仁》),说的是道德价值绝不是独立存在的,必然有其成长的社会基础。一个人如果品德高尚,讲道德,有修养,他就不会被其他群体孤立,一定会有支持他的知己,会有志同道合的人。子曰:"里仁为美。择不处仁,焉得知?"(《论语·里仁》)孔子强调我们在选择住所时要选择和有仁德的人做邻居,"孟母三迁"之举也是为了给孟子找到品性高尚的人作为邻居,让孟子能够受其影响。所以,在家庭伦理电视剧中我们更应该倡导和谐、友爱、互助的邻里关系,多将现实生活中邻里互助的例子呈现在电视荧幕上。如电视剧《好大一个家》,齐大妈一家和邻居罗大爷一家是同住八方街的几十年的老街坊邻居,虽然平时偶尔有小吵小闹,但在面临房子拆迁的困难局面下,两家人互帮互助,共渡难关,还相约在搬迁了新房后依然要做邻居,展现了现代城市中难能可贵的和谐邻里关系。

三、弘扬"美善相乐":家庭伦理
电视剧的人物形象塑造

电视剧中的人物作为一种艺术形象,不同于现实生活中活生生的人,也就是说电视剧里面的人物形象不是现实生活中某一个人,他既具备了我们所有人共有的特点,又具备了区别于我们每一个人的特点,这样的人物形象必然是共性和个性的统一。[①] 具体到家庭伦理电视剧中,人物形象的塑造与曲折变

---

① 宋在军:《浅析如何塑造电视剧的人物形象》,《内蒙古民族大学学报》2012 年第 1 期,第 111 页。

化的情节及整部电视剧的思想构建都有着密不可分的关系，人物形象往往寄托了创作者想要表达的主观情感，人物形象的塑造不仅关乎着整部电视剧的发展脉络，更体现了电视剧自身应自觉承担的社会责任和文化使命。家庭伦理电视剧作为最贴近寻常百姓生活的电视剧类型，其在人物形象塑造中既要坚持通俗化和个性化的统一、生活化和艺术化的统一，也要坚持真实性与美学性的统一、道德感和审美感的统一。最终通过塑造美的人物形象、艺术典型来激发人民向善的心理、行为，才能达到真正的"美善相乐"。

　　纵观近几年的家庭伦理电视剧发展，有一些电视剧片面追求娱乐性、形式美，只重外在形表华丽、情节离奇跌宕、冲突激烈紧张，却不肯在人物性格、形象塑造上精雕细刻，结果不仅使情节不合理，故事太虚假，甚至还出现了新的人物类型化和角色脸谱化表现。正如金丹元先生所批评说：心地善良、"美""善"合一的平凡角色在家庭伦理电视剧中已不再是主流①。取而代之的是勾心斗角、自私自利、互不相让的"婆婆们""儿媳们""丈母娘们"和工于心计、破坏家庭的"小三们"。这种思想立场和表现方式是不符合当下社会家庭人伦的主流实际的，也是有悖于社会主义核心价值观的历史走向的。任何缺乏内在"善"的品质，徒有华美外表的电视剧及人物形象都经不起时代和人民的检验，也称不上是优秀的文艺作品。重新阐发儒家"美善相乐"的精神价值，从根本上解决电视剧中思想滑坡、文化失范、价值沦丧、形式至上的流弊，形势紧迫，任重道远。儒家学说一贯注重人的内在道德品质修养和外在美学形式风范的高度统一，孔子认为，艺术在人的主体意识、审美修养、文化素质培育中起到十分积极的作用。但是，并不是任何一种艺术都可以起到这种作用，只有符合"仁"的要求的艺术才能起到这种作用。② 孔子欣赏《韶》乐尽善尽美，批判《武》乐美未尽善。子曰："骥不称其力，称其德也。"杨伯峻译文将其诠释为："孔子说：'称千里马叫做骥，并不是赞美它的气力，而是赞美它的品质。'"③推马及人，孔子所谈论的"美"，具体到人则指良好的德行，包括心灵美、道德美、人格美、品行美等。孔子强调"里仁为美"，认为邻里之间互相帮助、和睦相处才是真正的美；所谓"君子成人之美"，指君子要成就别人的美事，不要危害别人或助纣为虐；又说："先王之道斯为美！"这是对尧舜和文武周公实行"王道仁

　　① 金丹元：《影视美学导论》，上海大学出版社 2005 年版，第 215 页。
　　② 叶朗：《中国美学史大纲》，上海人民出版社 2007 年版，第 46 页。
　　③ 杨伯峻：《论语译注》，中华书局 2006 年版，第 176 页。

政"的赞美。总之，生活在"礼崩乐坏"的春秋时期的孔子希望重构"至善"社会，阐扬"美善相乐"精神，并以之为理想境界。家庭伦理电视剧的人物形象塑造要从中汲取精神，多塑造积极正面的、有美好德行的、美善相乐的、贴近现实生活的人物形象，从而给予观众正确的价值引导。

回顾中国电视剧的发展历程，我们在不同的历史时期曾塑造了如刘慧芳、张大民、杨光、林君、傅吉祥、江木兰等深受人民群众喜爱的"美善相乐"人物典型。以1990年代风靡全国的电视剧《渴望》中的女主角——刘慧芳来说，她温良贤淑、勤劳善良、淳朴执着、知性美丽、任劳任怨，她的身上彰显了中华民族女性的优秀传统美德，其命运也牵动着当时亿万观众的心。在刘慧芳身上，我们似乎很难看到她的缺点或不足，这一形象引领我们崇仰"好人"、颂赞"好人"，以至于这部电视剧的片尾曲《好人一生平安》一时传唱大江南北，告诫着人们要做一个"好人"，好人有好报。《野鸭子》塑造了一个血肉丰满的女性"野鸭子"，她从小被父母抛弃，为了生存把自己打扮得像个野小子，在城市受尽了艰辛与磨难，却从不灰心丧志。她性格质朴、心地善良、待人真诚，总是热情无私地帮助他人，助人为乐。虽然自己的母亲身为公司老板，但她却不贪慕权贵，为了爱情毅然决定和男朋友回到农村艰苦创业，体现了新时代农村女性"敢作敢为"的优秀品志。《空镜子》中的妹妹孙燕，和姐姐孙丽相比，她既不如姐姐聪明也不如姐姐漂亮，甚至还有些傻里傻气，两姐妹形成了鲜明的对比，但妹妹有一颗善良纯洁的心，虽然心里羡慕姐姐的漂亮，却不自卑，而是脚踏实地地工作、生活，她虽然嫁给了一个普通的工人潘树林，但俩人和睦友善，一家人生活幸福甜蜜。姐姐条件虽好，却爱慕虚荣，好高骛远，经历了几段感情波折，却以失败告终，只能看着妹妹一家的幸福而百感交集。有学者指出："幸福的奥秘在于'生活关系'，在于'美善相乐'的人际建构。"[1]诚然，《贫嘴张大民的幸福生活》中的张大民、《杨光的幸福生活》中的杨光、《老大的幸福》中的傅吉祥等角色，都具有儒家思想所倡导的"美善相乐"的德行与品质，最后也都拥有了美好快乐的幸福人生。

电视剧的故事情节发展往往由剧中人物角色性格所决定，性格的冲突变化推动着剧情深化。当下许多都市题材的家庭伦理剧虽然在人物创作中摆脱了早期的"非黑即白""非好即坏"的二元对立模式，但人物创作又滑向了新的

---

① 常江、邹广文：《"美善相乐"的幸福阐释》，《高校理论战线》2013年第2期，第46页。

模式化、类型化,削弱了故事本身的感染力和发展的可能性。当下一些家庭伦理电视剧在人物塑造上往往有这些表现,婆婆就是盛气凌人、尖酸刻薄的;媳妇就是刁蛮任性、肆意妄为的;丈夫就是受气隐忍、委曲求全的。人物塑造模式化、类型化,使得电视剧缺乏真实感,难以激发受众的审美兴趣。正如李泽厚所说:"典型的个性所以能有突出的普遍意义(共性)在于它是体现必然的偶然,是表现本质的现象,是具有规律性的实在。"①电视剧的人物塑造如果千篇一律,缺乏人物的个性,那么观众对电视剧的期待也就大大降低,电视剧也就脱离了生活,缺少了生气和灵魂。人物塑造过于脸谱化,人物形象也就刻板生硬,不够鲜活生动、有血有肉。格伯纳指出,大众传播不仅是现代社会的"故事讲解员"(story-teller),而且是缓和社会各异质部分的矛盾与冲突的"熔炉"(melting-pot),在这个意义上,它还是维护现存制度的"文化武器"(cultural arms)。②电视剧作为一种大众传媒的重要形态,其对大众有着教化和培养的作用。家庭伦理剧因其最贴近现实生活,受众层面最为广泛,其对观众的影响也最大。无论是从整个社会的舆论导向来看,还是从儒家美学精神的传承来看,观众不仅希望看到更多性格丰满,形象立体,不再脸谱化的剧中人物;还希望看到电视荧幕上多几个"美善相乐"的"刘慧芳",少几个"虽美不善"的"章姗姗"。

综上所述,随着社会的发展以及生活水平的提高,观众对家庭伦理电视剧的审美要求也不断提高,这就要求家庭伦理电视剧不能仅停留在娱乐观众、创造经济效益的层面上,还应从思想构建、情节结构、人物塑造等方面自觉传承儒家"仁孝之爱""中和之美"等思想文化和美学精神,发挥文艺"寓教于乐""移风易俗"的社会效益。从艺术的"美善相乐"要求出发,家庭伦理电视剧不仅应真实地、批判性地揭示新时期家庭伦理关系、道德文化嬗变的客观面貌,还应该追求真善美统一,引领和建设起内蕴优秀儒家美学精神、又有时代新风气的新型家庭伦理文化。

---

① 李泽厚:《美学论集》,上海文艺出版社 1980 年版,第 290 页。
② 郭庆光:《传播学教程》,中国人民大学出版社 1999 年版,第 227 页。

西方美学

论朱利安的中国古代形式美研究[*]

樊宝英^{**}

摘　要：法国哲学家、汉学家弗朗索瓦·朱利安借助于"取道中国，反观欧洲"的迂回策略，对中西古代形式美学进行了观照与反思。他从中西古代美学话语入手，通过互证互识，全面地展示了中国古代形式美学的独特面目：从本体层面而言，西方形式美学强调"形式—理式"之间的模拟关系，而中国古代形式美学更强调"形—神"之间的感应关系；从文本层面而言，西方形式美学过度追求模型化的精确，而中国古代形式美学偏于追求虚灵的模糊；就思维方式而言，西方形式美学追求非此即彼的二元对立，而中国古代形式美学追求亦此亦彼的二元交互融合。

关键词：朱利安　中国美学　西方美学　形式美

当一种哲学遭遇困境之时，总是返本开新，回到自己哲学的本根中去寻找自我超越的力量和智慧。然而法国哲学家弗朗索瓦·朱利安^①在欧洲哲学面临危机之时并没有循规蹈矩，而是别开路径，借镜中国异质文化的观照，重建欧洲哲学，从而实现"自我回归"的目的。同样，朱利安对西方美学进行沉思时，包括对形式美的研究，也大致遵循了这种"取道中国，反观欧洲"的迂回策略。他从"语言游戏"入手，一方面审视西方美学的理性话语，如"美的"、"美"、"再现"、"相似"、"形式"，等等；另一方面又反思中国古代美学的感性话语，如"美"、"味"、"神"、"韵"、"妙"、"气"、"生"、"孕含"、"势"、"形"等。当两种话语

---

　　* 本文为浙江省哲学社会科学规划课题"欧美汉学中的中国古代文学形式研究"（项目编号：13NDJC186YB）、浙江省高校重大人文社科攻关计划项目"英美汉学界中国文化经典传播与影响研究"（项目编号：2013GH010）阶段性成果。

　　** 作者简介：樊宝英，浙江外国语学院教授，研究方向为中国古代文论与美学。

　　① 　弗朗索瓦·朱利安，法国哲学家、汉学家。国内有翻译为弗朗索瓦·于连，有用其汉文名为余连。下文中不统称为朱利安，而是以引用译本时的译名为准。

体系放在中西文化的语境之下进行对视之时,我们不但见出西方美学有关"形式"的别致思维方式和特点,而且也见出中国古代美学有关"形式"的独特面目,从而一改中国美学传统重道尚情而轻文辞轻形式的看法,这可以说是一种"反观的反观"。

一

就本体层面而言,西方美学强调"形式—理式"之间的模拟关系,而中国古代美学更强调"形—神"之间的感应关系。如果追溯根源的话,"形式"一直统领着整个的希腊思想,并被提升到宇宙和美的本体地位。在柏拉图那里,世界万物之外存在着一种客观精神范型,即绝对理式。一切感官的现象和形式,都是理式原型的派生。个别事物之所以美,并非在于自身的美丽色彩和形体结构,而关键在于具有统摄作用的"美的理式",一切现实事物的美都不过是对它"分有"或"模仿"的结果,由此便形成了"形式—理式"二元结构。在亚里斯多德那里,一反柏拉图"理式"的神秘性,回归到事物本身,从中寻找事物生成和变化的原因。事物之所以成其为事物,其根本的原因就是将形式赋予质料,即质料的形式化。前者是事物的"潜能",而后者是事物的"现实"。普洛丁将亚里士多德的思想融合到柏拉图的体系之中,从"存有便是形式"出发,依据形式与质料的关系,构建出"太一—心智—灵魂——物质"多重形式的宇宙秩序。奥古斯丁进一步将存有论建立在神学基础之上,将形式分为"心智形式"和"感官形式"。前者是神的形式,一种不变的形式,一种最优先的形式,属于原型形式;而后者是外在的形式,一种美的来源之形式,属于感官形式。二者之间构成了理式形式与造型形式的等级关系。

相比之下,在中国传统美学中,很难找出与西方美学"形式"概念相对应的词语。概而论之,此词大致相当于中文里的"形",如"以形写形"、"随物赋形"等。但是在中国古代美学中,"形"这一术语,既没有"质料"之意,也不具有范型之意,并不是一个永恒的固定视野,也未构成中国传统美学的主流。恰恰相反,"形"这一术语常常受到轻视,而更加凸显"以形写神"这一审美命题。无论是庄子的"形残而神全"、刘安的"神贵于形"、顾恺之的"传神写照",还是谢赫的"气韵生动"、司空图的"离形得似"、王若虚的"妙在形似之外"等,皆是反对形似,主张神似。中国传统绘画营造的时空并不像西方美学那样,是一种对现实时空的模拟、写实和再现,而是一种不受形式限制的"不似之似"。只要能做到传神,一切现实的时空都可以打破,随时都可以加以重组,从而获得天意般的极高境界。正如沈括所说:"书画之妙,当以神会,难可以形器求也。"①同样是迷恋模拟逼真的绘画作品,在中西方会获得截然相反的评价。古希腊画家宙克西斯所画葡萄几乎可以以假乱真,骗得鸟儿纷纷前来啄食,在西方这一作品被视为上品。而中国五代十国西蜀画家黄荃所画雄鸡,也引得雄鹰数次举爪抓捕,却被视为下品。之所以出现如此判然有别的审美效果,实与各自的形式美学传统息息相关。宙克西斯所画之妙实得力于天才般的摹仿能力,而这正是西方美学传统所张扬的形式观念。黄荃所画雄鸡之所以不被世人所认可,实有悖于"得其精神而略其形似"的中国审美文化传统。对此,于连说:"艺术家的职责不在于将形式转移至另一种材质,而是依照中国人惯用的说法,以形'传神'。"②

在中国古代美学中,艺术家的心目中并不存在与摹仿相关的本体形式,而是致力于一种远离形似、抵达神似的审美诉求。这种诉求可以让我们追溯到在中国古代有着强大影响力的泛神论传统。无论是道家的"道在屎溺"观,还是佛教的"万物皆有佛性"论,皆在表明不但客观事物有"神灵",而且主体之人也有"灵府"。宗炳《画山水序》说:"山水以形媚道。"③世界上一切物象不但是神的感应,而且也是人的精神等心神的显现,正如王微《叙画》所说:"灵而动变者,心也。"④艺术既是客观对象风神的表现,也是作者主观自我精神的折射,所谓"外师造化,中得心源"⑤。主客双方相感相化,融为一体,形成一种朱利安所谓的"神—超"⑥精神,从而将艺术推向至境。一方面,万物因得道而传神,所谓"嵩、华之秀,玄牝之灵,皆可得之于一图矣"。无论是风云变幻、花草繁茂生长,还是大海澎湃、高山险峻,皆因"俱似大道,妙契同尘",产生一种相

① 沈括:《梦溪笔谈》卷十七《书画》,转引自俞剑华:《中国画论类编(上)》,人民美术出版社 1986 年版,第 43 页。

② [法]弗朗索瓦·于连著;林志明、张婉真译:《本质或裸体》,百花文艺出版社 2007 年版,第 100 页。

③ 宗炳:《画山水序》,转引自俞剑华:《中国画论类编(下)》,人民美术出版社 1986 年版,第 583 页。

④ 王微:《叙画》,转引自俞剑华:《中国画论类编(下)》,人民美术出版社 1986 年版,第 585 页。

⑤ 张璪:《文通论画》,转引自俞剑华:《中国画论类编(上)》,人民美术出版社 1986 年版,第 19 页。

⑥ [法]弗朗索瓦·朱利安著;张颖译:《大象无形或论绘画之非客体》,河南大学出版社 2017 年版,第 234 页。

映生辉之美。即所谓"山之精神写不出，以烟霞写之；春之精神写不出，以草树写之"①。另一方面，主客体之间又可以心与物化，神与物游，心与道冥，从而做到"含情而能达，会景而生心，体物而得神"。正如宗炳《画山水序》所说："目亦同应，心亦俱会。应会感神，神超理得。"②这一点显然是西方形式美学所不具备的特征。中国古代哲学认为人的生命是"形"、"气"、"神"的统一体。形则是"生之舍"，是其物质载体；神是"生之制"，是其主宰，是人之所以为人的依据；"气"是其根本，是生命获得的动力。气聚而生，气散而死，万物因气之聚散循环流通而呈现出勃勃生机。正如刘安所说："夫形者生之舍也，气者生之充也，神者生之制也，一失位则二者伤矣。……今人之所以睽然能视，荧然能听，形体能抗，而百节可屈伸，察能分白黑、视丑美，而知能别同异、明是非者，何也？气为之充，而神为之使也。"③正是出于这样的宇宙观，使中国古人看待万事万物之时，不是从形式与质料的关系上去构建宇宙的本源性存在，而是从气的聚散变化中见出生命的氤氲。所以朱利安说："宇宙中的一切皆从同样的气息—能量发源，在它的两种构成因素阴与阳的内部调适作用下，气息—能量导致了生命的各种井然有序的显现，既包括人在内的'在者'的无尽多样性，又有它们的关系以及在一处风景内的凝聚。……这便是'神'"。④

二

就文本而言，西方形式美学过度追求模型化的精确，而中国古代美学的形式偏于追求虚灵的模糊。朱利安详尽考察了裸体艺术在西方在场，而在中国反而缺席的现象，并通过比照进一步解释了深层的文化原因。在朱利安看来，裸体构成了西方艺术的强大传统，无论是古希腊、文艺复兴，还是现代艺术、后现代艺术，都能固守裸体的阵地。即使斥责身体的基督教会也给裸体预留空间，不管是亚当、夏娃，还是基督都是选择了裸体而实现了"道成肉身"。相反，中国古代美学却拒斥和拒绝裸体，致使裸体没有成为中国艺术哲学和创作关注的焦点。从某种程度上来说，裸体在西方的在场，而在中国的缺席，不但表

---

① 薛正兴点校：《刘熙载文集》，江苏古籍出版社 2001 年版，第 118 页。
② 宗炳：《画山水序》，转引自俞剑华：《中国画论类编（下）》，第 583 页。
③ 刘安著，陈广忠译：《淮南子（上）》，中华书局 2012 年版，第 49 页。
④ ［法］弗朗索瓦·朱利安著，张颖译：《大象无形或论绘画之非客体》，第 285 页。

现出中西方对身体处置方式的不同,也折射出中西形式观及其文化观的差异。朱利安说:"裸体的可能性首先和我们对'形式'的概念有关,而这是由希腊以来一直如此:形式的作用是作为模型,其背景往往被数学化、几何化,而且,因为它固定了本质的理念,所以具有理想的价值(这是希腊文 eidos 的意义):形式确立了裸体的地位。"①西方美学对身体的开显以裸体直接呈现,追求严格的数学比例规范,其形式本质与人体解剖学相关。而中国古代美学对身体的呈示,有意规避身体的直接裸露,表现出对过度直接的反感,往往是通过衣服的皱褶、折襞和腰带的蜿蜒曲折、衣袖的款款飘动和眼睛的灵动有神,来展现人物的天机神采,这恰恰忽略了比例的规范。朱利安说:"裸体的规范首先表现在建立比例的数字上。此一传统超越柏拉图,可回溯至毕达哥拉斯,后者使得裸体之美存在于身体数字化的结构之中,而这种结构又比拟于音乐中的和谐。"②从古希腊到文艺复兴,解剖学已构成了西方绘画的基础,主张身体是一个可被分解为肌肉、肌腱、韧带的肉身骨骼,其美在于数的和谐关系。毕达哥拉斯强调数是万物的本源,奥古斯丁认为数为美的尺度,波里克列特主张美随数字出现,达芬奇设计裸体的方程式,等等,旨在表明裸体之美正在于肢体各个部分之间的对称和比例,即综合性的和谐。在朱利安看来,裸体是数字中的数字,形式中的形式,通过美丽的胴体,更易把握事物的本质与真理。朱利安说:"裸体在此,因为穿透它的意义即物性而全然地寓意化:只有真理挺立、上扬而骄傲,脱却所有的蔽障与掩饰,正面地展现为绝对的裸——那'赤裸的真理'。"③朱利安认为裸体作为形式的典范,以临在的惊奇,使可视者涌现,直达真理的境界。因此,西方对裸体之所以如此固守,不仅因为其可以呈现为数字化的规范、模型画的精确,更重要的是具有一种形而上的合法性,裸体更能见出赤条条的真理。

相比之下,中国古代美学对人体解剖并不感兴趣,它不重视人物的外观形貌,更重视人物内在的风华神韵。所谓"象外之象"、"景外之景"、"味外之味"等,都可见出此种倾向。中国人特别不喜欢对裸体进行一览无余式地直接呈示,而更倾向做一种侧面的或间接性的表达,正所谓"初不引起注意但渐觉余

① [法]弗朗索瓦·于连著,林志明、张婉真译:《本质或裸体》,百花文艺出版社 2007 年版,第 38—40 页。
② 同上书,第 110 页。
③ 同上书,第 130 页。

味无穷"。朱利安说："中国的修辞强调不过度'紧绷'，反而要保留某种主题上的'模糊'：透过旁敲侧击，便能引入一种过程，使得在接近所引发的主题时，可以逐渐地发现它的全貌——如此才能'通达'。一般说来，至少在文人的艺术里，提倡的是一种松动的，留下空隙的关系，这样才能尊重事物多变的性格、'生动'的能力，由远处引发，更加隐约，设定于一种空虚的调性之中，使得它不是临在，却能深印人心。"①与西方的解剖学不同，中国人的身体观是一种建立在中医学基础之上贯穿着经脉与穴道的有机观。整个身体表现为一种内外相应、彼此勾连、循环往复的生机效应。朱利安说："由中国这边看身体呢，不以解剖为观点，却是一种'能量'观：身体受到一种统全的、有生机的方式观看，以便保全那些维持生机的作用。"②正是这样的身体观，使得中国人在表现身体之美时，不是寻找"形式"与"物质"的关系，不是追求比例的严谨、构造的和谐，而是捕捉整个机体释放出来的生命力量。朱利安说："中国的艺术家并不寻求在可见者中使最可见者涌现、也不寻求在其中包含理想；相对的，他们追寻以可见者捕捉不可见者：他们要捕捉的是无形的作用，或曰'神'，而无形中的'神'是无限的，不断地穿越有形并使其生动。"③

因此，"可见"与"不可见"正构成了西方哲学和中国古代哲学的真正分野，也是中西形式美学的不同原因之所在。西方形而上学的最大悲怆在于通过思辨主体，预设了主体与客体、主体与世界的对立，致使可见与不可见的世界有了一个明显的分界。朱利安说："我们的形而上学的迷人飞跃，首先便归功于'在场'和'缺席'的分离，这对反义词脱离诸事物的弥漫与撒播之流，二者的分离在根本上反映出'在'与'非—在'的分离，这种区隔—分离是我们形而上学的基础。"④这种分离催生出对清晰、分明、确定、理性、思辨的推崇，而对不确定、不分明、未分化、模糊性予以抛弃。基于这种考虑，西方形而上学把哲学定位于一项致力于确定性的事业，将不可见设想为对在场的一种收复和精心建构。而中国传统哲学重在恍惚不可见的向度追求上，它将在场消解于缺席之中，既在场，又不在场，从而化解了西方哲学在场—缺席之间的紧张与悲怆。所谓"万物生于有，有生于无"、"虚实相生"、"显露隐含"等。这些富有张力性

---

① ［法］弗朗索瓦·于连著，林志明、张婉真译：《本质或裸体》，百花文艺出版社 2007 年版，第 46—47 页。
② 同上书，第 43 页。
③ 同上书，第 47—48 页。
④ ［法］弗朗索瓦·朱利安著，张颖译：《大象无形或论绘画之非客体》，第 21—22 页。

的话语"消除了有/无的戏剧化的截然对立,从而一锤定音地中止了在与非一在的互相孤立甚至排斥——那跟信仰与拒信之间的大厮杀没有什么区别。那样做是为了重新找到一种连续的、过程性的、不间断的结构,那是'诸事物'流程的结构,他们将在场与缺席不加区别地混在一起,这结构显得模糊而弥散。"①在朱利安看来,中国艺术的追求不是诉之于上帝之信仰,也非依靠于一种演绎的说服性力量。中国古代艺术家并不是仅仅使某物描写得清晰可见,更重要的是为了掩埋和隐藏,其目的在于唤起他们的在场。他们在"有"、"无"之间状物,把事物画得既存在又不存在,既在场又缺席。"有象因之以立","无形因之以生",可见与不可见形成二元结构并互相呼应。

三

就思维方式而言,西方形式美学追求二元对立,而中国古代形式美学追求二元统一。二元对立已成为西方哲学的根本精神和宏大叙事,所谓主/客、思想/语言、男性/女性、理性/非理性、意识/无意识等。这种二元对立既表现为客观世界的主客之分,也表现为主体世界的内裂,同时还要在两极之间做出非此即彼的价值选择。对此朱利安进行了深刻的反思与批判。他说:"形而上于焉不再如此,通过无视意义和歪曲生命(著名的苦行主义)并令希腊人陷入其中的二元论来对世界进行解释,因此令我们付出高昂的代价,而是以准确的方式生成,以体会这一经历:从这些艰苦而大胆的探索中,确定出一个形式,排除所有其他,最终从偶然性中走出,其合理性使它不被玷污,也不被莫须有地加以衡量。这就是为什么形而上学以本质的方式,而不是作为其他之中的主体,来对美。"②在朱利安看来,西方哲学设置的二元对立并不是唯一的中心,所体现的思想也不是一个普世的真理或者普适的教条,恰恰相反,他们应该走出自己的家园,动用自己祖传的哲学旧习,去别处看看,寻找令人重生的他者资源。而中国则是通过间距和差异打开欧洲思想的优先参照。朱利安强调:"与西方思想建构一个形式理论相对照,中国思想建立了差异的系统;也就是说,与其执著于多少固定的、稳定的共同特征,它挖掘的是变化的可能性可以

① [法]弗朗索瓦·朱利安著,张颖译:《大象无形或论绘画之非客体》,第27页。
② [法]弗朗索瓦·朱利安著,高枫枫译:《美,这奇特的理念》,北京大学出版社2016年版,第39页。

达到何种地步。"①朱利安特别对中国哲学和美学中的"融"、"间"、"淡"、"势"、"和"、"神"、"生"、"孕含"、"成形"等术语感兴趣,因为这些字眼真正体现了中国形式思想的独特性。朱利安认为中国古代美学虽然也分二元,但并不在两极,不在于二者选一,而在于二者之间的融合生成和孕育。黄怀信说:"人有中曰参,无中曰两。两争曰弱,参和曰强。"②在中国哲学与美学思想中,对立和二分只是起点,更高的存在是"参"和"中"。所以"融"揭示了另一种可能,是一个典型的反二元论的术语。对于"势"而言,亦是如此,它是由二元两极之间交互作用产生的一种潜能,所谓"一篇笔势,只是一伏一起"、"行文要相形势"等。中国古代艺术家特别善于"蓄势"、"取势"、"布势",往往通过虚实、起伏、抑扬、前后环节的互补、交替、对立甚至相反等有效布置,使文学作品产生一种无形的张力。朱利安曾以龙势说明中国形式美学布置的特征。他认为龙代表了"形状里的潜能",通过"以交替作用制作变化",使"'空虚'与'超出'都含有势的力量。"③因此,中国古代形式美学既不是追求二元对立,也不是追求二选一,而是重在强调二者的互动生成及其运动过程中所释放出来的能量。

中国古代美学何以排斥二选一,追求两极之外所生成的形式动能?这背后必然隐含着自己文化的底蕴。朱利安把它称之为"基底"。这个"基底"就是所谓的"气"或者"气息—能量"。"所有存在的事物,无论人还是山,因此都是一个个体,聚集,也即现实化——在其不可见的基底(太虚)的气,并给予它以可触知的形状。"④"一阴一阳之谓道"。气分阴阳,二者相摩相荡,生成万物。正所谓"万物负阴而抱阳,冲气以为和"。万物乃气之阴阳凝聚,消散后复归于气。因此,世界万有就是一个相互联系和作用的整体,每一事物都通过气勾连着那幽微难测的宇宙本体,即本源性的实在。朱利安认为气不仅使阴阳不停地相离,而且还通过不停地交互作用产生能量之势,获得一种关注整体的生气。这种"气息—能量"之"基底"使中国古代形式观呈现出不同的特点。正如朱利安所说:"中国的形式则永远不过是一个事物变迁的阶段(中国从未因变动而烦扰)。中国的医学将人体视为自然一样依阶段思考。另外还有一个根

① 〔法〕弗朗索瓦·朱利安著,林志明译:《功效:在中国与西方思维之间》,北京大学出版社 2013 年版,第 215 页。

② 黄怀信:《逸周书校补注译(修订本)》,三秦出版社 2006 年版,第 153 页。

③ 〔法〕余莲著,卓立译:《势:中国的效力观》,北京大学出版社 2009 年版,第 128—134 页。

④ 〔法〕弗朗索瓦·朱利安著,高枫枫译:《美,这奇特的理念》,北京大学出版社 2016 年版,第 33—34 页。

本的不同，也是我们将会不断提到的：中国与希腊不同，并不将可见与不可见做截然的区别。中国所有的注意力都集中在从此到彼的阶段：从'静'到'微'，而后者是结晶开始出现及成形之时；或者，相反的，具体的事物在净化的过程中升华（'精神'的观）。在此，又可见到'转变'观念的出现。在希腊世界的形式，突出、固定且绝对，是一种称霸的形式；而中国采取相反的态度将注意力放在隐晦且持续的事物之上。"①中国的形式观并没有在物质与精神，即形与神方面做严格的两极区分，而是在气感基础上，阴中有阳，阳中有阴，始终保持着事物间的交互作用，从而涌动出生命的律动。在朱利安看来，中国艺术文本中的"形"（形式）因可触可见，其所表达的效果最为有限，所以处在较低的层次上；随后是形与形之间，包括主客体之间所弥漫而生的"势"，它赋予了文本活力与生机；最后整个文本所散发出来的气象，幽深绵渺，难以穷尽，具有一种多层次性、未确定性的审美特征。即所谓"大象无形，大音希声"。

---

① ［法］弗朗索瓦·于连著，林志明、张婉真译：《本质或裸体》，第 80—81 页。

论新时代西方美学的伦理转向[*]

郝二涛^{**}

摘　要：西方美学的伦理转向源于苏格拉底的"德性即知识"和柏拉图的"审美受伦理制约"的思想,从亚里士多德到康德,从席勒到雅克·朗西埃,一直延续到当代。新时代,西方美学的伦理转向主要是当代西方美学的审美泛化与边缘化问题以及由此引发的美学边界与重返中心地位的困惑造成的,主要指美学由区分性的知识论美学向非区分性的感受性美学类型的转向。西方美学走向非西方美学,与非西方美学交汇融合,是未来美学发展的趋势。

关键词：西方美学　伦理转向　非区分

一、西方美学伦理学转向之前的转向

所谓转向,既指研究的构思和观点的转向,也指研究的问题域的转向。19世纪末20世纪初以来,西方美学、哲学及其影响下的文学艺术出现了心理学转向、语言学转向、文化学转向、生态学转向、生活论转向。1970年代以来,西方哲学中出现了伦理转向,其影响波及文学、信仰、美学等多个领域。本文集中探讨的是"美学的伦理转向"。其中,心理学转向、语言学转向、文化学转向、生态学转向、生活论转向是西方美学伦理学转向的重要背景。下面,我将从以下五个方面来论述。

（一）心理学转向

古希腊时期,美学与伦理学、哲学、艺术等是融合在一起的,美学研究往往

---

　* 本文为湖南省教育厅优秀青年项目"理查德·罗蒂伦理思想的美学定位研究（项目编号：18B086)"阶段性成果。

　** 作者简介：郝二涛,湘潭大学文学与新闻学院讲师,硕士生导师。

混合于伦理学研究、文学研究、艺术研究之中。苏格拉底和柏拉图的美学思想主要是以对话、辩论的形式出现的,比如《理想国》《柏拉图文艺对话集》等。亚里士多德虽然区分了数学、物理学、哲学、伦理学等许多学科,但并未将美学从中区分出来,反而在一定程度上将美学混同于其他学科之中,尤其是混同于伦理学之中。

与前面相比,伦理学、美学等学科极少以对话的形式出现,而是主要以逻辑推理和演绎的形式出现。这一时期,雕塑、绘画、诗歌等艺术形式也掺杂了大量的伦理因子,神的塑像、绘画、颂歌等都混合了许多与人的身体有关的因素。

中世纪,基督教在思想文化领域居于统治地位,上帝成为美的象征。无论是马利坦的著作还是托马斯·阿奎那的著作,都呈现出神学与美学融合的特征。文艺复兴时期,人成为文学艺术、美学的中心话题。

启蒙运动时期,理性成为美学的中心。大卫·休谟的审美趣味、夏夫兹伯里的审美无利害、夏尔·巴图归结为单一原理的美的艺术都含有理性成分。康德将其综合创造为一个美学体系。这个美学体系是康德哲学体系的组成部分。此后,黑格尔、费希特、谢林、叔本华、尼采等从哲学体系出发建构自己的美学体系。这种美学研究从研究对象上看,主要是一种外部研究,从研究方式上看,主要是即兴对话式研究与形而上学式的研究。到了 19 世纪下半期,美学研究出现了一种新的研究方式,即心理学美学研究,这与 19 世纪文学艺术领域出现的浪漫主义思潮、哲学领域出现的唯物主义、非理性主义、实证主义、科学主义思潮的出现与发展密切相关。

17 世纪以来,科学技术推动下的工业革命所取得的巨大成就使科学成为文明的主流。19 世纪末期,实证主义进入心理学领域,德国的费希纳和冯特一起建立了实验心理学,使心理学成为了科学的一部分。心理学是当时科学的主流之一,对其他学科影响很大。实验心理学家费希纳提出了类似于英国经验主义美学、区别于康德等形而上学美学家的自下而上的美学研究方式,爱德华·布洛发表了《作为艺术的一个要素和美学原理的心理距离》一文,这些研究都对美学研究产生了巨大的影响,美学研究领域出现了爱德华·布洛、利普斯、谷鲁斯等心理学美学家。中国美学家朱光潜就用心理学的方法来研究美学,出版了《文艺心理学》《悲剧心理学》等著作。这些著作由于综合了当时的主要心理学美学的研究成果而具有国际前沿性,且由于将之应用于文学艺术研究领域而扩大了心理学美学的影响力，丰富了西方美学研究的内容以及中国美学研究的方法，而成为中国美学史上的奠基性著作。可以说，美学转向了心理学研究。

（二）语言学转向

语言学转向是 20 世纪西方美学的又一次转向，也是许多人文学科领域的一次转向。语言学转向持续了半个多世纪的时间，从 20 世纪初期到 1970 年代末期，其影响力涉及文学批评、艺术批评、哲学、美学等领域，促进了文学新批评派、艺术先锋派、分析美学的出现与兴盛。语言学转向的影响力主要在于它颠覆了之前人文学科领域中流行的语言工具论，不再将语言视为书写的工具抑或表达思想观念的工具，而是将语言与思想一视同仁。

美学领域中的语言学转向主要表现为美学研究的思维方式由本质主义到非本质主义的转变，美学研究的对象由艺术品到艺术批评概念的转变，美学研究的范围由"美"到"美的概念的分析"的转变。美学研究发生这种转变的外在原因包括机械复制艺术的出现、商品经济的冲击、全球化的影响。其内在的主要原因是，心理学美学在新的文学艺术作品面前阐释有效性的危机。

在语言学转向中，维特根斯坦的分析哲学思想是 20 世纪分析哲学形成的基石之一。维特根斯坦的"生活形式"、"语言游戏"思想打破了之前的形而上学的本质主义的美学思维方式，为人们研究美学提供了一种新的思路。这种思路预示了美学的伦理化转向。理查德·罗蒂深受语言学转向的影响，不仅编辑"语言学转向"论文集，而且还以分析美学的方法来挑战西方的形而上学哲学传统，以分析美学的严谨与科学弥补实用主义美学之不足，以实用主义贴近生活的优点弥补分析美学脱离现实生活的不足，为美学的语言学转向树立了一个光辉的典范的同时，也画上了一个完满的句号。

（三）文化学转向

美学的文化学转向源于美学研究者对康德的审美无功利观念与纯粹艺术观的反叛。这种反叛最早源于席勒。在继承康德美学的同时，席勒将康德美学中感性与理性、审美与功利等二元对立的命题，转化为感性冲动与形式冲动，并将这两种冲动结合体称为游戏冲动。审美与游戏冲动有关，是一种活的形式，这种形式并不是纯粹的感性形式，而是感性与理性的结合。当这种观念与完整的人格培养联系起来的时候，席勒的美学观不再局限于康德的审美无利害的纯粹美学观，而是将审美与人格培养联系了起来，将审美引向了教育的领域。联系席勒所处的德国社会分裂的现实背景，我们不难想到，审美教育是席勒为实现德国统一开的方案，这实际上肯定了美学的社会功用。

黑格尔的美学也是反叛康德美学的一个结果，这种反叛主要表现在他以艺术为核心的美学思想。黑格尔将美学视为艺术演变的过程，视为精神理念的演变历程，其中有对古希腊悲剧的美学分析，有对雕塑的美学审视，有对建筑的审美感悟，等等。可以说，黑格尔的美学将美学与艺术紧密地关联了起来。虽然黑格尔将艺术美视为理念的感性显现，但是，他并未否定艺术的功利性，他以古希腊悲剧为例，通过分析悲剧作品中的伦理冲突，论述了悲剧艺术的伦理学功用。这在一定程度上扩展了康德美学的研究范围。

尼采的非理性思维方式是对康德美学的理性主义思维方式的反叛。无论是对悲剧诞生的论述，还是对权力意志的阐发，尼采都不再从形而上学体系出发，推演出自己对悲剧诞生的解释，而是借助于自己对古希腊悲剧作品的阅读和感悟，联系古希腊神话，在古希腊文化视野中追溯悲剧产生的一种可能的源头。这显示了神话思维对理性主义思维的反叛。

同样，19 世纪，尽管唯美主义文学思潮比较流行，但是在文学领域，批判现实主义也不示弱。在艺术领域，欧洲一些空想社会主义者，如傅立叶、欧文、莫里斯等，都强调艺术的社会功用。这实际上强调的是艺术的社会文化功能。这种艺术趋向并未局限于欧洲，也出现在美国、中国的思想家的艺术思想中。比如，美国的爱默生、杜威的文艺与生活关系的论述，中国梁启超的"新民说"等，都在强调文艺的社会功用。马克思、恩格斯对文学与经济、文学与意识形态等关系的论述随着世界革命形势的发展而产生了广泛的影响，并于 20 世纪上半期在社会主义国家的文学中产生了决定性的影响。在中国，"文艺的社会功用说"的巨大影响力从 20 世纪中期一直持续到 1980 年代初期。

（四）生态学转向

早在 1866 年，德国生态学家海克尔就提出了"生态学"概念，此后，"生态学"基本被视为一门自然科学学科，直到 1962 年，美国的海洋生物学家蕾切尔·卡逊的《寂静的春天》出版，书中对农药导致的环境恶化问题的分析，使生态问题开始引起人们的重视，生态问题遂成为哲学、伦理学等学科关注的一个热点话题。1968 年，"罗马俱乐部"成立，它总结与发布了威胁人类生存的多个全球问题，其中，环境问题引起了许多国家政府官员的重视。1972 年，第一届世界环境大会上通过了《世界环境宣言》，提出了"只有一个地球"的口号，生态环境问题成为公众关注的一个焦点问题。1973 年,挪威哲学家阿伦·奈斯提出的"深层生态学"标志着"生态学"实现了从自然科学向人文科学的转变。因为,"深层生态学"触及了人类中心主义、生态道德等伦理问题,涉及人与自然、社会之间的复杂关系,这些关系与人文学科关注的问题相交叉。

从古希腊到 19 世纪,人与自然的关系(自然美)一直是美学的一个重要问题。19 世纪以来,北美兴起了环境保护与自然书写运动。① 工业革命的兴起与深入推进极大地破坏了人类的生存环境,这个问题在 19 世纪逐渐凸显出来,成为社会发展的一个悖论:经济社会越发展,环境越恶化。一方面,一些学者将这个悖论归因于文艺复兴以来的以人为中心的思想。与中国传统文化中的天人合一观念将人与自然看作和谐统一不同,西方传统文化中的以人为中心的思想将人与自然视为对立的两方。人是自然的主人,需要征服自然,在征服自然中确立自己的中心地位。另一方面,一些学者将上述悖论的根源归于文化与精神价值危机,比如,"罗马俱乐部"创始人贝切伊,美国学者阿尔·戈尔。这促使人们从文化与精神方面反思生态环境问题,促进了生态伦理学、生态文学等学科的产生。

其中,生态伦理为生态美学、环境美学的产生做了一定的铺垫。原因之一是,生态环境与每个人的生存息息相关,生态环境的恶化威胁到每个人的生存质量,生态伦理将二者联系了起来。原因之二是,"环境伦理使人热爱自然生命,将人的权利扩大到自然领域",使人在反思自我的行为中重新思考人与自然的关系。原因之三是,生态伦理使人思考如何通过自然公正化解当前的生态危机问题。鉴于生态美学是作为美学应对生态危机而发展起来的,可以说,"环境美学建立在环境伦理学的基础上"。② 1990 年代,美国学者理查德·切努维斯(Richard E. Che-noweth)、保罗·高博斯特(Paul H. Gobster)发表《景观审美体验的本质与生态》一文,中国学者杨凤英发表《从中国生态美学瞻望中国的未来》,标志着生态美学在西方与中国的出现。此后,赫伯恩、卡尔松、阿诺德·伯林特、H.B.曼科夫斯卡娅等西方学者对环境美学的论述以及李欣复、鲁枢元、曾永成、曾繁仁等中国学者对生态美学的大量论述构成了 1990 年代美学的一个壮丽景观。这种景观表明,美学已经不再局限于康德开创的审

---

① 杨文臣:《当代西方环境美学研究》,山东大学博士学位论文 2010 年。
② 陈望衡:《环境伦理与环境美学》,《郑州大学学报(哲学社会科学版)》2006 年第 6 期。

美静观的美学原则,而是转到参与抑或介入的原则。介入抑或参与的美学通过中外美学学者的努力形成了一种以生态问题为中心的新的美学研究的趋势。这种趋势即生态美学的趋势。联系之前美学的文化学转向,生态美学可谓美学的生态转向。

上述几种美学转向所产生的美学类型,比如,心理学美学、语言学美学、文化学美学、生态美学,都具有反本质主义、反主客二分、反划界思维的特点。由于美学在西方近代形成学科,靠的是区分原则和划界原则,因此,上述美学类型共同表现出了一种反区分、反划界的倾向。这种倾向表明,美学已经出现了一种新的发展趋势,即非区分的趋势。这种趋势可被称为"美学的伦理转向"。[1]

二、西方美学伦理学转向的历史渊源

美学的伦理转向有理论演进的学理脉络和历史演进的现实基础。

从美学理论演进的学理脉络看,"美学的伦理转向"源于苏格拉底的"德性即知识"。这是针对智者派的炫耀知识、将知识等同于智慧、亵渎神灵等堕落行为提出的观点,旨在使人追求知识、热爱智慧、敬畏神灵。这种观点将伦理学建立在知识论的基础上,使伦理问题成为西方哲学中的一个关键问题。

柏拉图将世界分为理式、现实世界和文学艺术世界,他认为,现实世界是对理式的模仿,文学艺术是对现实世界的模仿,因此文学艺术是对理式的模仿的模仿。由于柏拉图将理式视为最高真理,因此,现实世界与真理隔着一层,文学艺术与真理隔着两层。柏拉图以理式作为文学艺术判断的标准,将激发人的感伤情欲的文艺作品视为对人有害的文艺作品,将模仿好人、使人遵守政治和法律规范的文艺作品视为好的文艺作品。比如,柏拉图认为《荷马史诗》中关于英雄情欲的描写将败坏青年人的心灵。这表明,柏拉图以伦理的善恶为文艺作品好坏的判断标准。文艺作品激发人的情感的部分恰恰是感性的部分,感性是美学的研究对象,因此,柏拉图的美学思想中隐含着"审美受伦理的规约"的思想。这种思想对后世的文艺思想、哲学思想、美学思想影响很大,为

---

① 〔法〕雅克·朗西埃著,郝二涛译:《审美与政治的伦理转向》,参见《中国美学研究(第十一辑)》,商务印书馆 2018 年版,第 310—326 页。

很多文艺批评学者、哲学学者、美学学者继承。

以康德的审美无功利思想为界，这种继承可以分为古代阶段和现当代两个阶段。

古代阶段，从亚里士多德到康德。亚里士多德、贺拉斯、西德尼等学者继承并发展了柏拉图的美学思想中"审美受伦理的规约"的思想。以古希腊悲剧作品为例，在论述悲剧效果时，亚里士多德发现，悲剧作品要使人产生怜悯和恐惧之情，就不能表现好人由顺境转入逆境或由逆境转入顺境、坏人由逆境转入顺境。① 贺拉斯强调文学的愉悦和教育的功能。② 锡德尼强调诗的怡情和教育的效果。③ 其目的都是使人成为有知识、有德性、幸福的人。

中世纪时期，基督教成为整个西方社会的主导型文化形态。在基督教的影响下，哲学不再追求与推崇知识，而追求对上帝的信仰，追求心灵安宁与精神的升华。

文艺复兴时期，哲学的目光由彼岸世界转向此岸世界，由神转移到人自身，将人视为万物的灵长，宇宙的中心。无论是文学、雕塑、还是绘画，都充满了人的形象，以人的形象来塑造神的形象。哲学开始关注人的现世生活。这标志着哲学的伦理转向。

康德也非常重视人，不仅为人的理性、意志与情感划界，而且将人作为最终的目的，将美视为道德的象征。这些观点表明，美学的最终目的是服务于人，使人变得幸福，即服务于伦理。尽管康德将审美视为纯粹的、无功利的，这种观点开启了现代美学的审美静观的研究方向，但是，仍然有一些美学学者并未忽视伦理对审美的制约作用。

现代阶段，则是从席勒到雅克·朗西埃。作为康德的学生，席勒并未原原本本地继承康德的审美无利害思想，而是在继承康德的审美无利害思想的同时，强调审美对培养完善人格的作用。他认为，只有"通过美，人们才可以走向自由"。④ 自由显然是一个伦理目标，审美具有使人获得精神上的自由的伦理功能。

与席勒的上述观点类似，黑格尔为了克服道德形而上学中的二元矛盾以

---

① ［古希腊］亚里士多德著，陈中梅译注：《诗学》，商务印书馆 1996 年版，第 97 页。
② ［古罗马］贺拉斯著，杨周翰译：《诗艺》，引自伍蠡甫：《西方文论选（上卷）》，上海译文出版社 1988 年版，第 110 页。
③ ［英］锡德尼著，钱学熙译：《为诗一辩》，引自伍蠡甫：《西方文论选（上卷）》，第 232 页。
④ ［德］席勒著，张玉能译：《审美教育书简》，译林出版社 2012 年版，第 4 页。

及原子论的不足,对道德和伦理进行辩证分析,重点分析伦理的多样性形态,通过考察绝对精神在艺术中的演进历程,将道德视为社会伦理与美的基础。

英国文学学者马修·阿诺德也认为,文学中的审美能够融合感性审美与理性的伦理,通过普遍人性的伦理诉求实现感性审美与理性伦理的统一。① 英国小说研究者利维斯通过细致地阅读英国的小说,认为,审美中蕴含的伦理意味以及审美与伦理在人性基础上的融合也是小说作品所以伟大的一个不可或缺的因素,因为"真正的文学作品可以激发出它所拥有的真正生活的价值,去对抗技术功利时代所生产出来的城市工业物质主义与文化野蛮主义的力量"。②

1980 年代中期,美国学者韦恩·布施通过回到"伦理"的原初含义(亚里士多德界定的"伦理"含义),突破了"伦理"的"善恶"意义范畴,将"伦理"的含义还原为顺应自然本性。这在一定程度上扩展了文学审美中的伦理边界,但同时又将其限定在文学研究中研究者、作品人物、读者、作品、世界之间的审美交流与伦理对话的过程之中,即"共导式"对话。③ 这个过程是文学生产的过程。在这个过程中,审美与伦理实现了融合。

1980 年代后期,理查德·罗蒂的审美伦理思想主要受到了维特根斯坦的"生活形式"思想、杜威的"实用主义"思想和海德格尔的"生活世界"思想的影响。这些影响与罗蒂对哲学的本质主义观点的批判基本吻合,促使罗蒂在哲学上摒弃本质主义,走向无本质主义。罗蒂的无本质主义并未流于纯粹的思辨或者形而上学的先验演绎,而是走向语汇的个体创造。正是在个体语汇的创造中,审美与伦理融合在一起。比如,罗蒂用自己的语汇对纳博科夫《一九八四》中朱莉亚与文森特的压抑的爱情,对《洛丽塔》中洛丽塔和亨伯特之间的不伦之恋,进行了重新描述,使人注意到小说中描述的现实生活里美好的爱情背后隐藏的不易觉察的残酷。这种残酷需要读者重视并善于发现生活中的偶然现象,而把握这种偶然现象需要个体的体验,不同个体对同一个现象的体验是不同的,这种差异需要用不同的语汇来描述,这不仅使个体意识到自身体验

① [英]马修·阿诺德著,韩敏中译:《文化与无政府状态:政治与社会批评》,生活·读书·新知三联书店 2012 年版,第 34 页。

② F. R. Leavis. (1969) *English Literature in Our Time and the University*. London: Chatto and Windus, p109.

③ Wane C. Booth. (1988) *The Company We Keep: An Ethics of Fiction*. Berkley: the University of California Press, p72.

与他者体验的差异，也会增加自身的伦理敏感度。个体伦理敏感度越强，越对生活中的伦理现象有独特的体验，越需要新的语汇来表达自身的独特体验。这实际上是读者对小说中偶然性和个体性的审美感知。正是通过偶然性和个体性的审美感知，人们获得更加宽阔的伦理视野。在这种视野中，感性审美与理性伦理实现了融合，这种融合旨在实现私人的完美，表现了审美的伦理化趋向。

理查德·舒斯特曼不赞同罗蒂对个体性和偶然性的过分强调，而是根据实践所处的语境和要达到的目标秉持一种灵活的、实用主义的美学立场。这种立场既表现在实用主义美学思想中，也表现在舒斯特曼的哲学实践思想中。

舒斯特曼的实用主义美学思想包括两个层面，即艺术美学层面和身体美学层面。

第一，在艺术美学层面，舒斯特曼主要聚焦于通俗艺术，将通俗艺术视为与高雅艺术同等或者说更重要的艺术形态。这里所说的高雅艺术主要指西方文学艺术传统中公认的经典作品，比如，古希腊悲剧、莎士比亚戏剧、达芬奇的绘画作品"蒙娜丽莎"等精英主义的文艺作品形态。通俗艺术主要指在一定的历史时期不被主流艺术批评认可的艺术作品，比如，杂技、流行歌曲、魔术表演等。舒斯特曼用一种历史的眼光看待高雅艺术与通俗艺术的分野，将二者看作随着时间的推移而转换的关系。受杜威的"作为经验的艺术"思想的影响，舒斯特曼认为，无论是高雅艺术，还是通俗艺术，都能增加人的审美经验，通俗艺术还会给人以不同于以往的审美经验。这在一定程度上会更新传统的审美观念，丰富人们对生活的审美体验，扩展人们对生活的体验范围，深化人们对生活体验的深度，使艺术展现出推进社会更加开放、自由和民主的政治力量，展现出推动人类生活更加美好的伦理力量。

第二，在身体美学层面，舒斯特曼既没有像罗蒂那样将身体的体验语言化或虚拟化，也没有像福柯那样顺其自然地将身体的各种体验艺术化，而是主张在身体训练、提升身体机能、塑造优美的身体形态的基础上的身体体验。这是一种回归身体修炼、体现身体健康的基础上的身体体验。其目的是增加个体的身体机能以及个体对自我身体的认知，增加生活的幸福感。

在哲学实践思想中，舒斯特曼将哲学视为帮助人们解决生活中的困惑、过上幸福生活的一种艺术观念，将哲学的宗旨放在了促进人生活的完善层面，表现了哲学的伦理化倾向。

从美学演进的现实基础来看，以工业革命为主导由资本结合而成的资本主义市场的扩张和资产阶级统治的确立，以发达国家为主导由多种利益关系结合而成的全球化的扩展和普遍化，"以电脑为主导由多媒体结合而成的互联网的运用和普及"①，以人文精神为主导由多个个体完美生活结合而成的对话需求的扩大与迫切性，对美学的区分和划界原则构成了巨大的挑战，成为美学非区分化的重要推动力。

当代美学家雅克·朗西埃在美学与政治研究中也有同感，并将之概括为"美学的伦理转向"。朗西埃所说的"伦理"与道德的关系不大，其内涵是"事实与规范、所是与应是之间的区分的瓦解，也是规范溶解于事实的过程"②。这种对"伦理"的界定已经不再局限于道德领域，而是集中于文化政治领域。"伦理转向"就是对文化政治领域中出现的政治与艺术、实践与审美、事实与法律之间边界的模糊化和传统道德无中心化的一种倾向。这种倾向是朗西埃对当代政治与文化领域存在的"司法的建议在法律的强制性面前的无效性"和"法律的彻底性对事情发生的先后次序的限制"这两种现象在后现代语境中呈现的一种整体性与交叉性的文化政治景观的概括。比如，电影《狗镇》展现的小镇市民对一个试图融入其中的外来人员——格蕾斯的侮辱与迫害。这种侮辱与迫害发生的原因是，格蕾斯被小镇市民视为基督教道德的传播者，这背后暗示了基督教道德在资本主义文化语境中的无效性，显示了二者之间的对立，以及小镇市民二元对立地看待事物的方式，这种方式造成了事实、法律与权利之间的矛盾冲突。朗西埃将这种冲突称为政治，由此将政治对立面视为基督教道德与资本主义道德之间的区分。同样，电影《神秘河》讲述昔日的三个好友吉米、戴夫、西恩之间的友情因为吉米女儿的死亡而遭受了巨大的考验。作为被怀疑的对象，戴夫在未经法律审判的情况下被吉米杀死，由于杀人证据指向戴夫，作为警察的西恩，没有对吉米进行法律惩罚。这部电影对戴夫死亡的解释与《狗镇》对格蕾斯的不幸遭遇的解释都没有进行简单的善恶、对错、正义或非正义的判断，而是展示了他们遭遇这种不幸的原因及各自的苦衷，有点类似于古希腊悲剧中的"俄狄浦斯"、"安提戈涅"的遭遇。这种解释的模式超越了

---

① 张法：《新世纪西方美学新潮对西方美学冲击和对中国美学的影响》，《文艺争鸣·理论》2013年第3期。

② Jacques, Rancière. (2009) *Aesthetics and its Discontents*, trans. Steven Corcoran. Cambridge：Polity press，p109-110.

非此即彼的解释模式,是一种亦此亦彼的解释模式。康德将其称为二律背反,杜威将其称为连续性,德里达将其称为解构模式,罗蒂将其称为无镜模式,朗西埃以之前的二元对立的解释模式为参照,将其称为伦理转向。伦理转向具有两个特点:时间的逆转,非区分的形式。不可表现性是审美反映中伦理转向的核心范畴。艺术的不可表现性,倒不是我们在纷繁复杂的艺术现象面前理屈词穷,而是我们看到了艺术现象的复杂性以及我们对这种艺术现象的解释之有限性。这暗含了艺术阐释中"禁止"与"不可能"的偶然性。基于这一点,我们就能更好地看待当今美学中艺术与商业、审美与政治、感性与理性、现代与后现代之间的关系,而不再将其看作简单的对立,也不再将其看作简单的模糊,而是历史地看待这两种现象,从整体上包容这两种现象。相对于现代语境中的区分性的审美(比如,康德的审美与利害之间的区分)与后现代语境中的取消边界的审美(比如,沃尔夫冈·韦尔施的审美与政治、文化、社会、经济等之间边界的取消),这种既意识到审美区分、又试图沟通被区分的各个部分的倾向即美学的伦理转向。

与"文学的伦理转向"相比,"美学的伦理转向"虽然也有弥补批评话语中伦理维度的缺失的意图,但却不是为了反拨解构主义与形式主义倾向,而是对解构主义的运用。① 与"信仰的伦理转向"相比,"美学的伦理转向"虽然关注伦理内容,却并未走向伦理主义。② 与"政治伦理转向"相比,"美学的伦理转向"侧重点不在研究领域向伦理的倾斜,而更在于研究思路、方法的融合。③ 与"文化的伦理转向"相比,"美学的伦理转向"并不意味着美学在后现代语境中居于优先地位,也不意味着要对美学进行伦理重构,抑或使美学回归意义,而是意味着,美学在后现代语境中依然有存在的空间与存在的必要,需要关注伦理问题。④ 与"哲学的伦理转向"相比,"美学的伦理转向"除了在内容上集中关注道德、伦理问题之外,更加侧重对二元对立思维方式的批判。⑤

① 参见龙云:《西方文学研究的"伦理转向"——功能类型及研究焦点》,《外国文学》2013 年第 6 期。

② 参见刘魁:《全球风险、伦理智慧与当代信仰的伦理化转向》,《伦理学研究》2012 年第 3 期。

③ 参见王凤才:《霍耐特与批判理论的政治伦理转向》,《现代哲学》2007 年第 3 期。

④ 参见胡继华:《神话与虚无之间的价值追寻——后现代语境中的文化伦理转向概观》,《福建论坛(人文社会科学版)》2003 年第 2 期。

⑤ 参见何锡蓉:《哲学的伦理转向》,《文汇报》2016 年 7 月 27 日第 008 版;吕朝龑:《现代哲学的伦理转向》,《求索》2010 年第 2 期;张伟:《现代哲学的理性反叛与后现代哲学的伦理转向》,《云南社会科学》2011 年第 1 期等论文。

三、现代西方美学的内在缺陷

美学的伦理转向源于现代西方美学的内在缺陷。除了大家谈论比较多的审美静观之外,西方美学的内在缺陷还应该包括以下几个方面。

第一,审美泛化及边界规范之困惑。1980年代初期,英国伯明翰大学斯图亚特·霍尔教授出版了《文化研究:两种范式》,开启了文化研究的序幕。随着经济全球化的发展、大众文化的兴起以及媒介技术的进步,文化研究成为当代人文学科研究的一个热点话题。文学、美学、哲学、社会学等学科基本都将文化现象纳入研究的视野,出现了"文学文化研究"、"跨文化研究"、"审美文化研究"、"文化哲学"、"艺术社会学"等新学科类型。其中,电影、电视、绘画等新兴的文化现象进入美学的疆域之中,极大地扩展了美学的边界。于是,电影美学、电视美学、绘画美学、政治美学等新的美学形态相继出现。随着日常生活审美化的兴起,生活中的一切现象几乎都成了美学研究的对象,比如,体育运动,体育比赛,图像,身体,环境、伦理等。这极大地扩展了美学研究的边界,丰富了当代美学研究的成果。比如,新世纪以来兴起于西方美学界的日常生活审美化与生活美学话题为消费社会中的美学注入了活力。但是,日常生活审美化却引起了审美泛化问题。在西方学者看来,审美泛化意味着"艺术与生活之间的界限的消失,审美因素向生活领域的转移、渗透和扩展。这反过来强烈地冲击了传统的美学定义"①。西方美学学者或通过返回鲍姆嘉登的"美学"定义,在一个更广大的范围内重构美学,或将美学视为一种话语的私人创造。前者主要以德国美学学者沃尔夫冈·韦尔施与美国美学学者理查德·舒斯特曼为代表,试图通过返回鲍姆嘉登的"美学"之原初含义——感性,突破传统的艺术哲学范围,分别提出了"超越美学"、"身体美学"思想,后者主要以美国学者理查德·罗蒂为代表,试图通过回到生活艺术现象之原初特性——偶然性以及语汇的私人创造,应对层出不穷、瞬息万变的生活现象,提出了"审美伦理"思想,它们之间的一个共同点是,重视艺术与生活伦理。相对于康德开创的审美无利害美学,这的确是一个可喜的突破,但是,它们都没有对审美边界进行必要的规范。比如,韦尔施的"超越美学"与舒斯特曼的"身体美学"分

---

① 黄应全:《日常生活审美化与中西不同的"美学泛化"》,《文艺争鸣》2003年第6期。

别将美学指向艺术与生活,而由于艺术的边界、生活的边界都是十分模糊的,因而,以艺术和生活为方向的美学的边界必然是模糊的。而理查德·罗蒂的"审美伦理"思想从小说作品中描述的残酷现象入手,联系日常政治、日常生活中的残酷现象,结合自己对残酷的认识,以这些现象的偶然性为中心,将审美指向语汇的私人创造,由于语汇与私人创造都具有一定的偶然性与差异性,因此,以语汇的私人创造为中心的美学的边界也是模糊的,或者说没有边界。这既反映了当代美学的复杂状况,又反映了当代美学的边界规范之困惑。

第二,审美边缘化及重返中心的伦理困惑。审美泛化曾经被不少美学学者视为美学复兴的征兆,但是,审美泛化并不代表美学在当代人文学科中的中心地位,也不能掩盖审美边缘化的事实。比如,1998 年,据多米尼克·M.麦克艾弗·洛佩斯在《高校中的美学调查简要报告》中的统计,在美国高校的 368 个哲学系中,仅有 150 个系回复调查,其中,仅有 50%(75 个)哲学系在哲学部门外开设美学课程,63%被覆盖的美学课程有时或经常是低级哲学课程部分。① 这种兴趣向高级课程发展时,话题有时或经常转移到非美学课程,比例高达 90%,美学融入非哲学课程的比例也高达 90%。54%哲学系开设了至少一门美学课程,11%开设了一门以上课程,只有 14%没有开设高级美学课程。50%开设一门美学课程,25%开设两门美学课程,10%开设两门或两门以上美学课程。在研究生美学课程中,39%具有美学博士点的哲学系开设一门高级美学课程,18%开设两门,9%开设两门以上高级美学课程。在一半被调查者中,至少有一位撰写的毕业论文与美学有关,哲学系中的美学教员仅有 20%为常驻教员。② 美学课程主要以古典美学为主,极少涉及当代美学。由此可见,美学不得不通过与其他学科的交叉获得自身的生存空间,不得不通过超越自身来激发活力,美学理论对大众文化、政治、伦理等影响力式微。据统计,在中国文化语境中,2010 年,哲学系平均全班 60 个学生,只有不到 5 个学生将与西方美学相关的题目作为自己的毕业论文选题,没有一个学生报考美学专业的研究生。2013 年,有着 25 个研究生的哲学系班级,只有一人报考西方美学相关的博士研究生。今天,在西方哲学系的课堂上,讲授的美学多

---

① 〔美〕多米尼克·M.麦克艾弗·洛佩斯(Dominic M. McIver Lopes):《高校中的美学:调查简要报告》,美国美学协会官方网站(http://www.AESTHETICS - ONLINE.org),详见周舒:《二十世纪英美美学原理的对象及范围(附录 1)》,中国人民大学博士学位论文 2006 年,第 121—122 页。
② 同上书,第 127 页。

是 19 世纪的经典美学，比如，美国哈佛大学哲学系开设的主要是德国古典美学课，极少涉及当代美学。当代美学研究者集中于艺术学系、比较文化系，极少关注当代现实问题，如伦理问题。即使有这样的学者，他们也大多是哲学学者、伦理学学者或文化研究学者。

在如上所述的美学发展式微的背景下，一方面，一些美学学者试图通过介入抑或参与当代的环境问题、文化消费问题、媒介问题，提出一些新的美学话题。另一方面，另一些美学学者试图通过跨文化比较，提出一些新的美学话题。但是，令他们困惑的是，在当今的全球化背景下，美学并没有引起大众的兴趣，也没有获得之前的中心地位，不少学者将原因归结为人文学科的总体边缘化。但是，在我看来，其主要原因是，美学仍然处在区分与规范的影响之下，将自身与伦理对立起来，或者说，当今的美学学者依然没有脱离康德美学的审美无利害的窠臼。尽管阿诺德·柏林特、舒斯特曼、沃尔夫冈·韦尔施试图突破康德美学，将伦理问题纳入美学的研究视野，但是，他们的美学要么走向伦理学，要么走向文化研究，并未达到更新美学，使美学重返伦理中心的目的。只有朗西埃、罗蒂等少数非美学学者做到了这一点，这是颇具讽刺意味的。

由此可见，西方美学要弥补上述缺陷，有必要转向伦理。

四、美学的伦理转向与西方美学的前景

美学的伦理转向中的"伦理"一词，与道德无关，主要指非区分性。比如，审美与道德的非区分性，审美与功利的非区分性，审美与政治的非区分性，审美与审丑之间的非区分性等。与杜威在《艺术即经验》中所讲的人与生物、艺术与技术、高雅艺术与通俗艺术之间的"连续性"不同的是，"伦理"并未假定两种事物之间的断裂，而是假定它们之间的区分，不是从肯定的意义上提出来的，而是从否定的意义上提出来的。与理查德·罗蒂的"无镜哲学"思想不同，"伦理"并未将哲学看作现实的反映，而是看到了二者之间的区分，但却未将这种区分悬置起来，而是否定了二者之间的区分性。与雅克·朗西埃的"美学与政治的伦理转向"中的强化"区分性"的"伦理"不同的是，"美学的伦理转向"中的"伦理"强调的是"非区分性"，因此，美学的伦理转向主要指区分性美学向非区分性美学的转向。

美学的伦理转向可以从两种新的美学型表现出来。新世纪以来，美学领域出现了两种美学型，即生态—生活—身体美学型，推知（speculative）美学型。

生态—生活—身体美学型主要包括生态美学、生活美学、身体美学三种美学形态。生态美学认为，将自然外观与内在本质区分开是不恰当的，只有将二者结合起来才能充分彰显自然生态的多样性。生活美学认为，在消费社会与日常生活审美化的双重语境中，生活之美只有在形式美与生活内容的整合中才能真正彰显，彰显的方式不是静观，而是介入。身体美学认为，身体是现实生活中的身体，与现实生活紧密相关，现实生活中夹杂着身体的欲望，只有将身体的欣赏与欲望结合，欣赏者才能从中体会到欣赏身体的愉悦感。显然，生态—生活—身体美学型反对从与生活、自然、社会的区分与划界中获得看待事物的方式。

推知美学型是从推知（speculative）哲学中产生的。推知（speculative）哲学既肯定现实与现象之间的联系，又肯定现象背后的实在，实际上是推知（speculative）实在论。其主要代表人物有列维·布伦特（Levi Brant）、尼克·什里塞克（Nick Srnicek）、格雷厄姆·哈曼（Graham Harman）等学者。① 推知实在论否定或悬置实在，反对主客二分、反对主客二元对立。推知美学的主要代表人物有约翰娜·枣克（Johanna Drucker）、凯瑟琳娜·海勒斯（Katherine Hayles）、普里西拉·沃德（Pricilla Wald）等学者。推知美学的主要观点是反对人类中心主义，反对主客二分，反对区分与划界。

从整体上看，上述美学形态是在欧洲大陆美学与英美美学基础上衍生的美学形态。具体地说，这些美学形态是在现象学美学、结构主义美学、精神分析美学、西方马克思主义美学、分析美学和实用主义美学的基础上形成的美学形态。从认识世界的方式来看，这些新美学形态认识世界的方式是对现实经验现象进行归纳并由已知的大前提进行演绎，二者都由身处经验时空中的人进行，人在世经验的局限和在世理性的局限决定了二者解决的都只能是现象界问题，必然导致否定实在，否定事物之间的区分。

反对区分是上述诸种西方美学形态的一个共同特点，预示了美学发展的伦理趋向。这种趋向预示着，在不久的将来，"感性"不再是美学的核心与基本规定性，"区分"与"划界"也不再是美学学科的基本原则，"非区分"与"反对划

---

① Levi Bryant，Nick Srnicek and Graham Harman，ed.（2011）*The Speculative Turn: Continent Materailsim and Realism*，Mel-bourne，Australia，p1.

界"将是未来美学的基本原则。未来美学的核心将不再是感性,而是"经验"或"感受",未来美学的基本概念也不再是"审美无利害"、"美感"、"美的艺术"等,而很可能是"推知(speculative)"、"衍生(generative)"、"突变(mutation)"、"审美伦理(aesthe/hics)"等。未来的美学将不再致力于概念之间的区分与演绎,而将致力于寻求人们对不同事物的感受之间的连接或关联。这种判断的现实根据在于当前出现的媒体与文化艺术的交融互渗现象,比如,4D 电影、3D 电影、网络文学、数码艺术等。当我们戴上 3D 眼镜,观看一部 3D 电影《阿凡达》的时候,媒体技术使我们几乎分不清现实与虚幻,只是沉浸在无尽的感官享受之中。当我们打开电脑,津津有味地阅读类型小说《达芬奇密码》的时候,我们不会在意网络与纸质作为小说载体的差异,只是尽情地满足阅读的欲望。当我们看到美得让人睁不开眼睛的流动的风景画时,我们不会去想它是否真实,只是尽情地享受风景为感官带来的愉悦感。

中国以及其他非西方美学形成了交汇和关联原则,这种原则类似于当下西方美学的"非区分"原则。从这个意义上讲,西方美学走向非西方美学,就像近代以来,非西方美学走向西方美学一样。正如张法教授所说:"西方美学要真正走向世界,必须过交汇——关联原则这一关,非西方美学要真正走向世界,必须过区分——划界原则这一关","新世纪西方美学新潮(非区分美学)不妨可以看成西方美学走向世界的一次进军"。因此,西方美学的前景是走向伦理(非区分),走向世界。世界美学时代即将来临!

科学、艺术和想象

——论梅西的《神经系统的想象：美学与神经科学的艺术研究》

余雅萍　　何辉斌[*]

摘　要：梅西从认知科学的视角，将"想象"作为科学和艺术联姻的媒介，探讨视觉艺术、听觉艺术和语言艺术中的想象机制。在他看来，认知科学只能解释"如何"会产生某种艺术效果，但却无法解释"为什么"会产生这种艺术效果。传统美学可以阐释某些心理现象以及可观察的行为，但是在潜行为层面，对作为有机体的大脑中发生的事件却无能为力。而想象作为认知科学和人文艺术的桥梁，会为两者的合作打开一扇巨大的窗户。同时也为外国文学研究增加新的研究视角。

关键词：科学　艺术　想象　神经美学

科学和艺术的渊源可以追溯到 18 世纪以前。早在 1540 年前后，英国的约翰·雷德福（John Redford）就推出了一部名为《智慧和科学》（*Wit and Science*）的道德剧，这是 16 世纪上半叶英国文人学士与科学和谐相恤的体现①。然而这种和谐的状态却没有因此延续下来。当代神经美学史被认为是科学家和艺术家的斗争史，弗洛伊德心理学和超现实主义作家都认为科学终将和艺术联姻，但是它们代表着截然不同的立场，前者认为这个趋势是必然且充满希望的，而后者则表示很恐慌。当然也有例外。19 世纪的诗人济慈（John Keats，1795—1821），显然清楚地看到了科学（这里特指神经科学）的一

---

* 作者简介：余雅萍，浙江大学外国语言文化与国际交流学院博士研究生，主要研究方向：英美文学研究和文学认知批评研究。何辉斌，浙江大学外国语言文化与国际交流学院教授，博士生导师，主要研究方向：中西比较文学和文学认知批评研究。
① 何其莘：《英国戏剧史》，译林出版社 1999 年版，第 19 页。

些发展并认为科学绝不会成为艺术的威胁。他的诗"赛吉颂①"（"Ode to Psyche"）像是一个宣言，表明神经科学和艺术和谐共处的可能性。在这首诗中，济慈把赛吉（Psyche）想象成了神经科学女神。他特意为她建造的神庙虽没有松树环绕，但"有花环形构架如思索的人脑，点缀着花蕾、铃铛、无名的星斗和'幻想'这园丁构思的一切奇妙"。济慈为神经的可塑性喝彩，"有沉思如树枝长出，既快乐，又苦痛"②。在这首诗中，济慈大力歌颂了科学的思维，而不是一味地惶恐。科学与艺术相调和的唯一前提是艺术来源于灵感，想象居首位，是正确发展神经科学和心灵科学的前提。只有在美学这个范畴里，两者才能共存。济慈的诗歌把赛吉（即心灵）奉为神经科学女神，是艺术和神经科学和谐共存最为理想的表达。

在《神经系统的想象：美学与神经科学的艺术研究》（*The Neural Imagination: Aesthetic and Neuroscientific Approaches to the Arts*，2009）一书中，纽约州立大学布法罗分校比较文学荣誉教授欧文·梅西（Irving Massey，1924）利用当下神经科学的研究成果，证实了科学和艺术之间的亲密关系和两者联姻的可能性、必要性以及存在的问题。这对当代神经美学的发展来说意义十分重大。美国浪漫主义评论家艾伦·理查德森（Alan Richardson）在一篇题为《想象——文学和认知的交集》（"Imagination：Literary and Cognitive Intersections"，2015）的文章中说，随着文学和认知神经科学的研究交集越来越多，"想象"已渐渐成为这两个领域炙手可热的关键词。根据理查德森的理解，"想象"可以定义为"一种心智功能或者是一套相互联系的实体及事件（并非能被即刻感知到的，在日常生活中，可能有也可能没有它的相对物）相关的心智功能和活动"③。因此在神经认知科学的研究领域中，梅西将"想象"作为科学和艺术联姻的媒介，自然是顺理成章。书中探讨的"艺术"范围较广，作者主要从视觉艺术，听觉艺术（主要指音乐）和语言艺术（主要指文学）三个方面展开讨论。梅西指出了神经科学应用于艺术领域的研究之可行性以及尚且存在的一些问题。

---

① 赛吉（Psyche）：亦译作普绪克或普赛克，希腊神话中的心灵之神，人类灵魂的化身，以少女的形象出现，与小爱神厄罗斯（Eros）——罗马神话中的丘比特（Cupid）相爱。

② 济慈著，屠岸译：《济慈诗选：英汉对照》，外语教学与研究出版社2016年版，第15—17页。

③ Richardson，Alan（2015）. Imagination：Literary and Cognitive Intersections. *The Oxford Handbook of Cognitive Literary Studies*. Ed. Lisa Zunshine. New York：Oxford University Press，p.225.

一、想象画面——神经科学和视觉艺术

在书的第一部分中，作者从历史的角度探讨 19 世纪以来的科学发展与视觉艺术研究之间的联系。特别指出 19 世纪神经心理学理论和立体主义之间存在的某些联系以及现代神经科学在视觉艺术领域的研究现状及存在的问题。在神经美学领域，艺术和科学对于一个基本问题的理解存在很大的分歧，即艺术欣赏到底是艺术欣赏者的自动生理反应，还是受其文化、智力或情感等因素影响的。在这一点上梅西作为文科教授较好地回应了神经生物学家森马·泽基（Semir Zeki）和玛格丽特·利文斯通（Margaret Livingstone）等在神经美学方面的观点。

泽基是公认的"神经美学之父"，代表作为《内在视觉：对艺术和大脑的探索》（*Inner Vision: An Exploration of Art and the Brain*，1999）。以他为代表的神经美学家善于用功能性磁共振成像技术（fMRI），把艺术家及其代表作品作为研究对象来了解人类心智的本质，他们想用这种方式来探索毕加索等绘画大师的艺术影响力之源头，希望能揭示绘画中蕴含的普遍规律，试图发现每一件伟大的视觉艺术作品背后蕴藏的基本原理。神经美学家们经研究发现，艺术家们用艺术的手段探索大脑视觉加工原理，并且在创作时不自觉地运用大脑加工各种视觉属性（如形状、颜色等）的原理，如塞尚和莫奈一再描绘同一个场景，目的是在不同的环境下寻找一种确定性，"因此不自觉地模仿了大脑中视觉系统的功能"[1]。如果绘画，更确切地说，艺术是帮助大脑获取世界本质和人类探索世界的一种手段，即艺术的最终目的是为"求真"，那么那些表达情感的作品还称不称得上是艺术作品？判断艺术品的标准到底是什么？这也是梅西站在人文学者的立场上对神经美学家最怀疑的一点。根据泽基的观点，塞尚和蒙德里安在找寻形式的核心组成部分的过程中，凸显了"那些最有效能够激活大脑中单个细胞的刺激因素"[2]，而在某种程度上，"这些细胞拥有我们脑中已经存在的理念"[3]。也就是说，艺术和大脑工作的目的都在于从不

---

[1] Massey, Irving (2009). *The Neural Imagination: Aesthetic and Neuroscientific Approaches to the Arts*. Austin: University of Texas Press, p.42.以下凡引用该书均只在文中用夹注标示页码。

[2] Zeki, Semir (1999). *Inner Vision: An Exploration of Art and the Brain*. New York: Oxford University Press, p.209.

[3] 同上书，第 124 页。

断变化的视觉信息中把握物体永恒的本质特征。就此而论，艺术家也是神经科学家，不同的是，他们借助特定的技术（如：fMRI）探索大脑的奥秘，并将其展示在画布上，凭借视觉艺术作品来达到与他人交流的目的[①]。但是梅西认为，艺术的确能把我们从偶然的观念中解放出来，但只有在它创造的观念与寻常知觉形成的观念截然不同时才能成为艺术。2005年，泽基在哈佛大学发表演讲，强调了伟大艺术品未完成的特点，并以此来说明艺术家们追求一种不能达到的理想。梅西则认为，一件艺术品的每个形式都会产生多种可能性，每一种可能性都是完整的。艺术品在当下的完美才是我们所看中的，虽然它在我们的感知中很短暂，但它却在描绘中得以永恒[②]（第44—45页）。

在《视觉与艺术：观看的生物学》（*Vision and Art: The Biology of Seeing*，2002）一书中，利文斯通用视觉准则来区分光和色彩的不同效应，以此来解释印象派绘画中的诸多特征以及印象派绘画中视错觉产生的原理，即静止的图像如何能给观者留下运动感或者一种紧张感[③]。根据利文斯通的解释，印象派的崛起很大程度上是因为艺术家视觉上的某些缺陷，正如格式塔心理学（Gestalt psychology）[④]经常用非常著名的"完型倾向"的例子，来说明我们的视觉器官会限制我们的知觉。拉玛钱德兰和赫斯坦认为，由于神经方面的原因，当我们看到图1时，我们的大脑会倾向于把它诠释成圆括号而不是沙漏，其封闭性胜过了邻近性[⑤]。而梅西认为，这些都属于个体反应，只不过它们伪装成了一种科学发现（第53页）。在他看来，心灵和人脑之间的互动是至关重要的，它便于我们更好地认识人性。他支持科学探索，但是他认为科学探索也就只能到此为止了。科学在他看来只能解释"如何"会产生这种艺术效果，但却无法解释"为什么"会产生这种艺术效果。如：神经科学可以解释似动而静的幻觉图形，典型的像法国艺术家伊莎·列维安（Isia Leviant）的

---

① Zeki，Semir（1999）. *Inner Vision: An Exploration of Art and the Brain*. New York：Oxford University Press，p.68.

② 译文参考 Irving Massey 著，毛秋月译：《神经科学与视觉艺术》，《文化艺术研究》2013 年第 4 期，第 121—133 页。

③ Livingstone，Margaret（2002）. *Vision and Art: The Biology of Seeing*. New York：Harry N. Abrams，p. 157.

④ 格式塔心理学诞生于 1912 年，它强调经验和行为的整体性，是 20 世纪初在德国出现的反对冯特构造主义的一个学派。"格式塔"是德文"Gestalt"一词的音译，意思为"形式"、"形状"，在心理学中用这个词表示的是任何一种被分离的整体。"格式塔"也被译为"完形心理学"。

⑤ Ramachandran，V. S.，and Hirstein，W. The Science of Art：A Neurological Theory of Aesthetic Experience. *Journal of Consciousness Studies* 6(6/7)：15－51.

《谜》（"Enigma"，见图 2）在静止的图形中都产生了旋转的效果：当你盯着图片中的圆心时，仿佛看见画中同心圆环中有物质在流动。这种错觉到底源于意识还是源于眼睛？神经科学家认为这反映了眼睛运动在视错觉感知中的作用。但是神经科学却无法判断这种动感的意义和它的美学价值。梅西建议，神经科学家应该和艺术理论家合作将艺术领域内的科学新发现和艺术鉴赏结合在一起，这样才能做出最佳最合理的判断（第 47 页）。

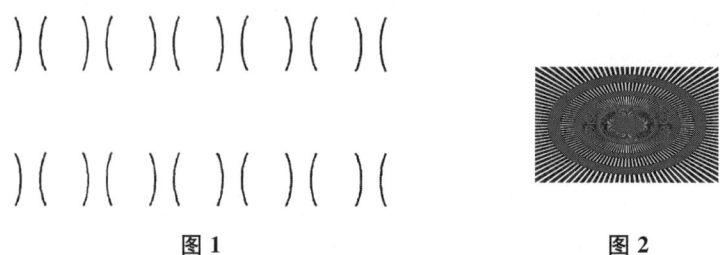

图 1　　　　　　　　　　　　　　　　图 2

　　想要在视觉艺术领域谈论想象，我们不得不先厘清 19 世纪神经心理学理论和立体主义的关系，因为作为两者的纽带，想象在这两个领域都发挥了极其重要的作用。叔本华曾说："什么是想象？它是在动物脑中发生的非常复杂的生理现象，其结果是意识在脑海中形成了一幅图画或者影像。"[1]立体主义主要追求一种几何形体的美，追求形式的排列组合所产生的美，它否定了从一个视点观察事物和表现事物的传统方法，把三度空间的画面归结成平面的、两度空间的画面，明暗、光线、空气、氛围表现的趣味让位于由直线、曲线所构成的轮廓、块面堆积与交错的趣味和情调。这是 20 世纪初工业文明、机器时代的社会现实在画家心灵中的反映。立体主义画家接受了塞尚关于创造视觉立体形象的观念，进而转向一种对心理的立体形象的追求。立体主义拒绝再现和模仿，正如毕加索所说："我所描绘的世界不是我看到的世界，而是我推断的世界。"[2]然而事情并没有这么简单。梅西认为，19 世纪心理学家里普斯（Theodor Lipps）对于移情的研究跟塞尚于 1904 年发表的"宣言"（塞尚为后印象派画家，他的画风给后来的立体主义带来了很多启发。此"宣言"强调要

---

① Visher, R., Mallgrave, H.F., and IKonomou, E. (1994). *Empathy, Form, and Space: Problems in German Aesthetics 1873 - 1893*. Santa Monica：Getty Center for the History of Art and the Humanities, p.10.

② 刘七一：《立体主义绘画简史》，华东师范大学出版社 2004 年版，第 25 页。

通过圆柱体、球体、圆锥体来处理自然)①之间有着千丝万缕的联系。前者于 1891 年发表了论文"我们在形状感知中的美学因素",详细研究了几个基本形状,其研究目的在于强调感知中的压力如何导致了视错觉。1904 年,里普斯又出版了另一本书叫《空间艺术的最简形状》。在这本书中,里普斯再次回顾了基本的几何形状。他的移情理论②认为,我们会让这些形式变得鲜活起来,并依靠这些形式去创造艺术,而艺术形式的设定本身就能引起自动反应(第 30 页)。这和其他移情理论家及认知神经学家的观点基本相符。众多后续研究发现,对艺术品的动作、情绪和躯体感觉的具身模仿是审美体验的关键成分③。模仿理论(simulation theory)也认为,观者面对实际所见或艺术作品中暗含的身体状态,他们的身体会不由自主进行模仿④。随着镜像神经元的发现,具身模仿在审美体验中的机制逐渐被人所了解,该类神经元不仅在个体执行某动作时会放电,而且在其观察别人执行该动作时也会放电⑤。如此说来,立体主义千方百计想要规避的模仿,事实上却因为想象和"移情"而不知不觉地成了它创作的灵魂。

然而在艺术研究领域,由于移情理论而导致的"生理决定论"却产生了普遍的担忧。在梅西看来艺术欣赏到底是艺术欣赏者自动的生理反应,还是受其文化、智力或情感的影响,这个问题并不难回答。最理想的状态是将生理和文化两者结合起来,充分发挥想象机制,在审美体验中发挥最佳的效果。

二、想象音乐——神经科学和音乐

丹尼尔·列维京(Daniel Levitin)写了一本很有趣的书——《你的大脑在

---

① ［英］哈罗德·奥斯本著,阎嘉、黄欢译:《20 世纪艺术中的抽象和技巧》,四川美术出版社,1988 年版,第 84 页。

② "移情"(empathy),人们通常认为这个概念是费肖尔在 1873 年创造的(具体请参见 Visher, R., Mallgrave, H. F., and Ikonomou, E. (1994). *Empathy, Form, and Space: Problems in German Aesthetics 1873－1893*. Santa Monica: Getty Center for the History of Art and the Humanities, p.10.),但事实上整个 19 世纪都通过不同的方式使用这个概念。

③ Freedberg, D., & Gallese, V. Motion, Emotion and Empathy in Esthetic Experience. *Trends in Cognition Science*, 2007, 11: 197－203.

④ Damasio, A. R. (2003). *Looking for Spinoza: Joy, Sorrow and the Feeling Brain*. Orlando: Harcourt, p.183－217.

⑤ Gallese, V., Keysers1, C., & Rizzolatti, G. (2004). A Unifying View of the Basis of Social Cognition. *Trends in Cognitive Science*, 2004, 8(9): 396－403.

听音乐》(*This is Your Brain on Music*, 2006)。作为一个神经科学家和音乐家，列维京经常在两种研究范式间纠结。作为神经科学家，他这样评价音乐：

> 当我欣赏拉赫玛尼诺夫①的《第三钢琴协奏曲》时，耳朵里的茸毛细胞(hair cell)把传入的声音根据不同的频带进行处理，将电流信号发送至初级听皮层(primary auditory cortex)——A1区域，并且告知信号中出现的频率。颞叶(temporal lobe)的其他区域，包括大脑两侧的颞上沟(superior temporal sulcus)和颞上回(superior temporal gyrus)能帮助区分不同的音质……此时当我在处理音高序列、节奏及情感时，一大群神经元细胞都活跃起来。②

同样他也分享了自己作为音乐家的艺术欣赏过程：

> 欣赏海顿③的《第九十四交响曲(惊愕)》("Surprise Symphony")时，作曲家在主题中用小提琴轻柔地奏起，制造出悬念。声音柔和，令人宽慰。简短的拨奏传达了温和且又矛盾的危险信号……声音更为轻柔地重复一遍之后，突然爆发出一个响亮的和弦，让人猛地惊醒，这就是"惊愕"。④

梅西认为，两种研究音乐的范式虽截然不同，但几乎能得出同样的结论，即：纯音乐总是比带文本的音乐更为出色(第160页)。对音乐梦的研究厘清了纯音乐和语言之间的关系。作为神经科学和美学领域共同的研究对象，音乐梦的研究让我们开始关注一些被忽视已久的理论问题。梅西对过去神经科学领域关于音乐梦的研究做了综述，大致能得出如下结论：(1)在梦中听到音乐是

---

① 笔者注：谢尔盖·瓦西里耶维奇·拉赫玛尼诺夫，英文名为：Sergei Vassilievitch Rachmaninoff，俄文名为：Сергей Васильевич Рахманинов，1873—1943，20世纪最伟大的钢琴家之一，代表作为：《帕格尼尼主题狂想曲》、《第二钢琴协奏曲》、《第三钢琴协奏曲》等。

② Levitin, D. J. (2006). *This is Your Brain on Music: The Science of a Human Obsession*. New York：Dutton, p.89.

③ 笔者注：弗朗茨·约瑟夫·海顿，英文名为：Franz Joseph Haydn，德文名为：Franz Joseph Haydn，1732—1809，奥地利作曲家，代表作为《惊愕交响曲》、《告别交响曲》、《小夜曲》、《吉普赛回旋曲》等。

④ Levitin, D. J. (2006). *This is Your Brain on Music：The Science of a Human Obsession*. New York：Dutton, p.90－91.

较为常见的现象。（2）音乐是梦中唯一一个自始至终没有改变的大脑功能。（3）梦醒后,音乐比语言更容易回忆。（4）在词—曲组合中,曲更胜一筹。（5）人处于睡眠状态时,右脑比较活跃,而音乐是右脑主管的功能（第101—132页）。

梅西惊奇地发现音乐优于语言不仅仅是神经科学家研究音乐及音乐梦时得出的结论,而且也成为作家们处理难题的良方。托尼·莫里森的著作《宠儿》（*Beloved*,1987）和奥古斯特·威尔逊的著作《钢琴课》（*The Piano Lesson*,1990）中出现了相似的情节,鬼魂在人类彻底放弃语言诉诸音乐时,终于安静下来自愿退出了与人类的争斗。以《钢琴课》为例,女主人公博尼丝一家被白人鬼魂纠缠至不得安宁时,"博尼丝突然意识到自己要做什么。这是古老的召唤。她冲到钢琴前,开始弹奏起来。这来自古老时空的曲子在她脑海里一点一点慢慢清晰起来……每一次的重复都带来巨大的力量,成为了驱除魔鬼最有利的武器。只听得风儿从那遥远的大陆吹来"①。来自遥远大陆的黑人音乐,是比黑人的语言更早诞生的文化元素,在这关键时刻成了黑人找回身份,立足白人社会的一大法宝。而尼采也通过引用席勒致歌德的信件内容证实了音乐先于语言的这一论断:"席勒曾通过一种他自己也无法说明,但看起来并不可疑的心理观察,向我们揭示了他的创作过程;因为他承认,在创作活动的准备阶段,他面前和内心绝不拥有一系列按思维因果性排列起来的形象,而毋宁说是有一种音乐情调。（在我这里,感觉起先并没有明确而清晰的对象;这对象是后来才形成的。某种音乐性的情绪在先,接着我才有了诗意的理念）"②

对音乐和神经性想象最好的阐释,莫过于雪莱一首名为《音乐》的抒情诗,"我的心渴求神圣的音乐,它已干渴得像枯萎的花;快让旋律如美酒般倾泻,让音调似银色的雨洒下;像荒原没有甘露,寸草不生,呵,我喘息着等待乐音苏醒;我要啜饮那和乐底精神,饮吧饮吧,——我贪得无厌;一条蛇被敷在我的心中,让乐声解开忧烦底锁链;这融化的曲调从每条神经流进了我的头脑和心灵。"③在这首诗中,我们看到了音乐、心灵、大脑、生命、花朵、美酒等意象和元素非常和谐地结合在一起,诗意地诠释了音乐激发大脑想象机制的全过程。

---

① Wilson, August (1990). *The Piano Lesson*. New York: Penguin Group, p.106.
② ［德］尼采著,孙周兴译:《悲剧的诞生》,商务印书馆2012年版,第43页。
③ ［英］雪莱著,查良铮译:《雪莱抒情诗选》,人民文学出版社1958年版,第160页。

三、想象语言——神经科学和文学

神经科学和文学之间的交集较多。梅西将目前的研究归为两类：一是将文学文本作为实例来解释神经学的原理；二是将神经科学的知识素材作为文学创作的主题(第84页)。

将文学文本作为实例来解释神经学原理的作品很多，其中较知名的有玛丽·托马斯·克莱恩(Mary Thomas Crane)的《莎士比亚的大脑———以认知理论指导阅读》[①](*Shakespeare's Brain: Reading with Cognitive Theory*, 2000)。

梅西摘录了书中的段落并且作了非常中肯的评价：

> 首先请看下面这句话："默然忍受命运的暴虐的毒箭，或是拿起武器反抗人世的无涯的苦难，通过斗争把它们扫清，这两种行为，哪一种更高贵？(莎士比亚236)这句话首先涉及到枕骨(occipital)，后顶叶(posterior parietal)及后下颞叶(posterior inferior temporal lobes)等心智意象(mental image)产生相关的大脑部位，之后在外侧裂周区皮质(perisylvian cortex)，意象(箭、武器、海)和概念(比较符合莱考夫"生命是一场战争"的隐喻结构)[②][③]和适当的词汇关联形成符合语法规则的句子[④]。

在梅西看来，克莱恩非常详细地从神经学的角度解释了莎士比亚的大脑在想象哈姆雷特踌躇心情时可能经历的思维过程。但是他认为，这对于我们读者了解莎士比亚及莎士比亚的作品似乎并没有太大的帮助(第85页)。反之，如

[①] 有关这部著作的书评可具体参见何辉斌：《认知视野中的创作主体———评克莱恩的〈莎士比亚的大脑〉》，《文化艺术研究》2013年第3期，第116—125页。

[②] 在《我们赖以生存的隐喻》一书中，莱考夫和约翰逊指出，我们日常的概念系统都是隐喻化的。隐喻的实质就是用一种东西来理解和体验另外一种东西。此处哈姆莱特对于生命的思考刚好符合概念隐喻的特征。

[③] Lakoff, G. and Johnson, M. (2003). *Metaphors We Live By*. London: University of Chicago Press, pp.4-6.

[④] Crane, M. T. (2000). *Shakespeare's Brain: Reading with Cognitive Theory*. Princeton: Princeton University Press, p.15.

果不是莎士比亚，换作是其他的作家，无论是同时期也好，不同时期也好，是否只要在神经学上符合基本的要求，也能创作出类似的名垂千古之名句？这么看来，似乎克莱恩的理解会受到很多的质疑。即，从神经科学的范式研究文学，虽说体现了交叉学科的优势，却难以解释莎士比亚作品的独特文学魅力。

将神经科学的知识素材作为文学创作的主题的实例也很多。

安妮·斯蒂尔斯（Anne Stiles）用当代神经科学大脑理论研究史蒂文森（Robert Louis Stevenson，1850—1894）的《化身博士》（*Strange Case of Dr. Jekyll and Mr. Hyde*，1886）无疑是个很好的范式。虽然史蒂文森多次明确表示自己创作这部作品时没有受到当代科学太多的影响，特别是当代脑科学的一些研究成果，但是斯蒂尔斯发现法国一个关于潜意识的杂志《科学》（*Scientifique*）在 19 世纪 80 年代刊过一系列有关双重人格的文章。斯蒂尔斯认为，从 1874 年开始，史蒂文森先后在 *Cornhill* 杂志上发过一些文章，因此他肯定看到过 1875 年和 1877 年在该杂志上发表的一系列关于双重人格和人格分裂等主题的科学文章。这一点后来也得到了他妻子的证实："我丈夫曾对法国一个专门研究潜意识的科学杂志上的一篇文章深感兴趣。"[①]人体左右大脑的不平衡会导致一系列心理疾病，如双重人格障碍，而右脑容易和一些负面的人格特征联系起来，如冲动、女性化、野蛮、疯癫等，这些正是海德（《化身博士》中）的人格特征。杂志上发表的文章讨论 Felida X.[②]和 Sergeant F.[③]这两个案例，非常巧合的是，他们和史蒂文森塑造的小说人物极其相似：首先，他们都是从一种意识转换到另一种意识；其次，在第二种意识状态下，人物的道德不受控制。史蒂文森甚至使用某些科学术语，以略带嘲讽的口吻在小说中把医生当成了双重人格的主体（第 91 页）。史蒂文森"拒绝承认这两者的关系或许是他不希望给读者提供唯一的线索去理解这部小说，因为这样小说便失去了它的神秘感"[④]。显然在史蒂文森看来，读者欣赏文学作品时不应把它

---

① Stevenson, Fanny Osbourne (1924). Prefatory Note. *The Strange Case of Dr. Jekyll and Mr. Hyde: Fables, Other Stories and Fragments by Robert Louis Stevenson*. London: Heinemann, pp. xv - xviii.

② 法国医生尤金·阿扎姆写了一系列文章，剖析他的病人 Felida X.，据说她是第一个被深入研究的具有双重人格的法国人。

③ 法国医生厄内斯特·迈斯内特写了一篇文章，分析一名左脑受严重枪伤的士兵分裂成两个极端人格的案例。

④ Stiles, Anne. *Robert Louis Stevenson's "Jekyll and Hyde" and the Double Brain. Studies in English Literature, 1500—1900*, 2006, 46(4), pp.879 - 900.

当作科学文章进行解读,而应该尽量展开想象,让小说的解读和阐释多元化,这才能使它保持神秘感。这和梅西的想法不谋而合。

虽然作者脑中的想法与其生理过程有千丝万缕的联系,但是这想法同时存在于一个宏大的语境下。梅西认为,如果说《哈姆雷特》仅仅是莎士比亚大脑的成果(第99页),这显然是不恰当的,因为莎士比亚绝不是孤立于整个世界之外的独立的莎士比亚。

目前关于神经科学和文学的交集,我们还有很多问题尚未解决,如:(1)灵感的成分是什么?(2)灵感来自哪里?(3)灵感要去向何方?(4)灵感之间是如何联系的?(5)我们如何描绘灵感?(6)灵感对于我们意味着什么?

但是我们的知识毕竟只是我们认知世界的其中一部分。正如雪莱所说,诗人们是法律的制定者,是文明的创造者,是艺术的开拓者。诗歌从广义上来看,就是想象的表现形式。我们的责任并非是了解我们想象的东西,而是去想象我们所了解的东西。①

结　语

神经美学(neuroaesthetics)这一新兴学科诞生于西方科学界,属于认知神经科学的一个新的研究领域,主要探讨审美(一开始尤指视觉艺术之美,但是在梅西看来这应该是一个比较广义的美学范畴)体验的神经基础,由视觉神经科学家泽基首创此学科名称。梅西虽然在某些方面也赞同神经美学家的一些观点,譬如他在泽基的研究基础上进一步提出人类的眶额叶皮层(orbito-frontal cortex)上存在一个"美点"(beauty spot),当我们在欣赏莫奈的画作时,如果我们能够准确定位被激活的区域,那么我们或许可以用来复原一副作品,而这副作品同样也能直接刺激该区域(第3页)。但是作为比较文学研究者,梅西始终保持着清醒的头脑,从艺术的角度提出了神经美学在某些方面的不足。他认为,任何一种理论都不是完美的,正如心理分析、结构主义、解构主义等旧的传统美学没有办法解决某些预期的问题(第183页)。同样,神经美学同样也存在一些无能为力的地方。他在文中提出像克莱恩在《莎士比亚的

---

① Shelley, Percy Bysshe (1904). *A Defence of Poetry*. Mrs. Shelley, ed. Indianapolis: The Bobbs-Merrill Company, p.74.

大脑》中完全用认知神经科学的理论解读莎士比亚创作行为的神经源头，似乎少了些人文的内涵，这样并不能帮助我们更好地理解莎士比亚（第 85 页），类似的还有如丽莎·詹塞恩（Lisa Zunshine）借用"镜像神经元"（"mirror neurons"）机制，展示了小说中的人物是如何猜测其他人物的动机①，等等。诸如此类的研究，其价值在于探索审美的过程，侧重"如何"（how）审美，却往往忽视了"为什么"（why）如此审美。事实上，我们的大脑无法处理一些如复杂的伦理困境等复杂现象，有时候我们不得不暂时把生理机制置于一边，然后自己借助已有的知识结构进行判断。

---

① Zunshine，Lisa（2006）. *Why We Read Fiction*. Columbus：Ohio State University Press，pp.16 - 22.

英文摘要

On the Aesthetics Genes of Traditional Chinese Art from the Numbers, Images, and Principles of *Zhouyi*

Yang Ming

Abstract: People have discovered the existence of "cultural genes" in the study of cultural inheritance and development. *Zhouyi* has profoundly affected the development of Chinese civilization. The philosophical meaning of numbers, images, and principles in *Zhouyi* have also constitute the aesthetic genes of traditional Chinese art. According to *Zhouyi*, everything in the world is a process of digital changes that originate from yin and yang. Under the influence of this fated thinking, traditional Chinese art has also constituted an aesthetic collection of "Yin and Yang". The pictographic thinking of the hexagram in *Zhouyi* is the same as the "imitation" in the origin of art. Under the thought of discard the image itself and read its meaning influenced of *Zhouyi*, the development of traditional Chinese art has formed three kinds of "imagery" thinking. Through analysis, it is found that in *Zhouyi* aesthetics are discussed with the digital structure of heaven and earth. We can find that, as a hexagram specifically describing artistic phenomena in *Zhouyi*, the Hexagram of Bi expatiates in rigorous logic the relationship between *Wen* (literary) and *Zhi* (quality) in the three aspects of numbers, images and principles. In the speech, some specific aesthetic and artistic phenomena were expressed in the changes. The aesthetic genes embodied in *Zhouyi* have brought eternity to the development of traditional Chinese art.

Keywords: *Zhouyi*; Number, image and principle; Traditional Chinese art; Aestheticgenes; Aesthetics in *Zhouyi*;

The Beauty of "Tao" in *Huainanzi* and Its Significance in Ideological History—— Comparison with *Zhuangzi*

Gao Xu

Abstract: Under the historical conditions of the Han dynasty, *Huainanzi*'s discourses on Taoism presented a Taoist philosophical aesthetic feeling with rich connotation and unique style. The formation of the beauty of Taoism comes from the rich interpretation of Taoism, the elegant expression, the colorful rhetoric, the deep and practical thought of governing the country, the pursuit of true life free from vulgarness and the illusory belief in gods. The beauty of *Huainanzi* is deeply influenced by *Zhuangzi*, but it is different from the latter. It shows the noble characteristic of meeting the spiritual needs of the ruling class in Han dynasty. The beauty of *Huainanzi* reflects its pursuit of freedom in body and mind beyond the worldliness, which is unique and profound in the history of Taoism in the Qin and Han dynasties.

Keywords: *Huainanzi*; Tao; Taoism; *Zhuangzi*; Philosophy of aesthetic feeling

"To Blame for the Poem" —— Reinterpreting the Aesthetic Significance of Grades of Poetry

Zhao Kai

Abstract: Zhong Rong was a famous literary critic in the Southern dynasty of China. His Grades of Poetry mainly focused on five-character poems, and divided 122 poets from the Han and Wei dynasties to the Qi and Liang dynasties into three categories: upper, middle and lower. Not only put forward the idea of "to blame for the poem", but also with the "blame" to criticize poetry repeatedly, which show that he attached great importance to the "blame". Some researchers even exaggerated "blame" as the main standard to criticize poetry of Zhong Rong . So this paper attempts to reinterpret the aesthetic significance of "blame" in Grades of Poetry from the perspective of "blame in poetry" and combine with comments of "blame".

Keywords: Zhong Rong; Grades of Poetry; "to blame for the poem"

The Thought of Expressing Emotion in Early China and the Proposition of Expressing Emotion in the Six Dynasties

Yi Dongdong

Abstract: Expressing emotion is an important proposition of Chinese aesthetics. The history of this proposition is very old and it comes to being in the Confucian aesthetics of Qin and Han. This proposition is put forward in the background of Wei Jin metaphysics which has a close connection with the consciousness of emotion. The eomtion in this proposition is a kind of real emotion which is concious and independent. It also communicates with the aesthetic emotion.

Keywords: Expressing emotion; Wei Jin metaphysics; Consciousness of emotion; Aesthetic emotion

"Implied Meaning in Things" and "Enjoyable and Free"—— Sushi's Aesthetic Thought

Jiang Meiling

Abstract: Different from the strong emotional color present by "paying attention to things", Sushi's thought of "implied meaning in things" shining with rational light. In the past, when we say "meaning", we always pay attention to the spirit of the subject, but unconsciously ignore the truth that "meaning" is the product of the interaction between the subject and the object, which naturally has two sides of "objectivity" and "subjectivity". "Implied meaning in things" requires artists to have a high degree of control of the external nature and the internal principles of things, and what they present is the natural meaning of the life and the change of the nature. "Meaning" also has the characteristics of subjectivity. Artists can also present their own feelings and characters through external things. The reason why Sushi always emphasizes the "unintentional" of creation is that he want to keep reminding people not to be limited to the rules but forget to enjoy the freedom and happiness of the art creation itself. "implied meaning in things" includes three inseparable processes: Taking meaning of things, integrating things with oneself, and expressing feelings and emotion freely. "enjoyable and carefree" is the mental state of the subject in the process of "implied meaning in things". What Sushi hoped to achieve was not limited to a defined scope but "there is no place not to go" realm. He has artistically and aesthetically every bit of his life, so he can take the meaning of enjoyable in any time to realize the freedom and satisfaction of body and mind.

Keywords: Implied meaning in things; Paying attention to things; Enjoyable and carefree; aesthetic thought; Philosophy of life

The Sexual Shift of Avalokitesvara and the Soft and Feminine Character of Chinese Buddhism

Li Xianglin

Abstract: The Confucianists administers the society, the Daoists cultivates the body and the Buddhists practices the spirit. This is a basic idea of Chinese traditional culture. Buddhism is a kind of exotic culture, but it becomes autochthonic gradually. Buddhism is not only praised highly by government, but also influence the mind of people deeply. Rearching on the soft and feminine character of Chinese Buddhism from the shift of Avalokitesvara's sexuality is significative to understand Chinese culture.

Keywords: Avalokitesvara; The Sexual Shift; Chinese Buddhism; Feminine Character

An Analysis of *Yipin* in Chinese Painting

Zhang Jianjun

Abstract: The concept of *Yipin* in Chinese painting comes out in Tang dynasty, Whose meaning is always changing and has the contents of moral evaluation, artistic style and creative methods. Different painters and commenters have different understandings of *Yipin*, which compose the complicated and deep academic context of it today.

Keywords: *Yipin*; Original meaning; Style; Technique

Jiang Kongyang's Research on Chinese Ancient Poems and Paintings

Li Ziqun

Abstract: Jiang Kongyang's research on the aesthetic characteristics of Tang poetry and ancient Chinese painting is worthy of careful study. He analyzes the beauty of Tang poems through the similarity of poetry, music, and architecture, and analyzes the beauty of Tang poems based on the theory of personality and artistic conception. He reveals the basic characteristics of Chinese painting in the comparison between China and the West, and summarizes the aesthetics of Chinese painting in dialectical thought. Jiang Kongyang's generalizations of the aesthetic characteristics are from the perspective of mutual learning of civilizations, which will promote us to establish an aesthetics that not only adapts to the Chinese tradition, but also conforms to the trend of world modernization. Based on the characteristics, he reflects on Lessing's distinction between painting and poetry, considering this distinction was not entirely suitable for Chinese art. On the surface, Jiang Kongyang weakens the position of Marxist aesthetics according to the features of the audience, but in fact, Marxism still dominates Jiang Kongyang's discussion and solution of problems. Although Jiang Kongyang's status as an aesthetician will be established several years later, in these studies, the keenness of future aestheticians' thinking has been revealed.

Keywords: Jiang Kongyang ; Tang Poetry ; Painting ; Aesthetic Features

A Study of the Authentic in Poem and Painting

Zhang Siqiao

Abstract: Since the opinion of the uniformity of poem and painting put forward by Sushi, the uniformity of poem and painting has been excavated gradually. But the difference in it is always ignored. In fact, poem reflects vividness on the base of being similar in form, and painting is contrary; painting pays more attention to imiation, and poem changes fruitness into vacancy.

Keywords：True in poem；True in painting；Be similar in form；Vividness

Exploring the Strategy of China's Rural Revitalization in the Eco-Aesthetics Perspective—— From the Positioning of Shanghai Chongming World-Class Eco-Island

Zhuang Zhimin

Abstract：In the 1960s，the "global problem framework" proposed by the Club of Rome，an international academic organization，gave people a deep alert. But at that time，because the world was in the overall industrialization wave，whose by-products were environmental pollution，people's focus was mainly on the natural ecological crisis. After several decades，the meaning of ecology has gradually expanded from "natural" to "social". The vision of ecological governance has also been expanded to be a composite system that combines nature，society and even production. From a specific Eco-Aesthetics perspective，China's rural revitalization also must advance with the times，pay attention to system thinking，and change the usual one-way practices which place importance on industry but ignoring others. So，the rural ecological civilization is not only the governance，maintenance and control of the lucid waters and lush mountains in economic perspective，but also a systematic strategy involving the overall development of the society，including the rural cultural value's cognition and enlightenment of the rural social structure's remodeling and adjustment. Based on the literature research，combined with the development orientation of Chongming World-Class Eco-Island and the protection，utilization and development of Huzhou Digang，this paper attempts to put forward some constructive ideas on the path of rural revitalization from the perspective of Eco-Aesthetics perspective，in order to help promote a new era of ecological civilization.

Keywords：Eco-Aesthetics；natural ecology；Social ecology；Complex ecosystem；Eco-civilization；rural revitalization

Intervening in Life: History of Aesthetics of Life in Contemporary China

Jiang Fei

Abstract: Aesthetics should persist in philosophical character and practical character. Contemporary Marxist aesthetics as a scientific and open theory cannot avoid the life turn of aesthetics and art. It must answer the aesthetical question of everyday life and satisfy the aesthetic needs of people. Aesthetics of life as Marxist aesthetics in a life and popular style hews out a broad way to life, which is helpful for the pursuit of happy life of people. So reviewing the history of aesthetics of life since new time and rethinking about contemporary Marxist aesthetics is valuable to the improvement of society in new time.

Keywords: Aesthetics of life; Contemporary China; Aesthetics of different categories; Aestheticization of everyday life; Happy life

On the Relation Between Three Senses and the Aesthetic Culture of Fashion

Meng Fanjun

Abstract: Fashion has a close relationship with the inner sense, the external sense and the extended sense of human. The general fashion theory takes fashionable dress as a core and comes down to food, clothing, shelter and means of traveling. It is helpful to understand the three senses of labors through the analysisi of the form of fashion products and the aesthetic idea of comsumers. The three senses originate in different asthetical times, but they are integrated.

Keywords: Fashion; The inner sense; The external sense; The extended sense

Aesthetical Analysis of the Value Measurement of Cultural Consumption

Yang Jiansheng

Abstract: The measurement of cultural consumption cannot leave marketization, and marketizational measurement needs aesthetical version. We should perfect the aesthetical conditions of the measurement of cultural consumption, which contain sparkpluging economic vision of the whole people, promoting the whole people, constructing the market order and so on. We can grasp the points of aesthetical version of the measurement of cultural consumption.

Keywords: Cultural consumption; Value measurement; Marketization; Aesthetical version

On the Existent Mode of the Poems in the *Book of Songs*

Li Hongxiang

Abstract: In what mode do the poems in the *Book of Songs* exist is an inevitable question. The poems in the *Book of Songs* is not the expressing of poets' emotion, but the open-door perform. In the aspect of the poem form, a poem is comprised of beginning, performance and ending.

Keywords: Existent mode; Scene; Performance; Sound; Structure

On the Idea of Ancient Chinese Prose in Ming Dynasty

Zheng Tianxi

Abstract: People in Ming dynasty express their thinkings about ancient Chinese prose in preface and postscript which is an important part of selected works of ancient Chinese prose. Their thinkings about ancient Chinese prose contain the origination, function, improvement and taste of ancient Chinese prose. On the one hand, they advocate the ethical function of ancient Chinese prose. On the other hand, they express their own ideas of ancient Chinese prose. The taste of ancient Chinese prose becomes a most distinctive idea of ancient Chinese prose.

Keywords: Selected works of ancient Chinese prose; Idea of ancient Chinese prose; Ethical culture; The taste of ancient Chinese prose

Aesthetic Analysis of the Appeal of Localization of Modern Art of China since 2000

Shi Shengxun

Abstract: Modern art of China has a very strong desire to localize as new century coming. The art world of madern China talks about the aesthetic expresion and connotation on the basis of the traditon of Chinese aesthetics and modern art reality, which is helpful for the localization and the aesthetic consciousness of modern art of China.

Keywords: Modern art of China; Appeal of localization; Traditional spirits; Consciousness of aesthetics

Confucian Aesthetics and the Creation of Family Ethics TV Series

He Shijian, Qin Can

Abstract: Family ethics TV series should not only satisfy the entertainment demand of audience and create economic benefits, but also inherit Confucian aesthetics and play edifying function. Family ethics TV series should not only reflect the fact of ethics in new time, but also pursue the unity of the true, the good and the beautiful on the base of Confucian aesthetics.

Keywords: Confucian aesthetics; Family ethics TV serials; Kindheartedness and filial piety; The beauty of harmoniousness; The unity of beauty and goodness

A Study of Francois Jullien's Research on Chinese Form Aesthetics

Fan Baoying

Abstract: Francois Jullien as a Franch philosopher and sinologist rethink aesthetics of ancient west and China. He reveals the uniqueness of formal aesthetics of ancient China from the speech of western and Chinese aesthetics. In the aspect of ontology, western aesthetics emphasizes the simulative relationship between form and eidos, but Chinese aesthetics emphasizes the responsive relationship between form and spirit. In the aspect of text, western aesthetics seeks after exactness of model unduly, but Chinese aesthetics is in pursuit of the intangible fuzziness. In the aspect of mode of thinking, western aesthetics seeks after dual opposition, but Chinese aesthetics is in pursuit of dual complementarity.

Keywords: Francois Jullien; Chinese aesthetics; Eestern aesthetics; Beauty in form

On the Ethical Shift of Contemporary Western Aesthetics

Hao Ertao

Abstract: The ethical shift of western aesthetics originates from Socrates, Plato and Aristotle. In new times, the ethical shift of western aesthetics is caused by aesthetic generalization, marginalization and the perplexity of aesthetical boundary, which refers that intellectual aesthetics turns experience aesthetics. Western aesthetics towards non-western aesthetics is an inexorable trend.

Keywords: Western aesthetics; The ethical shift; Non-discriminatory

Science, Arts and Imagination —— Review on Massey's *The Neural Imagination: Aesthetic and Neuroscientific Approaches to Arts*

Yu Yaping   He Huibin

Abstract: Massey has discussed the mechanism of imagination in arts. Cognitive science can only give explanation to how the artistic effect comes about instead of why there it is as such, while traditional aesthetics can only deal with some mental phenomena and with observable behaviors, but fail to explain what goes on in the brain at the sub-behavioral level. Imagination could bridges the gap between cognitive science and humanities, and serve as an alternative approach to literature and arts studies.

Happening and Keywords: science; arts; imagination; neuro-aesthetics

稿　约

　　《中国美学研究》是以研究中国古代美学为主,兼及心理美学、西方美学等著译的学术集刊,每年出版两期,分别于每年 6 月、12 月由华东师范大学出版社出版,国内外公开发行。

　　本刊欢迎名家和中青年学者赐稿,对于青年硕博士生乃至民间高手的优秀论文,也同样欢迎。来稿请注明单位和联系方式。

　　论文注释请一律使用脚注。注文按照作者、文章篇名、文章发表的期刊名、期刊出版年份及期号、页码顺序撰写,如:邹华:《中国美学的现代性问题》,《文艺研究》2008 年第 3 期,第 26—31 页。如引文为著作,注文则按作者、译者、著作名、著作出版机构名、出版年、页码撰写,如:门罗·C.比厄斯利著,高建平译:《西方美学简史》,北京出版社 2006 年版,第 35 页。

　　来稿可直接发送至《中国美学研究》,电子邮箱:zgmxyj@163.com。